# ENZYKLOPÄDIE DEUTSCHER GESCHICHTE BAND 89

ENZYKLOPÄDIE
DEUTSCHER
GESCHICHTE
BAND 89

HERAUSGEGEBEN VON
LOTHAR GALL

IN VERBINDUNG MIT
PETER BLICKLE
ELISABETH FEHRENBACH
JOHANNES FRIED
KLAUS HILDEBRAND
KARL HEINRICH KAUFHOLD
HORST MÖLLER
OTTO GERHARD OEXLE
KLAUS TENFELDE

# UMWELT-GESCHICHTE DER FRÜHEN NEUZEIT

VON

REINHOLD REITH

OLDENBOURG VERLAG
MÜNCHEN 2011

Bibliografische Information der Deutschen Nationalbibliothek

Die Deutsche Nationalbibliothek verzeichnet diese Publikation in der Deutschen Nationalbibliografie; detaillierte bibliografische Daten sind im Internet über <http://dnb.d-nb.de> abrufbar.


Rosenheimer Straße 145, D-81671 München
Internet: oldenbourg.de



Umschlagentwurf: Dieter Vollendorf
Titelbild: Ein Kugelblitz im Wertachtal 17. November 1623; Einblattdruck mit koloriertem Holzschnitt mit gereimten Versen in drei Spalten. Augsburg, Melchior Hirli 1623. Der kolorierte Holzschnitt gehört zu einem Einblattdruck mit gereimten Versen in drei Spalten mit dem Titel: „Wahrhafftige und erschrœckliche newe Zeittung / Welche gesehen worden ist / den 17. November. 1623. Jahr / In vnnd außerhalb der Hochlœlichen ReichsStatt Augspurg / Gesangweiß. Im Thon / Warumb betruebstu dich mein Hertz.“ Er stellt den Niedergang eines Kugelblitzes – wahrscheinlich im Wertachtal – vor Augsburg (mit kurioser Stadtansicht) dar und zeigt im Zentrum „ein fewrige Kugel gräulich / vom Himmel fahren … ein Engel darzu kam fürwar“. Im Vordergrund sind die staunenden und erschreckten Personen zu sehen. An sie richtet sich der Appell, dem Zeichen Gottes zur Umkehr Aufmerksamkeit zu schenken, Geiz und Wucher zu entsagen, und den Glauben auf zu Gott richten und nicht auf das Zeitliche.

Satz: le-tex publishing services, Leipzig
Druck und Bindung: Grafik+Druck, München

Dieses Papier ist alterungsbeständig nach DIN/ISO 9706.

ISBN 978-3-486-57622-1

# Vorwort

Die „Enzyklopädie deutscher Geschichte“ soll für die Benutzer – Fachhistoriker, Studenten, Geschichtslehrer, Vertreter benachbarter Disziplinen und interessierte Laien – ein Arbeitsinstrument sein, mit dessen Hilfe sie sich rasch und zuverlässig über den gegenwärtigen Stand unserer Kenntnisse und der Forschung in den verschiedenen Bereichen der deutschen Geschichte informieren können.

Geschichte wird dabei in einem umfassenden Sinne verstanden: Der Geschichte der Gesellschaft, der Wirtschaft, des Staates in seinen inneren und äußeren Verhältnissen wird ebenso ein großes Gewicht beigemessen wie der Geschichte der Religion und der Kirche, der Kultur, der Lebenswelten und der Mentalitäten.

Dieses umfassende Verständnis von Geschichte muss immer wieder Prozesse und Tendenzen einbeziehen, die säkularer Natur sind, nationale und einzelstaatliche Grenzen übergreifen. Ihm entspricht eine eher pragmatische Bestimmung des Begriffs „deutsche Geschichte“. Sie orientiert sich sehr bewusst an der jeweiligen zeitgenössischen Auffassung und Definition des Begriffs und sucht ihn von daher zugleich von programmatischen Rückprojektionen zu entlasten, die seine Verwendung in den letzten anderthalb Jahrhunderten immer wieder begleiteten. Was damit an Unschärfen und Problemen, vor allem hinsichtlich des diachronen Vergleichs, verbunden ist, steht in keinem Verhältnis zu den Schwierigkeiten, die sich bei dem Versuch einer zeitübergreifenden Festlegung ergäben, die stets nur mehr oder weniger willkürlicher Art sein könnte. Das heißt freilich nicht, dass der Begriff „deutsche Geschichte“ unreflektiert gebraucht werden kann. Eine der Aufgaben der einzelnen Bände ist es vielmehr, den Bereich der Darstellung auch geographisch jeweils genau zu bestimmen.

Das Gesamtwerk wird am Ende rund hundert Bände umfassen. Sie folgen alle einem gleichen Gliederungsschema und sind mit Blick auf die Konzeption der Reihe und die Bedürfnisse des Benutzers in ihrem Umfang jeweils streng begrenzt. Das zwingt vor allem im darstellenden Teil, der den heutigen Stand unserer Kenntnisse auf knappstem Raum zusammenfasst – ihm schließen sich die Darlegung und Erörterung der Forschungssituation und eine entsprechend gegliederte Auswahlbibliographie an –, zu starker Konzentration und zur Beschränkung auf die zentralen Vorgänge und Entwicklungen. Besonderes Gewicht ist daneben, unter Betonung des systematischen Zusammenhangs, auf die Abstimmung der einzelnen Bände untereinander, in sachlicher Hinsicht, aber auch im Hinblick auf die übergreifenden Fragestellungen, gelegt worden. Aus dem Gesamtwerk lassen sich so auch immer einzelne, den jeweiligen Benutzer besonders interessierende Serien zusammenstellen. Ungeachtet dessen aber bildet jeder Band eine in sich abgeschlossene Einheit – unter der persönlichen Verantwortung des Autors und in völliger Eigenständigkeit gegenüber den benachbarten und verwandten Bänden, auch was den Zeitpunkt des Erscheinens angeht.

Lothar Gall

# Inhalt

# Vorwort

Als mir Peter Blickle vor einigen Jahren den Vorschlag machte, die „Umweltgeschichte der Frühen Neuzeit“ für die Reihe „Enzyklopädie Deutscher Geschichte“ zu schreiben, hatte ich nach kurzer Bedenkzeit zugesagt: Das schien mir interessant und machbar. Die Bedenken sollten sich erst später einstellen, und die vielen handlichen grauen Bände im Regal verwandelten sich bald in eine stumme Mahnung an den säumigen Autor. Die dynamische Entwicklung der Umweltgeschichte mit ihrer Flut an Publikationen, an der die Frühe Neuzeit als fruchtbares Experimentierfeld großen Anteil hat, machte das Buchprojekt zu einer Herausforderung, bei dem ich andauernd in Gefahr lief, überholt zu werden.

Mein Dank gilt zunächst Lothar Gall, dem Herausgeber der Reihe, sodann Peter Blickle, der den Band betreut und kommentiert hat und dessen Vorschläge dem Band ebenso zugute gekommen sind wie das umsichtige Lektorat von Gabriele Jaroschka vom Oldenbourg Verlag.

Das Konzept zu diesem Band habe ich in mehreren Kolloquien vorstellen und diskutieren können: am Institut für Sozial- und Wirtschaftsgeschichte der Universität Hamburg, im Forschungskolloquium am Fachbereich Geschichte der Universität Salzburg, und schließlich am Graduiertenkolleg „Umweltgeschichte“ der Universität Göttingen. In mehreren Lehrveranstaltungen habe ich die frühneuzeitliche Umweltgeschichte behandelt und die Impulse der Studierenden dankbar aufgenommen; sie sind dem Band sehr zugute gekommen. Der enzyklopädische Überblick verdankt den grundlegenden Arbeiten von Günter Bayerl, Walter Münch, Christian Pfister, Joachim Radkau und Rolf Peter Sieferle weit mehr, als es die Bibliographie zum Ausdruck bringen kann.

Ein Fellowship am Rachel Carson Center in München hat mir während eines Forschungssemesters die Möglichkeit intensiver Diskussion und den Freiraum geboten, das Projekt über den Berg zu bringen. Den Direktoren des Centers, Christoph Mauch, Helmuth Trischler und Frank Uekötter gilt daher mein Dank. Allen Fellows – und besonders Martin Knoll – möchte ich für die kollegiale Zusammenarbeit auf dem Experimentierfeld Umweltgeschichte danken.

Über die Jahre hinweg haben Sylvia Hahn, Marianne Jagerhofer, Luisa Pichler, Marcus Popplow, Georg Stöger – und nicht zuletzt – Birgit Pelzer-Reith einen großen Anteil daran, dass aus den ersten Überlegungen und den einzelnen Manuskripten tatsächlich ein Buch geworden ist. Ihnen verdanke ich zahlreiche Hinweise, die kritische Durchsicht und manche Ermunterung.

Salzburg, im Mai 2011 Reinhold Reith

# I. Enzyklopädischer Überblick

## 1. Was ist Umweltgeschichte?

### *1.1 Feld und Epoche*

Das Thema „Umweltgeschichte der Frühen Neuzeit" kollidiert auf den ersten Blick mit der gängigen Wahrnehmung globaler Umweltprobleme. Was könnte eine Umweltgeschichte der Frühen Neuzeit an spektakulären Eingriffen des Menschen in die Natur präsentieren? Beginnt die Verschmutzung der Luft nicht erst mit der Industrialisierung und der Nutzung fossiler, nicht regenerativer Ressourcen? Warum sollte man sich mit der Umweltgeschichte der Frühen Neuzeit beschäftigen, wenn sich bedrohliche Umweltprobleme wie der saure Regen, der Kahlschlag des Tropenwaldes, das Ozonloch und der Treibhauseffekt doch erst seit der Industrialisierung oder gar in der Gegenwart zu kumulieren scheinen?

Tatsächlich lag und liegt das Schwergewicht der umwelthistorischen Forschung in der Moderne. Die Umweltgeschichte ist ein junges Arbeitsfeld der Geschichtswissenschaft, das seine Impulse zunächst aus Gegenwartsproblemen zog und – das zeigt ein Blick auf die Klimadebatte – noch immer zieht. Als zu Beginn der 1970er Jahre der Club of Rome die „Grenzen des Wachstums" aufzeigte, gerieten „Umwelt", „Ökologie" und „Naturschutz" zunehmend in den Fokus der gesellschaftlichen Debatte. Vor dem Hintergrund einer „Umweltkrise", die Luftverschmutzung, Waldsterben, Belastung der Gewässer, Gefährdung der Meere, Erosion, schwindende Artenvielfalt, das Katastrophenpotential der Kernenergie und die Ressourcenproblematik als Elemente vereinte, bildete sich die Umweltpolitik als eigenständiges Politikfeld heraus. Entlang aktueller Phänomene anthropogener Umweltbelastung – nicht zuletzt durch Tschernobyl 1986 – bestand ein enger Gegenwartsbezug in der historischen Annäherung an die Umwelt.

Umweltgeschichte und Umweltkrise

Auch die Anstöße zu umwelthistorischen Arbeiten kamen zu Beginn der 1980er Jahre aus der Ökologiebewegung. Eher am Rande der Geschichtswissenschaft wurden verschiedene Konzepte einer Umweltgeschichte als „Überlebenswissenschaft" bis hin zu einer in-

Impulse der Ökologiebewegung

tegralen humanökologischen *histoire totale* entwickelt. Sie zielten auf Szenarien zur Überwindung der Umweltkrise(n), andere beschränkten sich bescheidener auf die Einsicht in vergangene Problemlösungen. Erste empirische Ansätze beschäftigten sich mit Krisen, Skandalen und Konflikten, also mit Umweltproblemen; man hat diesen Zugang in der Folge als umwelthygienischen Ansatz bezeichnet. Ein übergreifender stofflicher bzw. inhaltlicher Zusammenhang ergab sich zunächst nicht, allenfalls in der Konzentration auf die Umweltmedien Wasser, Luft und Boden lag eine Gemeinsamkeit der Bemühungen. In der Geschichtswissenschaft nahmen die Sozial- und Wirtschaftsgeschichte und die Technikgeschichte solche Themen auf, die auch in der historisch orientierten Geographie bearbeitet wurden. Während die ältere Technikgeschichte die Weltgeschichte gerne als linearen Fortschritt konzipierte, findet man in frühen umwelthistorischen Arbeiten eher eine Einschätzung des historischen Prozesses als fortschreitende Naturzerstörung, die zunehmend auf Kritik stieß.

Umwelthygienischer Ansatz

Zunächst dominierte einerseits eine großzügige, die Jahrhunderte überfliegende Ideengeschichte des Verhältnisses von Mensch und Natur, andererseits eine kurzfristige, meist auf die Gegenwart bezogene Ereignisgeschichte. Auch über konzeptionelle Ansatzpunkte der Umweltgeschichte, die somit eher am Rande der Geschichtswissenschaft entwickelt wurden, herrschte Uneinigkeit: Während für die einen die Natur bzw. die Umwelt im Zentrum der Betrachtung stehen sollte, bildete für die anderen der Mensch den Bezugspunkt. Dieser als anthropozentrisch bezeichnete Ansatz fokussierte Natur nur in Verbindung mit dem Menschen bzw. seinem Einwirken auf die Natur. In der Geschichtswissenschaft hat er eine lange Tradition, denn hier stand der Mensch im Zentrum der Reflexion. Allerdings schienen für die Umwelt traditionell die Naturwissenschaften (oder die meist bei den Naturwissenschaften beheimatete Geschichte der exakten Wissenschaften) zuständig. Schon Johann Gustav Droysen unterschied in seiner „Historik" zu Enzyklopädie und Methodologie der Geschichte die „sittliche" und die „natürliche" Welt. Eine Quelle war für ihn „alles und jedes, was die Spur von Menschengeist und Menschenhand an sich trägt". Umwelt und Natur als solche waren für ihn daher nicht Gegenstand der Geschichtswissenschaft. Erst mit dem Blick auf die Natur bzw. die natürliche Umwelt des Menschen gerieten bis dahin ungewohnte Quellen in den Fokus der Historiker: Für eine Geschichte der Alpen kommt beispielsweise als Quelle auch die „Landschaft als Archivalie" (W. S. Schenk) in Betracht.

Anthropozentrische Perspektive

Die andere Perspektive, das Gegenstück zum anthropozentrischen Ansatz, bildete ein Konzept, das vom „Eigenrecht der Natur“ ausging und das die Natur selbst ins Zentrum der Betrachtung zu stellen suchte. Es ist auch als „Öko-Fundamentalismus“ kritisiert worden, da der Mensch nur noch als Störfaktor der Natur gesehen werde.

„Eigenrecht der Natur“

Diese beiden polaren Zugänge haben an Bedeutung verloren, da durch neuere Forschungen auch die Vorstellung von „Natur“ selbst historisiert worden ist. Die zunächst aus den Umweltdebatten eingebrachten Vorstellungen von Umwelt und Natur erwiesen sich häufig als ahistorisch. Sie setzten meist eine „unberührte Natur“ voraus, ein solcher Idealzustand ließ sich jedoch in der Menschheitsgeschichte nicht historisch nachweisen.

Historisierung der Natur

Auch die Position, dass die Natur kein vorgegebenes Faktum, sondern ein kulturelles Konstrukt sei, gewann im Zuge der verschiedenen „turns“ der Geschichtswissenschaft an Beliebtheit. Dagegen ließ sich einwenden, dass Klima, Fauna und Flora auch ohne Einwirkung des Menschen in stetem Wandel begriffen seien. Die Natur (griech. physis, Wachsen) erscheine damit selbst als aktives, dynamisches Element des historischen Prozesses, und sei eben doch nicht nur kulturelles Konstrukt, sondern auch eine vom Menschen durchaus unabhängige Realität. Denn Naturprozesse, die Gewässer, Böden, Klima/Witterung oder Oberflächenformen betrafen, vollzogen sich zunächst unabhängig vom Menschen und waren von diesem kaum beherrschbar oder veränderbar. Ein natürlicher Prozess wie die Erosion und anthropogene Einwirkung können sich jedoch auch gegenseitig beeinflussen. Die Klassifikation solcher Prozesse als „natürlich“ oder „anthropogen“ ist immer nur eine Annäherung. In der historischen Anthropologie hat man die Klassifikation daher erweitert und unterscheidet natürlich, seminatürlich und anthropogen. Die Klassifikation lässt sich noch weiter differenzieren, wenn z. B. von natürlicher, naturnaher, gesellschaftlicher, mentaler und gebauter Umgebung der Menschen gesprochen wird. Daran wird deutlich, dass mit der zunehmenden Abwendung von der Krise (oder den Umweltproblemen) als universalem Leitmotiv der Umweltgeschichte die Frage nach der Interaktion zwischen Mensch und Natur an Bedeutung gewonnen hat. Die historische Entwicklung und die *conditio humana* lassen sich nicht mehr ohne ökologische Zusammenhänge erfassen. Wenn man versucht, einen gemeinsamen Nenner dieser Forschungsfelder zu finden, dann könnte man sagen, es gehe der Umweltgeschichte um die Interaktion zwischen Mensch und Natur und *vice versa*: Mit Wald, Forst und Jagd, Naturkatastrophen, Wasserversorgung und -belastung, Luftverschmutzung, Landschaft

Umweltgeschichte als Interaktion zwischen Mensch und Natur

und Nachhaltigkeit sind nur einige wichtige Themen benannt, die mit diesem Fokus bearbeitet werden.

Frühe Neuzeit als Experimentierfeld

Während die Umweltgeschichte zunächst meist als Zeitgeschichte die historische Dimension aktueller Probleme zu ergründen suchte, wurde zunehmend die Forderung nach einer Verlängerung der historischen Perspektive laut, und das Spätmittelalter und die Frühe Neuzeit entwickelten sich zu fruchtbaren Experimentierfeldern der Umweltgeschichte.

### *1.2 Periodisierung: Die Frühe Neuzeit und die Umweltgeschichte*

Periodisierung durch Energiesysteme

Jede historische Disziplin versucht im Sinne einer Periodisierung den Geschichtsverlauf zu strukturieren. In der Umweltgeschichte sind z. B. solare und fossile Energiesysteme als Perioden der Menschheitsgeschichte unterschieden worden. Die Periodisierung in das sog. unmodellierte Solarenergiesystem der Jäger- und Sammlergesellschaften, das modellierte Solarenergiesystem der Agrargesellschaften und das fossile Energiesystem der Industriegesellschaften hat zwar den Vorzug einer klaren universalgeschichtlichen Typologie, doch Ökosysteme solchen Ausmaßes sind empirisch kaum zu erforschen.

Das 1950er-Syndrom als Zäsur?

Auch das Konzept des 1950er-Syndroms schließt an solche energiegeschichtliche Periodisierungen an: Hier werden die 1950er Jahre als entscheidende menschheitsgeschichtliche Zäsur nach der Neolithischen Revolution gesehen. Eine ganze Reihe von Indikatoren – die Massenmotorisierung, die Chemisierung, der massive Anstieg des Energie- und Ressourcenverbrauches sowie des Abfallberges – sprechen durchaus für eine Zäsur zwischen dem Zeitalter der Kohle und dem Zeitalter der Kohlenwasserstoffe (Erdöl, Erdgas), doch die Zeit zuvor würde mit einer solchen massiven Zäsur nur noch auf ein Gegenbild reduziert. Für den Blick auf die Frühe Neuzeit sind diese beiden Periodisierungen zu großzügig.

Gerade in der Ideengeschichte ist die Suche nach Zäsuren oder nach einem „point of no return“, von dem aus ökologisch bedenkliche Entwicklungen unumkehrbar verlaufen seien, zu finden. So interpretierte z. B. der amerikanische Mediävist Lynn White jun. Umweltprobleme bzw. die „Umweltkrise“ als Folge des christlichen Denkens („Macht Euch die Erde untertan!“). Andere sehen eine große Wende zu einer rationalistischen Naturauffassung bei Bacon und Descartes, andere konstatieren im 18. Jh. einen Wandel der Naturauffassung dahingehend, dass Natur nur noch in ihrem Nutzen für das ökonomische Wohlergehen des Menschen gesehen wurde. Solche Ansätze nehmen das Spätmittelalter und die Frühe Neuzeit als Vor- und Ausgangsbedingungen des Industriesystems immerhin noch in den Blick, während andere dezidiert fordern, dass eine Umweltgeschichte erst mit dem Beginn des Industriezeitalters sinnvoll geschrieben werden könne.

Zäsuren und Prozesse

Für eine Umweltgeschichte der Frühen Neuzeit scheinen diese Ansätze zunächst wenig Raum zu lassen, doch sie zeigen auch, dass Periodisierung und Epochengliederung eben keine objektiven Eigenschaften des Geschichtsverlaufes sind, sondern Ergebnisse der historischen Interpretation. So wird der Beginn der Frühen Neuzeit in der Geschichtswissenschaft je nach Perspektive mit der italienischen Renaissance, dem Humanismus, der Entdeckung der Neuen Welt, der Reformation oder dem Bauernkrieg datiert. Am Ende der Epoche stehen die amerikanische Verfassung, die Französische Revolution, der Zusammenbruch des Heiligen Römischen Reiches oder der Durchbruch der Industriellen Revolution und des modernen Kapitalismus. Als prägende Entwicklungen der Neuzeit sind unter anderen die Ausbildung des frühmodernen Staates, die Entfaltung eines erfahrungs- und naturwissenschaftlich geprägten Denkens, die Erfindung des Buchdrucks und die Revolutionierung der Wissensproduktion, die konfessionelle Spaltung und Auseinandersetzung, die Expansion der europäischen Mächte und die Entdeckung neuer Welten genannt worden. Neuere Periodisierungskonzepte suchen die „Neuzeit“ seit der Mitte des 15. Jh.s zu erfassen und datieren den Übergang zur Moderne um die Mitte des 19. Jh.s.

Ansätze einer umweltgeschichtlichen Periodisierung

Für eine Umweltgeschichte der Frühen Neuzeit liegen hier einige Ansatzpunkte. Es wäre also auch aus der Sicht der Umweltgeschichte zu fragen, ob es eine innere Einheit der Zeitspanne gibt und durch welche Elemente sie charakterisiert wird. Hier könnte man auf die intensiven – auch von den Humanisten diskutierten – Eingriffe in die Natur im Zuge der Montankonjunktur seit der Mitte des 15. Jh.s oder auch auf den Beginn der europäischen Expansion verweisen. Im Verlauf der Frühen Neuzeit wurde die Wind- und Wasserkraft zunehmend ausgeschöpft und auch durch den Landesausbau vielfältig in die „natürliche“ Landschaft eingegriffen. Die zunehmende Bedeutung der „Ingenieure“, die zunächst nur für Renaissance und Industrialisierung betont wurde, erweist sich gerade auf diesen Gebieten der „Naturbeherrschung“, beispielsweise im Wasserbau, im Festungsbau sowie in der Landvermessung und der Kartographie. Das Ende der Epoche ließe sich durch den langen Übergang vom „hölzernen Zeitalter“ ins fossile Zeitalter durch den Zugriff auf die Kohle bzw. den „unterirdischen Wald“ als nicht-regenerierbare Ressource begründen. Hinsichtlich der Umweltbelastungen ist mehrfach betont worden, dass sie im Prozess der Industrialisierung und der Urbanisierung eine neue Dimension erreicht haben.

Dies sind überwiegend Elemente einer Periodisierung, die vor allem mit dem Einfluss des Menschen auf die Natur zu tun haben, doch auch hinsichtlich der Natur und ihren Einfluss auf den Menschen kann eine Umweltgeschichte der Frühen Neuzeit neue Konturen gewinnen: Durch die gegenwärtige Klimadiskussion und die Prognose einer globalen Erwärmung ist das Klima als Geschichtemacher ins Spiel gebracht worden. Doch was hat die Klimadiskussion mit der Frühen Neuzeit zu tun?

Klimadiskussion und globale Erwärmung

Zahlreiche Prognosen sagen bis zum Jahr 2050 ein seit dem Beginn der instrumentellen Messungen noch nicht erreichtes Temperaturniveau voraus. Hier lag und liegt eine Motivation für die Beschäftigung mit der Klimageschichte. Bei der Klimadiskussion ging es zunächst um die Frage nach externen Einwirkungen auf das Klima, ganz konkret, ob die Klimaerwärmung „man made", also eine Folge menschlicher Eingriffe in den Klimahaushalt sei. Die Bewertung von „normal" oder „anormal" verlangte die Retrospektive und lange Datenreihen, doch der Stand der Forschung erlaubte zunächst keine präzisen Aussagen.

Vor dem Hintergrund der aktuellen Debatten um den Klimawandel wird in der Geschichtswissenschaft die Diskussion um die Konsequenzen der Kleinen Eiszeit intensiv geführt. Damit haben klimageschichtliche Faktoren (wieder) an Relevanz gewonnen. In der Geschichtsschreibung des 18. Jh.s war das Klima noch breit thematisiert worden, doch seit dem 19. Jh. wurde das Klima eine historiographisch „fast bedeutungslose Größe" (P. Münch). Die Annahme eines konstanten Klimas setzte sich durch und eliminierte das Klima als einen eigenständigen Faktor des Geschichtsverlaufes. Die Forderung, das Klima müsse in der Geschichte neu gewichtet werden, sollte daher nicht mit Determinismusvorwürfen abgewürgt werden. Bei einer Periodisierung der Umweltgeschichte mit Blick auf die Frühe Neuzeit wird man an der „Kleinen Eiszeit" nicht vorbeikommen, zumal die Menschen in der Frühen Neuzeit ganz überwiegend in der Landwirtschaft tätig waren und Klima und Witterung für Natur und Mensch eine ganz unmittelbare Bedeutung hatten. Über die Klimaforschung hinaus stellt die „Kleine Eiszeit" angesichts der sozialen, demographischen, wirtschaftlichen und kulturellen Auswirkungen für eine Reihe von Subdisziplinen der Geschichtswissenschaft eine Herausforderung dar.

Das Klima in der Geschichtswissenschaft

Die „Kleine Eiszeit" als Herausforderung

### *1.3 Räumliche Dimension der Umweltgeschichte*

Geschichte vollzieht sich in Zeit und Raum: Die „Enzyklopädie deutscher Geschichte“ ist für die Frühe Neuzeit zunächst einmal auf das Heilige Römische Reich deutscher Nation verwiesen. Doch kann sich eine Umweltgeschichte der Frühen Neuzeit auf den politischen Raum beschränken?

Erfahrungen aus der Sozial- und Wirtschaftsgeschichte, dass zur Analyse ökonomischer Prozesse wie der Integration von Märkten oder sozialer Prozesse wie der Migration starre Grenzziehungen hinderlich sind, treffen auch für die Umweltgeschichte zu. In alpinen Regionen, bei Weinbaugebieten oder Bergrevieren lässt sich über die politischen Grenzen hinweg eine stark naturräumlich geprägte Lebensweise der Bevölkerung von auffälliger Ähnlichkeit beobachten. Auch wo es um die anthropogene Einwirkung auf einen Naturraum bzw. eine natürliche Landschaft geht, sind politische Grenzziehungen problematisch. Wenngleich manche poltische Grenze vom Menschen auch durch Berge, Straßen und Flüsse gezogen wird, trennen Rhein, Donau und andere Flüsse zwar politische Einheiten, doch sie verbinden auch, denn das Leben am Fluss prägt ähnliche „Ökotypen“.

Politische Räume und Ökotypen

Gerade das Klima macht die räumliche Eingrenzung schwierig: Zwar gibt es auch hier einen ganz konkreten räumlichen Bezug („Kleinklima“), doch die Klimaursachen erfordern eine weiträumige bis globale Betrachtung. Kälteeinbrüche bzw. Witterungsextreme der Kleinen Eiszeit werden z. B. darauf zurückgeführt, dass infolge von Vulkanausbrüchen Aerosole in die Stratossphäre gelangten und als vulkanische Wolken (strange fogs) zu einer verminderten Sonneneinstrahlung führten. Andere Naturkatastrophen – ob Überschwemmungen, Erdbeben oder Seuchen – schufen (und schaffen) ihre eigenen räumlichen Zusammenhänge. Auch eine an den Ressourcen orientierte Umweltgeschichte kann mit Blick auf Landnutzung, biologische Invasionen, Intensivierung der kommerziellen Jagd und Ressourcenverknappungen – so John F. Richards in „The Unending Frontier“ – die globalen Verflechtungen aufzeigen.

Andererseits, das hat David Blackbourn in „Die Eroberung der Natur“ eindrücklich gezeigt, ist die Umwelt kein politikfreier Raum: Naturkatastrophen waren nur durch kollektives Handeln, durch kommunales oder territoriales Eingreifen – und Krisensituationen wie Hungersnöte nur durch obrigkeitliches Handeln zu bewältigen. Umwelt und Natur erscheinen so auch als Faktor der Staatsbildung. Dennoch werden für einen enzyklopädischen Zugriff politische Einheiten nur als Ausgangs-

Mitteleuropa als Ausgangspunkt

punkt dienen können und es erscheint daher pragmatisch, Mitteleuropa in den Blick zu nehmen und problemorientiert den Fokus auszuweiten: Die Einfuhr von Kulturpflanzen aus der Dritten Welt veränderte eben auch die Ernährungsgrundlage der Alten Welt, und der *Columbian Exchange*, der wechselseitige Austausch von Pflanzen, Tieren, Krankheiten und Handelsgütern zwischen der Alten und der Neuen Welt, veränderte wiederum die Neue Welt tiefgreifend.

Problemorientierte Perspektive

### *1.4 Enzyklopädischer Ansatz*

Eine enzyklopädische Darstellung eines dynamischen Forschungsfeldes ist keine einfache Aufgabe: Vorbilder für die hier vorgelegte Umweltgeschichte der Frühen Neuzeit gibt es nicht, wenngleich besonders in Überblickdarstellungen der Frühen Neuzeit „Umwelt" in letzter Zeit stärker integriert worden ist.

Fokus „natürliche Umwelten"

In Anlehnung an das Konzept einer Umweltgeschichte als Interaktion zwischen Mensch und Natur kann der Zugang von zwei Seiten erfolgen: zunächst einmal mit Fokus auf die Natur sowie ihre Auswirkungen auf die Menschen, dann mit Fokus auf die Menschen und den Auswirkungen ihrer Handlungen auf die Natur. Zu den sog. objektiven, vom Menschen kaum beherrschbaren oder veränderbaren Naturbedingungen zählen in der Frühen Neuzeit Klima und Witterung. Klimatisch bedingte Extreme bzw. Katastrophen trafen die Menschen meist unvorbereitet. Auch die Seuchen – insbesondere die Pest – rechnet Livi Bacci zu den Kräften des „äusseren Zwanges", denn zwei Drittel bis drei Viertel der Sterblichkeit gingen auf Infektionskrankheiten zurück und trugen zu „unsicheren Lebensverhältnissen" bei. Ein erster Zugang behandelt daher unter „natürliche Umwelt" zunächst einmal diese objektiven Naturbedingungen und ihre Wirkungen auf den Menschen und die *conditio humana*. „Natürliche Umwelt" ist hier der Fokus für die „bedrohliche Natur".

Fokus „anthropogene Umwelten"

Ein zweiter Zugang erfolgt durch den Fokus auf die „anthropogene(n) Umwelt(en)": Hier wird der Blick darauf gerichtet, wie der Mensch die Umwelt gestaltet, wie er sie nutzt, belastet, schützt, beobachtet, deutet, darstellt und wissenschaftlich erfasst und schließlich auch bedroht. Der Mensch nutzt die Umwelt besonders durch seine Tätigkeit in der Urproduktion (Landwirtschaft, Jagd, Fischerei), in Bergbau und Hüttenwesen, im Gewerbe, durch Handel und Transport sowie durch die städtische Lebensweise und Urbanisierung. Schon zu Beginn der Frühen Neuzeit – und selbst in den Alpen – gab es kaum unberührte Natur: Die Menschen nutzten oder rodeten den Wald, sie errichteten

Siedlungen, sie bauten Kulturpflanzen an, sie jagten, drangen ins Innere der Erde vor, legten Wege und Straßen an und zwangen Flüsse, einen vorgegebenen Verlauf zu nehmen.

# 2. Natürliche Umwelten

## *2.1 Das Klima*

Bis vor hundert Jahren wurde angenommen, dass es sich beim Klima um einen konstanten Faktor handle, doch die historische Klimatologie kann kontinuierliche, oft innerhalb weniger Jahrzehnte aufeinanderfolgende klimatische Veränderungen belegen, so z. B. den genannten Wechsel von Gunst- und Ungunstphasen im Verlauf der „Kleinen Eiszeit“. Sie lässt sich innerhalb der Jahrhunderte wiederum in einzelne Abschnitte gliedern:

Gunst- und Ungunstphasen der „Kleinen Eiszeit“

Das 16. Jh. zerfällt in drei Abschnitte: Im ersten Drittel waren die Winter wechselhaft, die Frühjahrsperioden kühlten zunehmend ab, und die Sommer wurden kühler und feuchter. Das zweite Drittel (1530 bis 1560) zeigte außer einigen kalten und trockenen Wintern noch keine Hinweise auf die „Kleine Eiszeit“. Es handelte sich eher um eine „kleine Warmzeit“, in der die Gletscher zurückschmolzen und während der das Klima das Wachstum von Bevölkerung und Landwirtschaft begünstigte. Im Jahr 1540 herrschten fast subtropische Verhältnisse, begleitet von Dürre und Wassermangel. Doch zwischen den warmen Jahren gab es auch – wie z. B. 1542 – sehr kalte Winter.

Klimaverschlechterung 1560 bis 1630

Im letzten Drittel des 16. Jh.s setzte (ab 1560) eine Klimaverschlechterung (vermutlich unter dem Einfluss vulkanischer Eruptionen) ein: Die Temperatur sank in allen Jahreszeiten (außer Herbst) um mehr als 1 Grad Celsius ab, und Niederschläge fielen vor allem im Hochsommer zur Erntezeit. Dieser bis ca. 1630 anhaltende Abschnitt der „Kleinen Eiszeit“ erreichte 1585 bis 1597 seinen Höhepunkt und die Alpengletscher stießen ab 1580 rasch vor; der untere Grindelwald-Gletscher legte in zwanzig Jahren einen Kilometer zu. Der Weinbau nördlich der Alpen wurde schwer in Mitleidenschaft gezogen. Die Zeitgenossen vermerkten vor allem die Kälte: Strenge, lange Winter häuften sich schon 1560 bis 1573, dann vor allem 1585 bis 1615. Für die Gesellschaft war dies ein neuartiger Klimazustand: Nach langen Wintern mit Schneebedeckung brachten die Sommer kaum den Genuss des wärmebringenden Azorenhochs. 1572/73 fror der Bodensee vollständig zu, weitere Seegfrörnen folgten 1586/87, 1602/03 und 1607/08.

In den Jahren 1618 bis 1630 gab es verspätete Frühjahrsperioden, Kälterückfälle im Sommer und unfreundliche Herbste; die Winter waren nur mäßig wärmer und feuchter als im späten 16. Jh. Starke Regenfälle und eine ergiebige Schneeschmelze führten z. B. 1613 zu Überschwemmungen, die im Nagold- und Neckarraum Menschen und Tiere in den Tod rissen und furchtbare Verheerungen anrichteten, bis nach Thüringen hineinreichten und als „Thüringische Sündflut" überliefert sind.

Neben periodischen Überschwemmungen durch Regenfälle fallen Extreme wie die Sturmfluten an den Nord- und Ostseeküsten in diese Periode: 1619 wurde der Deich bei Bredstedt auf Jütland durch eine Wasserflut weggerissen, 1625 bedrohte eine Sturmflut Rostock und Warnemünde. Die große Sturm- und Springflut vom 21. Oktober 1634 an der Nordseeküste forderte 11 000 Opfer. Ihr folgte ein strenger Winter mit starken Schneefällen und wochenlanger Vereisung der Küsten und Flussmündungen.

Ein zweiter Abschnitt des 17. Jh.s, die Zeit von 1631 bis 1683, war eher durch Trockenheit gekennzeichnet, denn es gab in Frühjahr, Herbst und Winter kaum Niederschläge. Auch Anomalien waren relativ selten, die Gletscherzungen schmolzen zurück. Die klimatischen Bedingungen können daher als durchaus günstig eingeschätzt werden, doch der klimatisch bedingte erweiterte Nahrungsspielraum konnte durch die schweren Verluste infolge der Pestepidemien wahrscheinlich erst in der zweiten Hälfte des 17. Jh.s genutzt werden.

Maunder Minimum und Höhepunkt der „Kleinen Eiszeit"

Das ausgehende 17. Jh., ein dritter Abschnitt von 1684 bis zum Ende des Jh.s, gilt als Höhepunkt der Kleinen Eiszeit: Zwischen 1670 und 1701 fiel die Temperatur extrem ab. Der Temperatursturz (um 0,8 Grad Celsius), der auf eine Phase abgeschwächter Sonnenaktivität zurückgeführt wird, wird als „Maunder Minimum" bezeichnet. Hungersnöte in weiten Teilen Europas wurden durch Kriege noch verschärft.

Phase der Erwärmung zu Beginn des 18. Jh.s

Im 18. Jh. ist im ersten Drittel eine Phase der Erwärmung festzustellen: Die Sonnenaktivität nahm zu und die Erwärmung erfasste alle Jahreszeiten. Es gab weniger kalt-trockene Winter, wenngleich die Besserung des Klimas z. B. durch den extrem kalten Winter 1708/09 ebenso unterbrochen wurde wie 1717 durch die sog. Christflut am Weihnachtstag, die die deutsche und die niederländische Küste bedrohte und 18.000 Menschen das Leben kostete. In Ostösterreich waren die Jahre 1718 bis 1729 durch warme trockene Sommer mit Spitzenernten im Weinbau geprägt.

Rückkehr der „Kleinen Eiszeit"

In der Phase von 1730 bis 1810 waren wiederum alle Jahreszeiten (außer den Sommern) zu kalt und zu trocken, mitunter gab es frostige

**Strenger Winter 1739/40**

Frühjahrsperioden. In den Jahren 1730 bis 1744 fällt der strenge Winter 1739/40 in den Blick. Der Eisstoß auf der Donau um Wien hielt zehn Wochen an; in zahlreichen Städten wurden Getreide und Holz knapp und teuer, und eine Mortalitätswelle folgte.

**Hungerkrise 1770/72**

**Das lange 18. Jh. als Warmphase**

Die Jahre 1750 bis 1764 verliefen ohne Witterungsanomalien. Danach wurde die Witterung feuchter, und kalte Frühjahrsperioden und nasse Hochsommer führten 1770 bis 1772 zur größten Hungersnot des 18. Jh.s in Mitteleuropa. Erst das Jahr 1773 war wieder durch günstigere Witterungsverhältnisse geprägt. Die Zeit von 1781 bis 1810 kann mit Blick auf die deutschen Territorien als eine Warmphase bezeichnet werden, weshalb in klimatischer Hinsicht vom langen 18. Jh. gesprochen wird.

**„Quasi-eiszeitliches Klima“**

**Ausbruch des Vulkans Tambora 1815**

**1816: das Jahr ohne Sommer**

Das kurze 19. Jh. wird schließlich in zwei Phasen unterteilt: eine kalt-trockene Phase bis 1855 und eine wärmere (sehr feuchte) Phase bis 1895: 1812 bis 1830 folgte ein Rückfall in ein „quasi-eiszeitliches“ Klima, das u. a. auf äquatornahe Vulkanausbrüche zurückgeführt wird. Im Jahrzehnt 1810 bis 1820 waren alle Jahreszeiten zu kalt und zu trocken, besonders die Sommer. In den Alpen kam es zu einem starken Wachstum der Gletscher. Am kältesten war das Jahr 1816: Nachdem 1815 auf der indonesischen Insel Sumbawa der Vulkan Tambora ausgebrochen war, verminderten Staub und Schwefeldioxid den Einfall der Sonnenstrahlung und führten zu einer Abkühlung, weshalb man das Jahr 1816 als das „Jahr ohne Sommer“ bezeichnete. Einer denkbar schlechten Ernte folgte eine Teuerung; in Schlesien und Westfalen brach der Hungertyphus aus. Schon der Winter 1815/16 war schneereich, und 1816 schneite es im Hochsommer sogar noch in tiefe Lagen hinunter. Im Winter 1816/17 und im nasskalten Frühjahr 1817 kam es dann in den Alpen zu einer Überlagerung der Schneepakete, die im Juni zu einer doppelten Schneeschmelze führten. Am Bodensee verzeichneten die Pegel eine Rekordhöhe, die jene von 1566 noch übertraf.

**Übergang zum modernen Klimaoptimum**

Die 1820er Jahre waren eher durch eine Erwärmung gekennzeichnet, während 1830 wiederum extreme Kälte herrschte. In diese erste Phase fiel noch die letzte Krise vom „type ancien“ 1846/47 mit gravierenden Ernteausfällen bei Getreide und Kartoffeln. Die zweite Phase des kurzen 19. Jh.s, deren Beginn mit 1855 datiert wird, gilt als letzter Abschnitt der „Kleinen Eiszeit“ und wird auch als Übergangsphase zum sog. modernen Klimaoptimum bezeichnet.

### 2.2 *Klima und Landwirtschaft*

Bodennutzung der Landwirtschaft

Die existentielle Abhängigkeit der Menschen von Klima und Witterung liegt auf der Hand, doch fragen wir nach den Auswirkungen des Klimas auf die Landwirtschaft, so muss nach der Art der Bodennutzung bzw. nach Nutzungstypen (Ch. Pfister) unterschieden werden, – in Kornland (für weite Gebiete war die Getreidebaulandschaft mit Dreifelder- bzw. -Zelgenwirtschaft typisch), Hirtenland (Viehwirtschaft) oder Weinland (und Obstbau). Die Schwankung der Erträge ging ganz überwiegend auf Witterungseinflüsse zurück und nur in geringerem Ausmaß auf die Erschöpfung der Böden. Kleinere Störungen zeigten kaum Wirkung, extreme Wetterausschläge machten sich jedoch massiv bemerkbar. Hagel, Frost, unzeitiger Schnee und Überschwemmungen verursachten meteorologischen Stress, wenngleich die Wirkung auf die Nutzungstypen unterschiedlich und von Pflanze zu Pflanze verschieden war; eine Abfolge von mehreren nassen oder trockenen Jahren beeinflusste die Erträge kumulativ positiv oder negativ.

Witterungseinflüsse und Schwankung der Erträge

Durch lange Regenperioden in den Monaten September und Oktober wurde der Zeitpunkt der Aussaat hinausgeschoben und meist auch die Anbaufläche reduziert. Hohe Niederschlagsmengen in Herbst und Winter schwemmten Stickstoff aus dem Boden aus, was eine Ertragseinbuße beim Wintergetreide brachte. Beim Wintergetreide konnten die Ertragsschwankungen vom Negativertrag (geringerer Ertrag als Saatgut) bis 1 : 10 oder 1 : 12 reichen. Bei tiefen Temperaturen und fehlender Schneebedeckung winterte die Frucht aus. Warme und trockene März- und Aprilmonate waren für die Ertragsbildung des Wintergetreides und die Bestellung des Sommergetreides wiederum günstig. Dies förderte das Wachstum der Gräser, was im Korn- und Weidland frühzeitigen Weidgang und hohe Milchleistung ermöglichte. Kalte und lange Schneebedeckung oder übermäßige Nässe im Frühjahr drückten auf die Getreide-, Milch- und Obsterträge. Bei anhaltender Schneedecke konnte nur ein geringes Wintergetreide eingebracht und das Sommergetreide nicht rechtzeitig bestellt werden. Der Beginn der Grünfütterung musste hinausgeschoben werden, die Aufzehrung der Futtervorräte brachte Hungerstress. Kälte und übermäßige Nässe im Mai setzten der Viehwirtschaft am meisten zu, auch die Sommerfrüchte wurden in Mitleidenschaft gezogen: Die Getreideernte verzögerte sich, die Stoppelweide konnte nur kurz genutzt werden, beim Wein bestand die Gefahr unvollständiger Ausreifung, ebenso bei Hafer und Bohnen. Im Mai (und stärker noch im Juni) gab es ein Dürrerisiko, das die Viehzucht und die Sommerfrüchte in Mitleidenschaft ziehen konnte.

Witterung und Nutzungstypen: Getreideanbau, Viehwirtschaft und Weinbau

Kälte und Nässe schadeten im Juli am meisten, und Niederschläge waren vor allem in der Erntephase gefürchtet, denn sie begrenzten die Lagerfähigkeit des Erntegutes. Kälte im Herbst zwang zum Abbruch der Herbstweide und gefährdete die Ausreifung der Trauben und Bohnen, in höheren Lagen auch die des Hafers und des Obstes.

Die Vieh- und Milchwirtschaft war letztlich von der verfügbaren Futtermenge abhängig: Der Winter war die „Durststrecke" der Viehwirtschaft, und die Dauer der Schneebedeckung begrenzte oder erweiterte den Spielraum.

Im Wein- und Obstbau beeinflusste die Hochsommertemperatur die Größe des Traubenschusses im folgenden Frühjahr. Bis zur Traubenblüte droht das Risiko des Spätfrostes, während und nach der Blüte (Juni/Juli) ist sonnige, warme Witterung am förderlichsten für den Zuckergehalt. Das Ertragsverhältnis von Rekordernte und schwerer Missernte lag bei 20 : 1. Das Ertragsniveau hing auch von der Düngung ab. Futterkrisen oder Viehseuchen reduzierten den Düngeranfall und wirkten dann auch ungünstig auf den Rebbau. So zeigten sich Abhängigkeiten je nach Nutzungstyp, wobei natürlich Mischformen existierten.

Pufferungsstrategien: Dämpfung der Ertragsschwankungen

Mit einer Reihe von Pufferungsstrategien suchte man die Ertragsschwankungen zu dämpfen, die Grenzen zu innovativen Strategien, die die Tragfähigkeit des Bodens erhöhten, sind dabei fließend. Im Kornland verzettelte man die Parzellen (Verteilung auf verschiedene Lagen) und baute unterschiedliche Getreidesorten an; damit verringerte sich die Wahrscheinlichkeit einer gleichzeitigen Fehlernte. Zur Überbrückung von Ausfällen standen Brache und Allmende als Landreserve zur Verfügung. In Teuerungsjahren wurden auch Bohnen angebaut, wenn der Ausfall des Wintergetreides absehbar war. Die Brache diente einerseits als Experimentierfeld (Kartoffeln), andererseits suchte man die Anbauflächen auszuweiten.

Verzettelung im Kornland

Viehbestand, Futtermenge und Futterkrise

Im Hirtenland musste man im Herbst den Viehbestand an die Futtermenge anpassen. Die „Kuhwinterung" bzw. „Winterfuhr" galt als Flächenmaß, wobei die Länge des Winters ja nicht absehbar war. Nach magerer Heuernte musste im Herbst Vieh abgestoßen werden. Hielt der Winter lange an, so musste wiederum Vieh wegen des Überangebotes zu niedrigen Preisen verkauft und/oder Heu zu erhöhten Preisen zugekauft werden. Futterkrisen konnten große Löcher in die Herden reißen, und der Futterkrise folgte dann eine Butterkrise. Wenn solche Futterkrisen – wie in den 1690er Jahren durch die eisigen Frühlinge – über mehrere Jahre andauerten, so ergab sich eine nachhaltige Dezimierung der Bestände.

Im Weinland waren die Pufferungsstrategien begrenzt, da die Rebleute sich meist über den Markt mit Getreide versorgen mussten und die Ertragsschwankungen größer als beim Getreide waren. Der Weinbau war besonders krisenanfällig. Geringe Weinmosterträge fielen oft mit hohen Getreidepreisen zusammen. Bei aufeinander folgenden Fehlernten, wie sie für die Ungunstphasen der „Kleinen Eiszeit" charakteristisch sind, war eine Pufferung durch sog. Zwischenkulturen (Bohnen, Gemüse und Obst) möglich.

Hohe Ertragsschwankungen im Weinbau

Klöster und Korporationen streuten ihren Besitz ebenfalls in mehrere Zonen, um bei den Zehntabgaben kein Risiko einzugehen. Die Ausschüttung von Getreidevorräten in Krisenzeiten (um Auswüchse und Spekulation in Grenzen zu halten) wurde gelegentlich durch Importe ergänzt. Viele Kommunen unterhielten dazu Getreidespeicher. Die Konsumenten substituierten bei Missernten Nahrungsmittel und zogen billigeres Getreide vor. Der Hafer, meist Viehfutter, war die letzte Rettung vor dem Hunger. Hungersnöte traten vor allem dann auf, wenn – wie im späten 16. Jh. bei sprunghaftem Klima – auch der Hafer missriet: 1587 wurde er nach kaltem Sommer im September unter der Schneedecke begraben. In der zweiten Hälfte des 18. Jh.s wirkte sich zunehmend auch die Kartoffelernte auf den Getreidepreis aus.

Krisenreaktionen

Aus den skizzierten Erfahrungen lassen sich Modelle für einen optimalen und einen ungünstigen Witterungsverlauf ableiten: Das Optimaljahr hatte einen trockenen, nicht zu kalten Winter, einen zeitigen Vegetationsbeginn im Frühjahr bei überdurchschnittlicher Temperatur und Strahlung, einen warmen, nicht zu trockenen Sommer und einen langen, warm-trockenen Herbst; wesentlich war dabei die günstige Verteilung des Niederschlags.

Das Optimaljahr

Das Katastrophenjahr dagegen begann mit einem nassen Winter, auf den ein kaltes, schneereiches Frühjahr sowie ein nasser und kalter Sommer mit Überschwemmungen folgten. Wenn auf einen nassen und kalten Herbst der Winter verfrüht einsetzte, dann folgte – wie in den Jahren 1627, 1770, 1805 und 1816 – eine gravierende Ernte- bzw. Subsistenzkrise.

Das Katastrophenjahr

Besonders während der Klimaverschlechterung 1565 bis 1629 kam es zu einer Dezimierung der Viehbestände und zum Erlahmen der Bodenfruchtbarkeit. Die Tragfähigkeit ließ nach, Überschwemmungen häuften sich, die Weinmosterträge verfielen und die Rebflächen schrumpften. Seuchen und Futterkrisen bewirkten einen weiteren Verlust an Vieh, die Milchproduktion kollabierte, und es kam zur Einschränkung der Ernährung. Auch die kalten Jahre von 1689 bis 1694 lösten durch eine Häufung von kalten Frühlingen und nassen Sommern

1565 bis 1629 als Ungunstphase

Schwere Hungersnöte 1689 bis 1694

schwere Hungersnöte aus. Nach einer Zeit problemlosen Wachstums hatte man offenbar auch die Vorratshaltung vernachlässigt.

### *2.3 Klimaextreme und Naturkatastrophen*

Zu klimatisch bedingten Extremen zählen zunächst einmal Unwetter, d.h. meteorologische Ereignisse wie Sturm, Gewitter oder Hochwasser, die in manchen Jahren nicht, in anderen wiederum mehrfach auftraten. Für Nürnberg lässt sich im Zeitraum 1500 bis 1715 (unterbrochen durch die Phase 1610 bis 1650) eine dramatische Zunahme der Unwetterschäden belegen. Die Zeitreihe „Unwetterschäden" zeigt jedoch kaum Übereinstimmung mit den Zeitreihen Temperatur und Niederschlag, so dass von einer eigenständigen Form ausgegangen werden muss: Gewitter hatten meist nur eine kleinräumige Ausprägung, und Schäden durch Gewitter gab es in vielen Gebieten fast jährlich, doch von allen Unwettern richteten die Gewitter die meisten Schäden an. Da das „Gewitterläuten" entgolten und darüber Buch geführt wurde, ist eine Rekonstruktion möglich. Gewitter häuften sich in den Monaten März bis September; nasskalte Jahre waren meist gewitterarm, trocken-heiße Jahre waren dagegen meist reich an Gewittern. Schäden verursachte vor allem gleichzeitiger Hagel (Schauer), der zu den sieben Plagen im Alten Testament zählt. Mitunter wird in Chroniken von „Hagelsteinen" oder „faustgroßen Schlossen" berichtet, die Menschen und Vieh bedrohten und Fenster und Dächer zu Bruch gehen ließen. Jede Generation dürfte einmal einen schweren Hagelschlag erlebt haben. Die Hagelschläge fielen vorzugsweise in die Monate Juni und Juli. So verheerte im Juli 1788 ein Hagelschlag weite Teile Frankreichs; er soll – so Ernest Labrousse – den Untergang der Monarchie beschleunigt haben, da die Obrigkeit kaum Hilfe bieten konnte. Zu den überlieferten Abwehrstrategien zählte neben dem Wetterläuten das „Wegschießen von Wettern", das seit dem 17. Jh. belegt ist. Maria Theresia untersagte das „Wetterschießen" zur Hagelabwehr 1750, da „das gewölck … endlichen dem Nachbarn mit noch größerer Gewalt auf den Hals getrieben wird".

Unwetter

Kleinräumige Ausprägung der Gewitter

Hagel und Wetterschießen

Das Wetterläuten geht offenbar bis ins 15. Jh. zurück. Salzburger Bauern führten 1771 Beschwerde, die Bayern trieben mit ihrem Wetterläuten die schädlichen Wetter ins Land. Im Zuge der Aufklärung verbot 1783 Kurfürst Theodor von Bayern das Wetterläuten, in Salzburg schränkte Erzbischof Hieronymus Colloredo mit Mandaten 1783 und 1784 das Wetterläuten ein. 1806 folgte in Bayern zwar ein erneutes Verbot, doch noch im späten 19. Jh. war das Wetterläuten durchaus üblich. Die Verehrung von Wetterheiligen und die Durchführung von

Wetterläuten und Wetterheilige

Bittprozessionen kamen offenbar erst im 16. Jh. auf. Der Hagelfeiertag am 25. März (am Tag Mariä Heimsuchung) wurde – ebenso wie der Wettersegen in Süddeutschland – bis ins 20. Jh. zelebriert.

Wetterkassen und Hagelversicherung

Die Errichtung von „Wetterkassen" als Teil des aufkommenden Versicherungswesens wurde seit 1749 erwogen, und 1760 schlug Johann Heinrich Georg von Justi in seiner „Policeywissenschaft" die Bildung von Assecuranzen zur Behebung des Schadens durch Hagel, Wolkenbrüche, Überschwemmungen, Heuschrecken und dergleichen vor. Kameralisten wie Bergius, Pfeiffer, Jung u. a. schlossen daran an, und in der Ökonomischen Enzyklopädie von Krünitz wird 1782 unter „Assecuranz-Anstalten" die Ernteversicherung aufgegriffen. Noch 1791 kam es in Braunschweig zur Bildung einer ersten genossenschaftlichen Hagelversicherungsgesellschaft, die nur wenige Jahre existierte, doch die 1797 gegründete Hagelschaden-Assekuranz-Gesellschaft in den Mecklenburgischen Landen entwickelte sich erfolgreich, so dass ihr im 19. Jh. weitere Gründungen folgten.

Donner und Blitz

Ebenso wie der Hagel war auch der Blitzschlag für die Zeitgenossen unerklärlich und unfassbar. In der Bibel wird die Erscheinung Gottes mit Donner und Blitz angekündigt, sie sind die Vorzeichen des Jüngsten Tages. Im Gewitter erscheint furchterregend der zürnende und richtende Gott. “Fressend Feuer geht vor ihm her und um ihn her ein großes Wetter" (50. Psalm). Auf Flugschriften wurde der Blitz stilisiert durch Flammen, Feuerregen, Strahlen, Pfeile, Blitzbündel oder Kugelblitze. Ein solcher Kugelblitz, der 1623 im Wertachtal bei Augsburg niederging, ist auf einem Einblattdruck mit koloriertem Holzschnitt und gereimten Versen zu sehen (vgl. Umschlagbild und Bildlegende, S. IV). Zwischen den Konfessionen entbrannte im 17. Jh. ein regelrechter Konkurrenzkampf um die beste Abwehrmagie, wobei die protestantische Wortreligion dem Weihwasser, den Kerzen und dem Glockenläuten das Wettergebet und die Wetterpredigt entgegensetzte.

Deutung als Elektrizität: Der Blitzableiter

Bis ins 18. Jh. war auch die aristotelische Vorstellung verbreitet, dass sich brennbare Stoffe von Zeit zu Zeit in der Atmosphäre entzünden und als Blitze niedergehen. Zur Mitte des 18. Jh.s deutete Benjamin Franklin Blitze als sich selbst entladende Elektrizität. Bei Experimenten erkannte er, dass spitze Metallstangen Elektrizität entladen und bei Erdung als Blitzableiter fungieren können. Doch als Georg Richman bei solchen Experimenten 1753 starb, löste dies eine große Erschütterung aus. 1770 wurde schließlich in Hamburg auf dem Turm der Jakobikirche der erste Blitzableiter in Deutschland aufgestellt. Für die Aufklärer demonstrierte er die Nützlichkeit des Studiums der Natur und die Bedeutung experimenteller Studien. Für Robespierre war die Erfindung des Blitzableiters eine der bedeutendesten Entdeckungen, die wir der Wissenschaft verdanken, andererseits sah selbst Kant es als übertriebene Kühnheit des Menschen an, den Blitz zähmen zu wollen.

Häufung der Stürme in der „Kleinen Eiszeit“

Die „Kleine Eiszeit“ lässt sich insgesamt als sturmreicher Abschnitt beschreiben, wobei die Zunahme nach 1400 auffällt: Die Zeit von 1525 bis 1700 kann als Zeitraum mit verstärkter Sturmfluthäufigkeit gelten, ein Maximum liegt um 1690, zeitgleich mit der markanten Temperaturdepression. In größeren Städten, wie in München, ist das „Windrueffn“ in den Rechnungsbüchern verzeichnet. Die Warnung bei starkem Wind galt vor allem den Feuer- und Herdstellen, da Brände meist durch Funkenflug ausgelöst wurden. Tornados, Wirbelwinde, die an Luftmassengrenzen entstehen, waren äußerst selten und traten nur im Frühjahr und Frühsommer auf. Zudem waren sie kleinräumige und kurzlebige Gebilde.

Sturmfluten und Deiche

Dagegen richteten die Sturmfluten an der Küste wesentlich größeren Schaden an: An der Nordsee wurden bereits seit dem 11. Jh. erste Seedeiche angelegt, und seit dem 13. Jh. gab es geschlossene Seedeichlinien. Nach den Erfahrungen verheerender Sturmflutkatastrophen wurden die Deiche bis zum Ende des Mittelalters meist (wie in Schleswig-Holstein) auf eine Höhe von 3 bis 3,5 m gebracht, die Nordseemarschen wurden zu einer fast durchgehend kultivierten und geschlossenen, gegen Tidenhub bzw. Sturmfluten geschützten Landschaft. In der Frühen Neuzeit wurden die Deiche weiter erhöht. In den niederländischen Küstengebieten erreichten sie Höhen von 5 m und mehr. Katalysatoren für solche Vorkehrungen waren vor allem die großen Sturmflutkatastrophen mit gewaltigen Schäden wie die Große Mandränke 1362, die Zweite Mandränke 1634, die Weihnachtsflut 1717 und die Februarflut 1825.

Sturmflutkatastrophen 1632, 1634, 1717 und 1825

Noch heute zeugen Hochwassermarken an Gebäuden, die seit dem 16. Jh. überliefert sind, von Überschwemmungen durch die Flüsse. Überblicken wir die Flüsse Mitteleuropas, so zeigt sich z. B. im Gebiet des Mains, dass die hochwasserintensiven Abschnitte markant mit den Hauptperioden der „Kleinen Eiszeit“ bzw. mit großräumigen klimatischen Veränderungen zusammenhängen.

Hochwasser und Überschwemmungen

In einigen Abschnitten kehrte das Hochwasser jährlich wieder. Sommerliche Hochwasser waren meist eine Folge von Stark- und Dauerregen, winterliche dagegen eine Folge der Schneeschmelze. Im Alpenraum konnte die Schneeschmelze zwischen Februar und April ein Ansteigen der Nebenflüsse der Donau verursachen. 1565/66 war der schneereichste Winter in der Schweiz seit 1500, auf den die „unendliche Schneeschmelze des Sommers 1566“ mit zahlreichen Überschwemmungen und hohen Wasserständen folgte. Im Ostalpenraum führten im

August 1598 Salzach und Inn zu einer Überschwemmung der Donau, als weitere Katastrophenjahre sind 1670 und 1682 sowie 1786 und 1787 („Allerheiligenhochwasser") genannt.

Eisstöße in der „Kleinen Eiszeit"

Nach kalten Wintern konnte die Erwärmung zum Eisgang bzw. zu Eisstößen führen, die wiederum schwere Hochwasserkatastrophen nach sich ziehen konnten. Eisstöße gibt es heute kaum mehr, und bis ins 15. Jh. waren sie aufgrund der klimatischen Bedingungen selten, doch im Zuge der „Kleinen Eiszeit" nahm die Häufigkeit von Eisstößen deutlich zu.

Hochwasserkatastrophen

Auch einzelne schwere Hochwasser, sog. Jahrhundert- und Jahrtausendhochwasser sind überliefert: Dazu gehören z. B. das schwere Hochwasser von 1595 mit katastrophalen Folgen, als der Eisgang in Nürnberg Stege und Mühlen zerstörte und drei Hochwasserwellen auslöste, – das „Diluvium Franconum Magnum" von 1732 in Franken, sowie die Überschwemmungskatastrophe von 1784, bei der durch Erwärmung im Februar das Eis zeitgleich in allen größeren Flüssen brach. Die Eisdecken wurden aufeinandergeschoben und türmten sich mit Treibgut und sog. Holländerbäumen zusammen an den Brücken auf und zerstörten diese wie z. B. in Heidelberg und Bamberg. Im Ostalpenraum gilt das Hochwasser von 1501 mit großen Schäden in Niederösterreich als „Jahrtausendhochwasser".

Deichbau und Vorsorge

Während große Unwetter und Sturmfluten zwar in der „Kleinen Eiszeit" häufiger auftraten, kamen sie für die Zeitgenossen doch meist überraschend und plötzlich. Mit dem Deichbau hatte man durchaus Vorkehrungen getroffen. Auch an den Flüssen Mitteleuropas traf man rechtzeitige Vorsorge durch Errichtung und Instandhaltung von Schutzbauten. Treibholz wurde durch sog. Rechen abgefangen, Uferschutzbauten, Wehre und andere Schutzbauten wurden angelegt, wobei die Praxis im 16. und 17. Jh. auf die meisten Flüsse und Bäche in der Ebene ausgedehnt wurde.

Erdbeben

Erdbeben waren und sind in Europa – abgesehen von Italien und der Ägäis – eher seltene Ereignisse, wenn man von kleineren Bergstürzen absieht, denn das nördliche Zentraleuropa ist fast völlig aseismisch. Nur einige größere Erdbeben sind überliefert, wie das von 1348 in Kärnten und Friaul, das mit einem gewaltigen Bergsturz am Dobratsch verbunden war, oder das von Basel 1356. In der Frühen Neuzeit ereignete sich 1590 in Neulengbach (30 km westlich von Wien) ein Erdbeben, das noch in Sachsen, Slowenien, Württemberg und in der ungarischen Puszta wahrgenommen wurde und z. B. in Wien und Bratislava/Pressburg große Schäden anrichtete. Wenngleich Flugschriften in reißerischer Aufmachung zur Übertreibung des Geschehenen tendier-

Erdbeben in Neulengbach 1590

ten, zeigt auch die Schadensrekonstruktion bzw. die „makroseismische Beobachtung“ ein Beben von 9 MSK auf der zwölfteiligen Medvedev-Sponheuer-Karnik Skala (bzw. der Magnitude 6 auf der Richter-Skala). Im Tullner Feld verwüstete es ganze Ortschaften, in Wien wurde der Stephansdom in Mitleidenschaft gezogen, die Türme der Michaelerkirche und der Schottenkirche stürzten ein.

Das Erdbeben von Lissabon 1755

Am bekanntesten ist das Erdbeben von Lissabon vom 1. November 1755. Mit 30 000 Toten in der Metropole des Welthandels schien die Gewissheit, in der besten aller Welten zu leben, erschüttert, und das Beben nährte Zweifel an der Vorstellung des gerechten und gütigen Gottes. Für Rousseau (die Natur bringt das Gute hervor, die Kultur wendet es zum Bösen) war die Zivilisation schuld: Man könne die Städte naturgemäßer und erdbebensicherer bauen und vermeidbare Ursachen erkennen!

Lawinen in den inneralpinen Regionen

Lawinen bildeten in den inneralpinen Regionen eine ständige Bedrohung, besonders in den Westalpen, während sie in den stärker bewaldeten Alpengebieten östlich von Tirol seltener belegt sind, zumal sie kaum menschliche Siedlungsräume betrafen. Bildliche Darstellungen aus der Frühen Neuzeit zeigen sie in der Regel als große Schneebälle.

Manche Orte wurden mehrfach von Lawinen überrollt. Man errichtete daher Schutzmauern; mitunter löste die Bergbevölkerung mit Böllerschüssen Lawinen auch gezielt aus. In Taufers in Tirol hielt die Waldordnung von 1521 fest, „wo Muhren und Lanen Höfe und Güter bedrohen“, sollten die Wälder „unverhackt bleiben“.

## *2.4 Seuchen und Bevölkerung*

Sterblichkeit durch Infektionskrankheiten

Die „unsicheren Lebensverhältnisse“ (M. Livi Bacci) bzw. die „unsichere Lebenszeit“ (A. Imhof) waren Ausdruck des demographischen Regimes, bei dem zwei Drittel bis drei Viertel der Sterbefälle auf Infektionskrankheiten, also letztlich Mikroben, zurückgingen. Seuchen dezimierten auch nach den großen Pestwellen um und nach dem sog. Schwarzen Tod um die Mitte des 14. Jh.s die Bevölkerung und gefährdeten im 16. und 17. Jh. die demographische Erholung. Daher wird der Bevölkerungsanstieg im 18. Jh. auch dem Rückgang der Pest zugeschrieben.

Die Pest als Protagonist

Die Pest war die bekannteste Infektionskrankheit: Auf dem Kontinent war sie im Zeitraum 1520 bis 1530, 1575 und 1588, zwischen 1597 und 1604 sowie 1624 bis 1631 am stärksten verbreitet, und sie zog sich erst in der zweiten Hälfte des 17. Jh.s vom Kontinent zurück. Mit der

Pest trat der herausragende Protagonist ab und räumte das Feld, das im 17. und 18. Jh. Typhus und Pocken besetzten.

Pest als Synonym für die Seuche

„Pest" und „Pestilentz" waren auch Synonyme für die Seuche schlechthin: Viele Menschen erlebten mehr als eine Pestwelle. Pestkreuze und Pestsäulen erinnern an „überstandene Heimsuchungen". In den Kirchen wurden Pestaltäre errichtet, und sowohl Stand- als Votivbilder der Pestheiligen Rochus und Sebastian zeugen von der Bildhaftigkeit katholischer Frömmigkeit. Die hölzerne Pestsäule in Wien, am Graben, wurde 1662 errichtet – und die Traditionslinie der Prozessionen zieht sich bis ins 20. Jh.: So wird z. B. das Oberammergauer Passionsspiel seit 1634 in Erinnerung an die Pest von 1633 alle zehn Jahre aufgeführt.

Ausmaß der Pestzüge und Pestwellen

Die Pestzüge bzw. -wellen konnten unterschiedliche Ausmaße annehmen: Zunächst bestand meist Unsicherheit, ob es sich um eine Pest handelte. So fragte z. B. der Ulmer Rat bei den Stadtärzten 1605 an, ob „diese sterbende seuch aigentlich pestis oder ein andere und was für ein Kranckheit die seye". In der für Basel eruierten Liste der Pestzüge finden sich solche mit 800 Pesttoten (1576/78), aber auch solche mit 5 000 Pesttoten (1502).

Bevölkerungsverluste

In Augsburg raffte die Pest 1627/28 ca. 12 000 Menschen dahin, und in den 1630er Jahren gab es die schwersten Pestepidemien nach dem Schwarzen Tod. Die Bevölkerungsverluste während des Dreißigjährigen Krieges gehen überwiegend auf Seuchen zurück, die meist durch den Krieg Verbreitung fanden. Wilhelm Abel ging davon aus, dass die deutsche Bevölkerung von 16 Mio (1620) auf ca. 10 Mio (1650) zurückging. Spätere Pestepidemien waren insgesamt weniger verlustreich, wenngleich sie einzelne Städte hart trafen: Wien sowie auch das Waldviertel, Prag und Graz wurden 1679/80 heimgesucht. Die letzte Pestwelle forderte in der Reichsstadt Regensburg 1713 noch ca. 6-8 000 Pesttote.

*mors subita* – der jähe Tod

Neben dem massenhaften und folgenschweren Auftreten der Pest war vor allem das plötzliche Hereinbrechen für die Zeitgenossen bemerkenswert. Die Angst vor dem jähen Tod – *mors subita* – begleitete die Menschen: „Mitten wyr im leben sind / mit dem tod vmbfangen", so formulierte Luther die Bedrohung durch die Seuche. Die Menschen wollten nicht unversöhnt mit Gott – nicht im Zustand der Sünde – sterben und versuchten in Scharen zu beichten und das Abendmahl zu empfangen. Die Pest zählte für die Prediger zu den „bösesten Hauptplagen" die als Gottesstrafe, so der Nürnberger Prediger Osiander, auf „Unsere sünden / als unglaub / ungehorsam und undanckbarkeit" folgte. Für die Zeitgenossen lag die Erklärung nahe, die das Landplagenbild an der

Die Pest als göttliche Strafe

Südwand des Grazer Doms 1485 von Thomas von Villach (nach der Pest von 1480) gibt: „Pestilentz die will gott schikhn dir Umb deine sund das glaub du mir / Darumb so khere dich zu got Und halt hinfür dy sein gepot." Auch das plötzliche Verschwinden der Pest schien nur mit göttlichem Willen erklärbar.

Die Pest war unberechenbar, da man sie nicht sah, „biß dann einer damit getroffen vnnd verwundet worden". Auch die Ärzte waren ratlos: Bis zum Ende des 19. Jh.s hatten sie von der Pathogenese der Seuche keine Ahnung.

Die Pest als Gefahr und Politikum

Seuchen bildeten eine Gefahr für die städtische bzw. staatliche Ordnung, und angesichts ihrer Reichweite war die Pest ein Politikum: So gilt die Pest (wie die Cholera im 19. Jh.) als Schrittmacher kommunaler Gesundheitssicherung. Zunächst waren die Ärzte gefordert. Doch die ärztlichen Autoritäten deuteten die Pest in der Tradition von Hippokrates und Galenos als „Luftverpestung". Als prophylaktische Maßnahmen kamen die Veränderung der Luft durch Räucherwerk, Duftstoffe oder Ortswechsel in Betracht, als Therapie der Humoralpathologie (Viersäftelehre) folgend z. B. der Aderlass (der im 17. Jh. in die Kritik kam). Das Vorgehen der städtischen Gesundheitsbehörden ging stärker von der praktischen Erfahrung und schon bald auch von der „Kontagiosität" der Pest aus.

Die Pest als Schrittmacher kommunaler Gesundheitssicherung

Miasmentheorie und Humoralpathologie

Ausgehend von den oberitalienischen Städten wurden Maßnahmen ergriffen, die meist auf die Isolierung der Pestkranken zielten. Dazu zählten die Einrichtung einer Pestbehörde, die Bestellung eines Stadtarztes sowie von Pestbarbieren und Totengräbern, die Einrichtung von Pestspitälern, die Schließung von Bädern und Märkten sowie die Einführung von Gesundheitspässen. Man verhängte Handelssperren oder richtete einen *cordon sanitaire* ein, der – wie im Falle der 1900 km langen „k.k. Pestfront" an der Südostgrenze Österreich-Ungarns von 1728 bis 1865 – die Ausbreitung der Pest über Südosteuropa hinaus verhindern sollte. Die auch auf Vorbeugung zielenden medizinischen und stadthygienischen Maßnahmen wurden von der zweiten Hälfte des 16. Jh.s an konsequenter und in eigenen Pestordnungen zusammengefasst. Dabei standen zunehmend epidemiologische Maßnahmen im Vordergrund: Die Infektionsordnung von 1585 für Innerösterreich verordnete z. B., dass chirurgische Instrumente, „damit zuuor ain Inficierte Person berirett worden", sauber und rein gehalten werden müssten.

Vorbildwirkung der oberitalienischen Städte

Pest- und Infektionsordnungen

Der Begriff der Infektion und mehr noch der der Kontagion – der Basler Theologe Gabriel Biel bezeichnet schon 1501 die Pest als „Contagion" – kann, so J. N. Biraben, als Signal für Ansteckungskonzepte gelesen werden, wobei vielfach die Vorstellung der Übertragbarkeit von Krankheiten der Verwendung des Begriffes voranging. Seit der Mitte des 16. Jh.s wurde der Gedanke der Infektiosität in Form der Contagionstheorie weiter ausgebaut, sie wurde jedoch auch wegen ihrer handelsfeindlichen Auswirkungen bekämpft. Girolamo Fracastoro (1478-1553) ging 1546 in „De Contagione" von Krankheitssamen (*seminaria*) aus, die durch Luft übertragen werden oder an geeigneten Gegenständen haften. Miasma und Kontagion wurden von vielen akademischen Medizinern auch kombiniert: das Miasma erzeuge contagiosen Samen, Samen erzeugen Krankheit und die Ausdünstungen der Kranken wiederum Miasmen. Athanasius Kircher (1602-1680) formulierte in seiner Pestschrift 1658 nach der pflichtgemäßen Einstufung der Pest als Geißel Gottes eine Theorie der Ansteckung durch „animata effluvia" und vermutete, dass „die Pest selbsten durch Anzündung und Contagion fortgepflanzet und propagiret werde".

Verbreitung der Contagionstheorie

Die theologischen Pestschriften hielten dagegen, dass bei der Pest wie allen anderen Plagen und Krankheiten „keine andere Hauptursach seye / dann die Sünde". Die Pest sei nicht nur Strafe, sondern auch Anzeichen göttlichen Willens. Gott strafe und erziehe die Menschen durch die „Zuchtrute der Pestilenz". Die Vorstellung der zufälligen Ansteckung war daher mit der Vorsehung nicht zu vereinbaren. Theologen wie Johann Georg Sigwart führten darüber hinaus in „Predigten von den Hauptplagen" (1611) die Hilflosigkeit der Medizin ins Feld, denn die Erfahrung zeige, dass „weder Praeservativa noch Curativa" wirklich helfen könnten. Die Harmonisierung der theologischen und medizinischen Pesterklärungen gelang schließlich durch die aristotelische Lehre von Gott als der Erstursache (*causa prima*), die von der Medizin angeführten Ursachen fungierten dann als *causae secundae*. Seit dem Beginn des 17. Jh.s setzte sich eine Kompromissformel zwischen Theologie und Medizin durch, nach der die Seuche von Gott wegen der Sünden der Menschen auf natürliche Weise hervorgerufen werde. Die Pest wurde danach mehr und mehr als medizinisches Thema verstanden. Doch während die praktizierenden Ärzte anlässlich der Pest in Marseille 1720 von der Ansteckung ausgingen, hielten die Gelehrten der medizinischen Fakultät (als Antikontagionisten) noch immer am humoralpathologischen Konzept fest.

Deutungen in theologischen Pestschriften

*causa prima* und *causae secundae*

Angesichts der Gefahr der Ansteckung sollten – wie in Mainz 1666 – keine großen kirchlichen Zusammenkünfte stattfinden, und die Prediger sollten sich kurz fassen, oder die Gottesdienste wurden aus Gründen der Seuchenprävention – wie in Regensburg 1713 – vorübergehend eingestellt. Beim Abendmahl fürchteten sich offenbar die Geistlichen vor Ansteckung, wenn sie einem Kranken die Hostie reichen sollten und

Seuchenprävention versus religiöse Praktiken

behalfen sich mit einem langen Löffel, um den Abstand zu wahren. Doch die Einschränkung religiöser Praktiken führte immer wieder zu Konflikten, zu Protesten gegen die Isolierung von Kranken oder gegen die Einschränkung von Beerdigungsbräuchen. Denn der Glaube bot Hilfe: die „allergewisseste Pestilentz=Artzney“ komme – so David Herlitz 1621 in seinem Consilium Politico-Physicum – aus der „himlischen Apotecken“.

Neben der Pest traten andere Epidemien wie Fleckfieber, Ruhr, Syphilis, Malaria und Pocken oder weniger bekannte Epidemien wie der „englische Schweiß“ (1529) auf. Die Krankheitsbilder waren nicht zweifelsfrei zu unterscheiden: In Basel gesellte sich z. B. während der Epidemie von 1633 bis 1636 zur Pest auch der Flecktyphus. Man wird häufig von Polyepidemien ausgehen müssen, doch seit Ende des 16. Jh.s zeigt sich ein spürbares Interesse an lokalisierbaren und therapierbaren Details.

Epidemien

Massenerkrankungen gehörten zu den Alltagserscheinungen. Im Mittelalter zählten Tuberkulose und Aussatz zu den Infektionskrankheiten. Die Aussätzigen brachte man in vor der Stadt gelegenen Leprosen- oder Sondersiechenhäusern unter. Seit dem 15. Jh. war der Aussatz (der eine lange Inkubationszeit hatte und sich langsam ausbreitete) jedoch schon auf dem Rückzug. Das seit Mitte des 15. Jh.s in Europa grassierende Fleckfieber, das durch die Kleiderlaus übertragen wurde, nannte man wegen des rasenden Kopfschmerzes auch „Hauptkrankheit“ und später Morbus hungaricus; Pest und Fleckfieber lösten sich in der Frühen Neuzeit häufig gegenseitig ab. Der Typhus gilt bis zu den Napoleonischen Kriegen als schlimme und einflussreiche Seuche, doch stand auch er im Schatten der Pest. Das Wechselfieber, die Malaria (von mal d'aria, schlechte Luft), blieb keineswegs nur auf die „Fiebersümpfe“ Latiums begrenzt, sondern es war auch nördlich der Alpen in vielen Feuchtgebieten sowie an der Nordseeküste endemisch und konnte – wie in Mannheim 1761 – Epidemien auslösen. Der Zusammenhang mit den Feuchtgebieten, in denen die Malariafliege brütete, war für die Zeitgenossen offensichtlich. Zahlreiche Hinweise auf die periodische Vermehrung der Fliegen oder Mücken unweit der Sümpfe finden sich z. B. schon in *De animalibus insectis* von Ulisse Aldrovandi (Bologna 1602) oder bei Thomas Muffet (London 1634). Im 18. Jh. wurden in ganz Europa Projekte zur Trockenlegung solcher Sümpfe durchgeführt, zu denen auch die Begradigung des Oberlaufes des Rheins (nach 1817) zu rechnen ist. Friedrich Schiller hatte sich hier 1783 mit Malaria infiziert, und der Wasserbauingenieur Johann Gottfried von Tulla, als dessen Werk die Rheinkorrektion gilt, starb 1828 an

Fleckfieber

Malaria

Syphilis

Malaria. Die Syphilis breitete sich 1494 bis 1496 epidemisch aus, wobei unklar ist, ob sie nicht schon vor der Entdeckung der Neuen Welt in der Alten Welt heimisch war.

Pocken

Die Pocken waren vor 1500 in der Alten Welt verbreitet und gelangten durch die europäische Expansion in die Neue Welt, wo sich das Virus unter der indigenen Bevölkerung ausbreitete. Das Massensterben in der ersten Hälfte des 16. Jh.s, das E. Le Roy Ladurie als „holocauste microbienne" bezeichnete, geht auf Pocken, Masern und Grippe zurück. Pocken waren ansteckend und die Sterblichkeit bei fehlender Immunität hoch. Der Krankheitsverlauf konnte verschiedene Formen annehmen und zu Blindheit, Taubheit, Lähmung oder zum Tod führen. Auf dem Kontinent gilt das 18. Jh. als Zeitalter der Pocken (die Protestanten nannten sie Blattern), die viele Gesichter entstellten und gegen die es zunächst kein wirksames Heilmittel gab. Gegen Ende des 18. Jh.s machte Edward Jenner die Beobachtung, dass Bauernmägde, die die Kuhpocken durchgemacht hatten, nicht mehr an Menschenpocken erkrankten. Die Pockenschutzimpfung mit Kuhpockenlymphe setzte sich im 19. Jh. gegen die Vorbehalte der Impfgegner aller Konfessionen (und bes. der Pietisten) durch: Diese stimmten in der Forderung überein, dass man den Wegen Gottes nicht vorgreifen dürfe.

Cholera und Tuberkulose

Im 19. Jh. verbreiteten sich schließlich Cholera und Tuberkulose; während erstere in Europa bis 1829 unbekannt war, kannte man letztere bereits unter dem Namen Schwindsucht.

Mit dem Klima und insbesondere der „Kleinen Eiszeit", den Naturkatastrophen und Seuchen sind Bereiche angesprochen, die der Mensch in der Frühen Neuzeit nicht oder nur wenig beeinflussen konnte. Doch wenngleich die Frühe Neuzeit klimatisch als Ungunstphase gilt und Seuchen wie die Pest die Bevölkerung dezimierten, zeigt ein Blick auf die langfristige Entwicklung der Bevölkerung, dass man die Frühe Neuzeit insgesamt als Wachstumsperiode bezeichnen kann:

Bevölkerungswachstum in der Frühen Neuzeit

Um 1500 lebten in „Deutschland" 9 Mio Menschen, um 1800 zählte man ca. 22 Mio Menschen. Das Bevölkerungswachstum wäre ohne die Expansion der Landwirtschaft nicht möglich gewesen. Begriffe wie „Nullwachstumsgesellschaft" (W. Schulze) oder die Einschätzung als „quasi-statische Welt" (H. Kellenbenz) sind daher in Frage zu stellen, denn das Bevölkerungswachstum – so Markus Mattmüller – ist durch ein starres Agrarsystem nicht zu erklären.

# 3. Anthropogene Umwelten

Die Trennung in natürliche und anthropogene Umwelten kann nur eine analytische und zudem nur eine unscharfe sein: Die Menschen der Frühen Neuzeit waren der Natur bzw. der klimatischen Ungunst nicht völlig hilflos ausgeliefert, und sie entwickelten ihre Strategien im Umgang mit der Witterung, mit extremen Naturereignissen oder Seuchen. In der Frühen Neuzeit gestalteten die Menschen die Umwelt, sie nutzten, belasteten, schützten, beobachteten und deuteten sie, sie stellten sie künstlerisch dar und versuchten sie wissenschaftlich zu erfassen. Der Eingriff in die Natur ist mit der Lebensform des Menschen untrennbar verbunden, doch die Eingriffe erfolgten in verschiedenen Kontexten und in unterschiedlichem Ausmaß: Hinsichtlich der Landschaft werden z. B. in der historischen Geographie ungestörte, teilweise gestörte oder vom Menschen beherrschte Flächen unterschieden.

Eingriffe des Menschen in die Natur

## *3.1 Kulturlandschaften*

Bereits im Spätmittelalter war in Mitteleuropa ein rapider Umbau der Landschaft erfolgt, so dass man zu Beginn der Frühen Neuzeit kaum auf „Natur“landschaften getroffen wäre. Landwirtschaft, aber auch Forstwirtschaft und Bergbau veränderten natürliche Umwelt oder aber bereits durch den Menschen geformte Landschaft. Zum Ackerbau gehörte das im Turnus wechselnde Erscheinungsbild der Landschaft, bei dem die Grenzen unscharf waren und wechselten.

Naturlandschaften zu Beginn der Frühen Neuzeit?

Die bäuerliche Landnutzung lässt sich schematisch – in Analogie zu den sog. Thünenschen Ringen – mit einem Modell konzentrischer Kreise darstellen: Dorf, Äcker, Grünland, Wald. Das Dorf greift über die „Kernzonen“ (Flur, Äcker) hinaus auf das Grünland und den Wald aus. Zu den äußeren Kreisen hin nimmt die Intensität und meist auch die Bodengüte ab; die „Agrikultur“ konzentriert sich wesentlich auf das Zentrum. Ökologisch vollzog sich eine Umverteilung der Nährstoff-Ressourcen, da Biomasse von der Peripherie ins Zentrum transferiert wurde. Man kann daher auch von einem „agro-pastoralen“ und „agro-forestalen“ System sprechen. Die Nutzung der äußeren Kreise erfolgte z. B. durch die Waldweide oder die Entnahme von Waldstreu und hinterließ erkennbare Spuren des Verbrauchs, – im Extrem bis hin zum Raubbau, z. B. bei der Plaggenwirtschaft, bei der Getreidebauern auf Heide- und Grasböden immer wieder Stücke abstachen, um sie mit Stallmist zusammen den Äckern zuzuführen, was schließlich zu vegetationsarmen Dünenlandschaften führte.

Bäuerliche Landnutzung

Agro-pastorales bzw. agro-forestales System

Kultivierbare Flächen

Ertragssteigerungen konnten einerseits durch die Ausdehnung der kultivierbaren Fläche erreicht werden, andererseits durch die Intensivierung der verfügbaren Flächen. Landgewinnung erfolgte z. B. durch Eindeichungen. An der Nordsee und in den Niederlanden wurde versucht, dem Meer und den Flußmündungen Flächen abzugewinnen, die dann durch Deiche gesichert wurden. Im Spätmittelalter verlorene Flächen konnten so wieder nutzbar gemacht werden.

Ausdehnung und Intensivierung

Bereits im 16. Jh. kam es in einzelnen Landschaften zu sog. Einhegungen, bei denen landwirtschaftlich genutztes Land oder Neuland (nicht kultiviertes Land wurde meist pauschal als „Ödland" bezeichnet) der kollektiven Nutzung entzogen wurde. Im Kanton Luzern kam es nach ersten wilden Einhegungen vor allem 1583 bis 1608 zu solchen Allemendteilungen, die (wie im Allgäu) von den Bauern ausgingen und erst ab 1600 durch die Obrigkeit gefördert wurden. In zwei Wellen (im 16. und 18. Jh.) wurde Neuland gewonnen: man wich auf Moosland aus, legte kleinere Feuchtgebiete trocken und nutzte die Flussniederungen als Landreserve.

Neulandgewinnung im Kanton Luzern

Neben dem Futterkräuteranbau, der Stallfütterung und den immer vielfältigeren Fruchtwechselsystemen wird in der neueren Forschung als wichtige agrarische Verbesserung die Bewässerung der Wiesen betont. Mit der Bewässerung gelangten Nährstoffe in den Boden. Hinzu kam die Bodenerwärmung sowie die Vernichtung von Schädlingen. Die Wässerwiesen lieferten Heufutter, und durch die Wässerung konnte das Ackerareal ausgedehnt werden. Die Getreideerzeugung konnte daher sogar in einer klimatischen Ungunstphase wachsen. Die Tragfähigkeit des Bodens war auch in der Frühen Neuzeit keine feste Größe: Gleichzeitig war die arbeitsintensive Bewässerung nur bei erhöhtem Arbeitskräfteeinsatz möglich. Klima und Bevölkerungswachstum übten offenbar einen Druck in Richtung Innovationen aus.

Erhöhung der Tragfähigkeit des Bodens

Ähnlich wie im Allgäu sowie in Vorarlberg, in Oberschwaben und im badischen Linzgau, wo ebenfalls die Bauern diesen Prozess im 16. Jh. in Gang setzten, erreichte er im 18. Jh. bis ins 19. Jh. seinen Höhepunkt. Mit der Gemeinheitsteilung und Flurbereinigung verschwanden die Haufendörfer, während die Weiler und Einzelhöfe eine verbesserte Grünland- und Viehwirtschaft ermöglichten. An den Küsten löste die Koppelwirtschaft (auch Dreesch-, Feldgras-, Weidewechselwirtschaft) die Dreifelderwirtschaft ab. Bei der Koppelwirtschaft wurde mehrere Jahre Getreide angebaut und der Boden dann wieder einige Jahre mit Futterpflanzen besät und zur Viehweide (Dreesch) benutzt. Die Koppelwirtschaft breitete sich dann nach Osten (Mecklenburg, Mark Brandenburg) aus.

Gemeinheitsteilung und Flurbereinigung

Wiesen als neue Landschaftsformen

Dauergrünland bzw. Wiesen waren keine natürlichen Landschaftsformen: größere Areale waren nur durch Weidevieh oder Mähen möglich, d.h. eine Wiese entstand nur durch ein- oder mehrfaches Mähen mit der Sense. Die Umwandlung von Riedflächen hatte schon im späten Mittelalter eingesetzt, und zur Beseitigung kleiner Riedbestände führten auch die Bach- und Flussordnungen des 16. Jh.s, um ungehinderten Abfluss zu schaffen und Hochwasser zu verhindern.

Landesausbau

Der absolutistisch gelenkte Landesausbau mit Ansätzen der Neulandgewinnung setzte vor allem ab 1680 ein: Der Große Kurfürst legte z.B. sog. Schatullsiedlungen bzw. Bauerndörfer in Ostpreußen an, auch die Rodungstätigkeit in Pommern gehört dazu. Schon 1633/34 waren in Ostfriesland Moorkolonien entstanden, sog. Fehnsiedlungen, die entfernt liegende Gebiete mit Torf versorgen sollten. Die Moorkultivierungen sollten die Peuplierungspolitik der Landesherren forcieren, und man stützte sich auf die Erfahrungen der Niederländer in der Trockenlegung von Mooren. In Brandenburg wurden großflächige Moorkultivierungen im Havelländischen Luch (zwischen Nauen und Friesack) vorgenommen: 1718 bis 1724 wurden Entwässerungsgräben angelegt und 15 000 Hektar Land gewonnen; auf dem mineralreichen Niedermoortorf ließ sich besser Ackerbau betreiben als im Nordwesten.

Moorkultivierungen

Erschließung des Oderbruchs 1747–1753

Das größte Unternehmen war die Erschließung des Oderbruchs 1747 bis 1753, bei der 56 000 Hektar trocken gelegt wurden. Friedrich II. hatte dazu eine Kommission berufen, der auch der Mathematiker Leonhard Euler angehörte. Das Projekt hatte drei Ziele: die Schiffbarkeit der Oder zu verbessern, die Länge der Deiche zu verkürzen und natürlich die Landgewinnung. Jährlich ausbrechende Fieberepidemien und die schwere körperliche Arbeit im malariaträchtigen Sumpfgebiet verzögerten die Durchführung und sowohl Eisbildung als auch Hochwasser bedrohten das Projekt, das 1753 abgeschlossen werden konnte. Parallel dazu wurden kleinere Vorhaben in der Priegnitz, in den Stettiner Sümpfen und im Dossetal durchgeführt. Während des Siebenjährigen Krieges wurden zwar keine neuen Vorhaben begonnen, doch die Urbarmachung von Warthe- und Netzebruch weitergeführt. Nach dem Krieg (1763) wurden dann zahlreiche weitere Projekte in den Niederungen oder Mündungen großer Flüsse wie Elbe, Oder, Warthe, Netze und Weichsel initiiert. Deiche an Rhin, Dosse Jäglitz, Ahland und anderen Fließgewässern wurden in Angriff genommen, und nach und nach verschwanden die preußischen Sümpfe. Die Landschaft östlich der Elbe wurde so völlig umgestaltet und verlor ihren „natürlichen" Charakter. Die ostpreußische ‚Wildnis' war, – so Ch. Dipper – „wenn nicht endgültig bezwungen, so doch erstmals wirklich erschlossen." Mit dem

Das Verschwinden der preußischen Sümpfe

Oderbruch hatte Friedrich der Große – so seine Diktion – eine Provinz im Frieden erobert. Neben den Landesausbau sind jedoch auch die Zerstörungen des Siebenjährigen Krieges zu stellen, der „völlig verheerte Landstriche“ zurückließ.

In Preußen waren die Eingriffe am weitreichendsten, doch sie bildeten keine Ausnahme: 1751 wurde in Kurhannover das Teufelsmoor bei Worpswede trocken gelegt, 1752 das Tote Moor bei Neustadt am Rübenberge, die Seen der Magdeburger Börde und die Moore im Emsland; die Freisinger Fürstbischöfe ließen drei Ökonomiegüter im Erdinger Moos errichten. Bis 1800 war die Wilstermarsch trocken gelegt, und 1787/88 erfolgte die Absenkung des Federsees. In Bayern wurden am Kochelsee Moorkolonien angelegt und der Abtsdorfer See, das Donaumoos und schließlich das Dachauer Moos kultiviert. Auch zahlreiche kleinere Projekte wie das Leopoldskroner Moor bei Salzburg schufen landwirtschaftliche Flächen.

Kultivierungsprojekte

Für Friedrich den Großen war dies Land, das man der Barbarei entrissen hatte. Der Wunsch zu ordnen, zu messen und zu disziplinieren konzentrierte sich auch auf die Landschaft: Für Gelehrte wie Georges-Louis Leclerc de Buffon waren Sümpfe nichts als „dunkle, übelriechende Stätten, wo die vermodernde Vegetation und die verwesenden Tierkadaver ungesunde Ausdünstungen verströmen“. Der Mensch als „der Herr der Erde“, so Buffon, hatte schließlich das Recht und die Pflicht, eine *natura lapsa*, eine gefallene Natur, zu reparieren oder zu verbessern. Mit der Veränderung der Vegetation und der Ausbreitung von Wiesen und Weiden veränderte sich auch das Landschaftsbild: Geplante Siedlungen und regelmäßige Fluren profilierten die Landschaft nun stärker. Chausseen fungierten als verbindendes Netzwerk zwischen städtischen Siedlungen mit landschaftsprägenden Elementen wie geraden, breiten Straßen, Alleebäumen, aber auch Poststationen und Postsäulen.

Verbesserung der *natura lapsa*

Profilierung der Landschaft

### *3.2 Fließgewässer und Seen*

Fließgewässer wie Flüsse und Bäche, aber auch Seen, waren sowohl „Ernährer“ als auch „Zerstörer“, sie waren ein tragendes wie auch gefährdendes Element. Siedlungen wurden bevorzugt an Fließgewässern und Seen angelegt: Eine von Albrecht Dürer entworfene Idealstadt sollte an einem Fluss mit starker Strömung liegen. Über ihn sollten Nahrungsmittel, Bau- und Rohstoffe transportiert werden, er sollte die notwendige Energie liefern und Abwässer und Abfall (z. B. der Schlachthäuser) mit sich fortnehmen. Die Menschen nutzten die Fließgewässer zum Transport, als Energielieferanten, zur Ernährung durch Fischerei sowie

Der Fluss als Ernährer und Zerstörer

zur Wasserver- und -entsorgung. Durch den Wasserbau griffen sie in die Flussläufe ein, Nutzung und Verschmutzung veränderten die Ökologie der Fließgewässer. Andererseits forderten Hochwasser und Eisgänge die Menschen heraus. Die flacheren und langsamer fließenden bzw. mäandrierenden Flüsse froren eher zu und erhöhten die Gefahr von Eisstößen beim Auftauen. Flüsse änderten ständig ihren Verlauf. Sie verfügten über eine hohe Eigendynamik und bahnten sich ein neues Hauptgerinne oder neue Arme. Uferpartien wurden weggerissen und selbst Landesgrenzen verändert. Der Fluss war eine Quelle dauernder Konflikte: Am Wöhrloch oberhalb Regensburgs teilten sich die Flussarme der Donau zwischen Regensburg und Bayern: das Verrücken des „Hauptsteckens", der Spitze bzw. eines eingerammten Pfahls, brachte dem einen mehr, dem anderen weniger Wasser. Die Elbe führte 1579 große Wassermassen; sie durchbrachen die Ufer bei Kleinwittenberg und suchten einen kürzeren Weg. Seither fließt die Elbe nicht mehr an Pratau vorbei. Landkarten waren daher immer nur Momentaufnahmen, und die Kartographen des 16. Jh.s stellten Flüsse entsprechend ihrer Bedeutung meist überdimensional dar.

Eigendynamik der Fließgewässer

Der Transport über das Wasser war günstiger und meist auch einfacher als der über Land, daher lagen die großen Handelsstädte durchweg an Fließgewässern oder Seen. Der Fluss musste schiffbar gemacht und die diesbezüglichen Anlagen erhalten werden: Vor allem die sog. Gegenschifffahrt, das Treideln, erforderte Eingriffe in die Flusslandschaft. Für die Treppelwege musste eine Uferseite vom natürlichen Bewuchs befreit werden, um die Schiffe flussaufwärts zu ziehen; auch dies beeinträchtigte bzw. zerstörte Laichplätze der Fische – ähnlich wie die Querverbauten, Wehre und Staustufen.

Transport

Trift (das Schwemmen losen Holzes), Flößerei und Schifffahrtkennzeichneten meist verschiedene Flussabschnitte: Auf der Salzach wurde bis Hallein Holz für die Saline getriftet, ab Hallein wurde sie mit Schiffen befahren. Wo die Trift schiffbare Gewässer berührte, konnte sie auch auf den Winter beschränkt werden, oder man errichtete eigens Schwemmkanäle. Ein Problem der Trift lag im Geschiebe, das sie in die Flüsse brachte. Die Flüsse konnten das Geröll nicht weiter transportieren, so dass es z. B. im Salzburger Pinzgau durch die Holztrift zur Versumpfung kam.

Trift und Flößerei

Zur Verknüpfung der Gewässer durch künstliche Kanäle gab es bereits im späten Mittelalter Ansätze wie die Elbe-Ostsee-Verbindungen: 1390 bis 1398 wurde der 98 km lange Stecknitz-Kanal unter Ausnutzung der Delvenau angelegt. Der Kanal sollte das Lüneburger Salz zur Ostsee transportieren und in der Gegenrichtung Holz zu den Salz-

Kanalbau und Wirtschaftsförderung

siedereien bringen. Weitere Projekte in der Folgezeit kamen wieder zum Erliegen oder wurden, wie der erste Finowkanal (1603/20), der die Stromgebiete Elbe und Oder verband, im Dreißigjährigen Krieg zerstört.

Ähnlich wie der Chausseebau galt der Kanalbau im 17./18. Jh. in ganz Europa als wichtige Maßnahme der obrigkeitlichen Wirtschaftsförderung. Der Große Kurfürst ließ zunächst den „Neuen Graben“ (später Friedrich Wilhelms-Kanal) mit 13 Kammerschleusen anlegen, der 1669 eine dauerhafte Verbindung zwischen Elbe und Oder ermöglichte. Die Wiederschiffbarmachung der Notte sowie der Bau einer Kammerschleuse in den Rüdersdorfer Gewässern bei Woltersdorf sicherten die Baustoffversorgung Berlins und Preußens. Beachtung in ganz Europa fand der Canal du Midi 1682, ein 241 km langer Wasserweg vom Mittelmeer nach Toulouse, der dort an die Garonne anschloss.

Unter Friedrich dem Großen wurden zahlreiche Kanäle in Betrieb genommen: der Plauer Kanal (1743/45), der zweite Finowkanal (1743/46), der Storkower Kanal (1746) und der Werbellinkanal (1765), während der Oderkanal nicht vorrangig auf die Schiffahrt zielte. Mit dem Ruppiner Kanal (1786/88) war das Grundsystem des märkischen Wasserstraßennetzes festgelegt. Neben Kanälen für die Schiffahrt entstanden bes. im späten 18. Jh. Schwemmkanäle für die Holzversorgung.

Schwemmkanäle für die Holzversorgung

Nutzung der Wasserkraft

Die Nutzung der Fließgewässer zum Antrieb von Mühlen hatte in der Frühen Neuzeit, wie schon im Mittelalter, eine große Bedeutung. Je nach Gefälle und Stärke des Stromes wurden verschiedene Mühlentypen eingesetzt und weiter entwickelt: das Löffelrad (Horizontalmühle), das ober- und unterschlächtige Wasserrad sowie die Schiffsmühle. Die Schiffsmühlen passten sich z. B. auf der Elbe und im Rhein der Strömung an, doch bei Eisgang konnten sich – wie 1777 auf der Elbe – gewaltige Kollisionen mit ergeben.

Im Laufe der Frühen Neuzeit verdichtete sich das Mühlennetz an den Flüssen und Bächen: Besonders in den vorindustriellen Gewerberegionen aber auch in den Städten wurde die Wasserkraft intensiv genutzt.

Mühlen, Teiche, Stausysteme

Mühlen waren immer abhängig vom Wasserdargebot, wobei man saisonalen Wassermangel durch Aufstauung (Wehre), Teiche und Zuleitungen für oberschlächtige Wasserräder auszugleichen suchte. Mit der Anlage von Teich- und Stausystemen entstanden verzweigte Netze von Wasserkraftanlagen. Die Errichtung von Mühlenstauen gehörte zu den gravierendsten Landschaftsveränderungen. In der Mark Brandenburg führten sie z. B. zu einem Wegfall der natürlichen Niedrigwasserstände, wodurch das periodische Abtrocknen und Durchatmen der Auenböden unterbunden wurde.

Flussregulierungen

Alle diese Nutzungen von Fließgewässern waren auch Triebfedern für Flussregulierungen und Wasserbauten wie z. B. die Anlage von Treidelwegen, Flussbegradigungen, Uferverbauungen etc. Wegen der Errichtung und Wartung gab es ständigen Streit um die Kosten zwischen Stadt und Territorialherrschaft. So lag Straubing am südlichen Arm der Donau, die sich kurz vor Sossau in zwei Arme spaltete. Der südliche Arm drohte zu verlanden, da er eine nach Süden ausschwingende Schleife bildete. Die Straubinger wollten unter allen Umständen verhindern, dass die Stadt trocken falle, und bauten in den 1470er Jahren eine sog. Donau(b)schlacht, ein besonders schweres Wehr mit eingeschlagenen Pfählen, das die Donau zu ihren Mauern lenkte. Herzog Albrecht IV. gewährte 1480 bestimmte Nutzungsrechte, weil sie „villeicht ewigen pau daran theuen muessen". Tatsächlich musste die Sossauer Bschlacht im 17. und 18. Jh. mehrfach vollständig wieder aufgebaut werden.

Wasserbau

Der Wasserbau war eine kostspielige Angelegenheit, doch mitunter wurde der Nutzen der Prävention in Betracht gezogen: 1611 betont der Pfalz-Neuburger Erbprinz Wolfgang Wilhelm: das landesherrliche Einkommen werde zwar durch den Wasserbau nicht vermehrt, doch „die conservation nicht weniger als der gewin in consideration zu ziehen ist".

Praxis und Ansätze der Verwissenschaftlichung

Bis zum Ende des 18. Jh.s blieb der Wasserbau weitgehend eine Sache der Erfahrung. Zu den Projekten zog man „wasserverstendige unnd erfarne werchleuth" oder „Wasser- und Schlachtkhünsstler" hinzu wie den Wasserbaumeister Hans Reiffenstuel, „der sich auf die Wasser- und Pruggepey wol verstee" und die Soleleitung von Reichenhall nach Traunstein 1617/19 bewerkstelligt hatte. Ansätze einer Verwissenschaftlichung der Hydrotechnik, die z. B. in Jacob Leupolds „Schauplatz der Wasserbaukunst" (1724) ihren Niederschlag fanden, sind nicht zu übersehen, aber noch die Preisfragen der Akademien nach den zweckmäßigsten Wasserbauten zur Verhinderung von Überschwemmungen waren angewandt oder situationsbezogen. Seit dem späten 18. Jh. näherte sich auch die Hydrotechnik dem naturwissenschaftlich-mathematischen Methodenideal, der Wasserbau wurde auf technische Parameter festgelegt. Die Flüsse selbst wandelten sich – so G. Leidel und M. R. Franz – „von einem selbst regulierenden Fließgewässer zu einem *more geometrico* gestalteten Zweckobjekt" und die Flusskarten vom „Augenschein" und mit Augenmaß erstellter Gemäldekarte im 16. Jh. zur mit Lineal und Zirkel aufgerissenen Landschaft.

Flusslandschaften als Kulturlandschaften

– Flusslandschaften waren am Ende der Frühen Neuzeit durchweg Kulturlandschaften.

### *3.3 Kulturpflanzen*

Der Anbau von Kulturpflanzen hängt von den klimatischen Bedingungen und der Landschaft selbst ab: Die räumliche Verteilung differierte daher stark. Das Mittelalterliche Klimaoptimum hatte z. B. die Anbaugrenze für Wein nach Norden verschoben und zudem eine Ausdehnung in den angestammten Weinbaugebieten durch Rodung von Steilhängen und Terrassierung ermöglicht. Zu den Auswirkungen der „Kleinen Eiszeit" auf das Landschaftsbild in der Frühen Neuzeit zählt daher auch das Verschwinden der Weinberge und ihrer typischen Landschaftsform (Terrassenhänge) z. B. im Saaletal, in Ostfranken und in der Rhön, wobei sich die Weinbaugrenze im 16. Jh. insgesamt weiter nach Süden verschob. Der Weinbau wurde auf einige Kerngebiete eingeengt. Auch in vielen nördlichen Alpentälern ging der Weinbau zurück, während der Obstbau zunahm. Im Veltlin dagegen verzeichnete man in der zweiten Hälfte des 17. Jh.s eine rasche Ausdehnung der Rebfläche (auf Terrassierungen mit Mauerwerk), auch im „Welschtirol" und im Trentino nahm die Rebfläche in der Zeit von 1500 bis 1700 um das Vierfache zu.

Klima und Anbaugrenzen

Der Weinbau und die „Kleine Eiszeit"

Getreide war in der Frühen Neuzeit die wichtigste Ackerfrucht, die als Futtergetreide, zur Ernährung und zur Saat diente. Seit dem 11. Jh. bildete das Brot einen zentralen Bestandteil der Ernährung, und urbare Flächen wurden auch als „Brotland" bezeichnet. Roggen und Hafer hatten die Agrarrevolution des Frühmittelalters geprägt und gelten als „Kulturpflanzen der zweiten Generation". Beide waren hinsichtlich der Bodenqualität anspruchslos. Der Anbau von Roggen war in Europa am weitesten verbreitet, da er auch in klimatisch ungünstigen Zonen und auf schlechten Böden gedieh und relativ unempfindlich war; er reifte schnell und erschöpfte den Boden weniger als der Weizen. In der Dreifelderwirtschaft war Roggen das bevorzugte Wintergetreide, und über Jahrhunderte lieferte er das Hauptbrotgetreide, zumal Roggenbrot auch besser lagerfähig war. Hafer diente vor allem als Futtergetreide, der Haferbrei war aber auch Grundnahrungsmittel armer Leute. An die Bodenqualität stellte er keine besonderen Ansprüche und gedieh in einem kühlen und humiden Klima. Seine Bedeutung nahm ab der Mitte des 18. Jh.s mit der Verbreitung der Kartoffel ab.

Getreide als wichtigste Kulturpflanze

Kulturpflanzen der zweiten Generation: Hafer und Roggen

Dinkel und Weizen

Dinkel (Spelz, Vesen) war zunächst weiter verbeitet, da er ein rauheres Klima, schlechtere Böden (auch solche, die wegen Spätfrösten für Roggen ungeeignet waren) und eine längere Schneebedeckung vertrug und eine spätere Aussaat ermöglichte. Die Bezeichnung Schwabenkorn weist auf die Verbreitung in Süddeutschland hin. Zwischen dem 11. und dem 13. Jh. dehnte sich der Weizen aus, doch er gedieh nur in klimatisch günstigen Lagen auf guten, tiefgründigen, humusreichen Lehmböden; gegen Kälte und Nässe war er wenig resistent. Dem „schwarzen Brot" in Mittel- und Nordeuropa stand das „weiße Brot" des Mittelmeerraumes gegenüber, da hier der Weizenanbau klimatisch begünstigt war. Das weiße Weizenbrot blieb ein Luxus und den Städtern und besonders den „Herren" vorbehalten. Erst im 19. Jh. erfuhr der Weizenbau eine Ausdehnung.

„Schwarzes" und „weißes" Brot

Anpassungsfähige Getreidearten

Besonders seit dem ausgehenden 16. Jh. gewann der Buchweizen als Zweitfrucht mit kurzer Vegetationsperiode an Bedeutung, Er gedieh auch auf ärmsten Sand-, Moor- und Heideböden und spielte eine wichtige Rolle bei der Urbarmachung und der Binnenkolonisation der östlichen Moor- und Heidegebiete, bei Getreideknappheit und Teuerungen diente er als Grütze. Auch die Gerste war eine anpassungsfähige Getreideart (Wintergetreide oder Sommerfrucht), aus der Brei und Grütze, Brot jedoch nur in Notzeiten erzeugt wurde. Zusammen mit dem Hopfen (oder dem Gagelkraut) war sie die Grundlage für das Bier, das als Fastenspeise und Grundnahrungsmittel besonders seit dem 16. Jh. den Wein zurückdrängte. Hirse war bis ins 18. Jh. beliebt, doch ihr Anteil ging mit dem Kartoffelanbau deutlich zurück, zumal der Anbau arbeitsintensiv war, da nach der Aussaat zweimal gehackt werden musste.

Pflanzentransfer

Mit der Entdeckung der Neuen Welt erfolgte ein Pflanzentransfer in die Alte Welt, wobei – neben anderen Faktoren – die Anpassung an die klimatischen Bedingungen die Verbreitung beeinflusste: Maiskörner gelangten nach der zweiten Fahrt von Columbus (1493/96) nach Spanien. Leonhart Fuchs nennt den Mais in seinem Kräuterbuch (1543) „Türkisch Korn"; in der Steiermark wird Mais später als „türkischer Weizen" bezeichnet. Auch der Name „welsches Korn" macht deutlich, dass sich der Mais nur in klimatisch günstigen Regionen – bes. im südosteuropäischen Raum – durchsetzte, doch zunächst nur in den Nutzgärten und der Brache. Erst im 18. Jh. soll sich die Anbaugrenze weiter nach Norden verschoben haben. Von Burgund aus wanderte die Maiskultur 1720/30 zum Oberrhein und in die Pfalz, um 1800 ist der Maisbrei in Tirol und Vorarlberg bezeugt.

„Türkischer Weizen": der Mais

Verbreitung der Kartoffel

Neben dem Mais (aus Mexiko) gelangte die Kartoffel aus den südamerikanischen Anden nach Europa. Sie verbreitete sich in den deutschen Territorien erst im 17. Jh., zunächst – wie im Elsass 1623 – als Gartenfrucht, dann erst im feldmäßig betriebenen Anbau besonders in den Mittelgebirgen; Nährwert und Verträglichkeit waren aber lange umstritten. Ein Jahrhundert später (1740/50) zog sich ein breites Band von Kartoffelfeldern durch die deutschen Mittelgebirge von Saar und Pfalz bis Hinterpommern und Westschlesien, doch erst in der zweiten Hälfte des 18. Jh.s – besonders nach dem Siebenjährigen Krieg und der Hungerkrise 1771/73 – fand die Kartoffel weitere Verbreitung. Der Anbau veränderte die Agrarlandschaft und die Ernährung: Die Kartoffel ergab (wie der Mais) mehr Kalorien pro Fläche, doch sie war entsprechend arbeitsintensiv, denn die Hackfrüchte brachten eine markante Aufwandsteigerung, die möglicherweise nur aufgrund des demographischen Wachstums bewältigt werden konnte. Erst zu Beginn des 19. Jh.s hatte sich die Kartoffel als Grundnahrungsmittel durchgesetzt.

Rohrzucker und Rübenzucker

Das Zuckerrohr war erst durch Columbus auf seiner zweiten Reise 1493 von den Kanarischen Inseln aus in die Neue Welt gelangt und war dort von Sklaven auf Plantagen angebaut worden. Der importierte Rohrzucker belastete die Handelsbilanz und führte z. B. in Preußen zu Substitutionsversuchen: 1747 stellte Andreas Sigismund Marggraf fest, dass der süße Geschmack der Rübe auf dem Rohzucker beruhte, und ab 1786 beschäftigte sich Franz Carl Achard mit der Züchtung der Weißen Schlesischen Zuckerrübe. Die erste Rübenzuckerfabrik nahm 1802 in Niederschlesien den Betrieb auf. Zu den staatlich forcierten Substituten gehörte auch die Zichorienwurzel, die als Kaffeeersatz im 18. Jh. angebaut wurde und während der Kontinentalsperre Auftrieb bekam.

Gartenflora, Heil- und Zierpflanzen

Der Grundstock der Gartenflora war bereits im Mittelalter gelegt worden. In der Frühen Neuzeit kamen aus dem östlichen Mittelmeergebiet und den angrenzenden Gebieten Asiens neue Gartenpflanzen, dann durch den Columbian Exchange auch Heil- und Zierpflanzen. Die Gartenflächen wurden intensiver genutzt und unterschiedliche Gartenformen angelegt, doch meist als abgeschlossener bzw. eingezäunter Raum zum Schutz von Nutzpflanzen wie Gemüse, Obst, Gewürz- und Heilpflanzen sowie auch Zierpflanzen.

Gartenwirtschaft, Gemüse- und Obstbau

Die Gartenwirtschaft diente im Mittelalter vielfach der Eigenversorgung, doch schon im 16. Jh. setzte der Berufsgartenbau, d.h. ein erwerbsmäßiger Anbau von Gemüse ein. Ende des 16. Jh.s und im 18. Jh. vollzog sich z. B. in der Oberrheinebene ein Übergang zum intensiven Gemüsebau, der sich andernorts (ebenso wie der Obstbau) auf den vom Weinbau freigewordenen Flächen ausdehnen konnte. Im 18./19. Jh. begünstigten intensivere Fruchtfolgesysteme (u. a. durch Zurückdrängung der Brache) die Ausweitung des Gemüseanbaus. Kohl, Rettich, Radieschen, Spinat, Möhren, Sellerie und Kopfsalat gewannen erst in der Frühen Neuzeit größere Bedeutung. Aus der Neuen

Welt kamen die alte indianische Kulturpflanze Grüne Bohne ebenso hinzu wie Feuerbohne, Tomate, Paprika, Kürbis und Sonnenblume. Die Bauern- und Bürgergärten waren in erster Linie Nutzflächen für Gemüse, Gewürze, Heilpflanzen und Obst, wobei gerade das Sammeln von Wildobst, Wildgemüse und von Heilpflanzen auch über den Eigenbedarf hinaus zur „economy of makeshifts" gehörte.

Herrschaftliche Gärten

Die herrschaftlichen Gärten der Renaissance, des Barock und des Rokoko dienten dem Repräsentationsbedürfnis und zeigten „geformte Natur" mit Buchsbaum, Eibe, Hecken und Laubengängen aus Hainbuche, Linde oder Kornelkirsche sowie Beeten mit Farbenbringern, die vielfach aus dem Vorderen Orient stammten.

Botanische Gärten

Im 16. Jh. hatten die Universitäten noch einen *Hortus medicus* unterhalten, aus dem sich dann meist ein artenreicher Lehrgarten entwickelte. Der Botanische Garten wurde schließlich die zentrale Institution für den Kulturpflanzentransfer: Nicht zuletzt aufgrund der Handelsbeziehungen der Niederlande hatte der Botanische Garten in Leiden als Zentrum der kolonialen Botanik eine große Ausstrahlung. Die Funktion als Sammel- und Forschungsstätte überlagerte zusehends die Funktion als Medizinalgarten. Mitte des 18. Jh.s wurden allein in Wien drei Botanische Gärten gegründet. Die Botanischen Gärten vereinten verschiedene Zielsetzungen wie herrschaftlich-imperialen Machtanspruch, Verwissenschaftlichung und Ökonomisierung.

Gewerbe- und Manufakturpflanzen

Neben den Nahrungspflanzen und den Zierpflanzen spielte auch der Anbau von Gewerbe- bzw. Manufakturpflanzen eine wichtige Rolle: Leinen war bis ins 19. Jh. die wichtigste Textilie, und der Grundstoff, der Flachs, gedieh in Gegenden mit hohen Niederschlagsmengen. Die blühenden Flachsfelder verliehen der Landschaft die charakteristische bläuliche bzw. blaugrüne Farbe. Zunächst wurde die Faserpflanze meist außerhalb der Dreifelderwirtschaft als Gartenkultur angebaut und im 14./15. Jh. in den Niederlanden, dann auch in Oberdeutschland in die Brache gesät. Die Nachfrage der Textilgewerbelandschaften (Oberschwaben, Westfalen, Sachsen, Schlesien) begünstigte den arbeitsintensiven Anbau. Seit dem 16. Jh. lieferte vor allem das Hinterland des Baltikums (Kurland, Livland etc.) in steigendem Umfang Leinsaat nach Westeuropa. Die Nachfrage Westeuropas nach Säe- und Schlagleinsaat war allein von 1680 bis 1780 auf mehr als das Fünffache angestiegen. Der Leinsaathandel entspricht dem Grundmuster des Ost-West-Verkehrs in der Frühen Neuzeit, da er – ähnlich wie beim Hanf oder der Pottasche – einen exportorientierten, technischen Gewerbezweig des Westens mit einem Rohstoff aus Osteuropa versorgte.

Flachs

Färbepflanzen: Waid, Indigo, Krapp und Kochenille

Auch der Anbau von Färbepflanzen beanspruchte in der Frühen Neuzeit geeignete Flächen: Färberwaid zur Blaufärbung wurde in Erfurt und den sog. Thüringer Waidstädten Gotha, Arnstadt, Tennstedt und Langensalza im Thüringer Becken und im Rheinland seit dem 13. Jh. auf kalkreichen Böden arbeitsintensiv angebaut, wobei das Waid im 17. Jh. der Konkurrenz des mittelamerikanischen Indigos erlag. Indigo, ein hochkonzentrierter Pflanzenextrakt, wurde im 16. Jh. über portugiesische Händler aus Asien importiert, und im 17. Jh. wurde vor allem auf die amerikanische Plantagenproduktion zurückgegriffen. Seit dem 16. Jh. wurde Krapp (Färberröte) in Flandern, im Elsass, im Gebiet um Speyer, in Schlesien (um Breslau und Liegnitz) und am Oberrhein meist von Kleinbauern in Stadtnähe angebaut; auch hier handelte es sich um intensive Kulturen, wobei auch Krapp durch Kochenille substituiert wurde, die aus der auf Kakteen in der neuspanischen Provinz Oaxaca lebenden Schildlaus hergestellt wurde; Kochenille war nach den Edelmetallen der wichtigste amerikanische Handelsartikel Spaniens.

Columbian Exchange

Insbesondere der Columbian Exchange brachte lateinamerikanische Nutzpflanzen als eine wichtige Nahrungsquelle für die wachsende europäische Bevölkerung. Im Gegenzug exportierten die Europäer Nutzpflanzen und -tiere der Alten Welt – und nicht zuletzt Krankheitserreger (Pocken, Masern), die desaströse Auswirkungen auf die lateinamerikanische Urbevölkerung hatten.

### *3.4 Fauna*

Mensch und Tier in der Geschichtswissenschaft

Die Geschichte der Tiere – so Robert Delort – ist nicht von der der Menschen zu trennen. Der Mensch sei Opfer von Raubtieren und Parasiten gewesen, umgekehrt sei der Mensch selbst Räuber oder Parasit (gewesen): Schließlich gebe es Tiere, die von ihm eingefangen, gezähmt, zu Haustieren gemacht wurden. Damit seien die Rollen völlig vertauscht worden und der Mensch habe Herrschaft über einen Teil der Weltfauna erlangt. Die Fauna gerät daher als „bedrohliche“ und „bedrohte“ Natur in den Blick. Noch für Johann Gottfried Herder musste eine Geschichte des Menschen, die ihn außer diesem Verhältnis sehe, mangelhaft und einseitig werden. Doch das Thema Tier – so Paul Münch – sei der anthropozentrisch orientierten Historiographie entschwunden und habe in der deutschen Geschichtswissenschaft nur eine marginale Rolle gespielt. Für die etablierte Geschichtswissenschaft sei die Teilhabe der Tiere an der Lebenswelt des Menschen keine erhebliche historische Tatsache.

Doch das Verhältnis Tier und Mensch ist kein exotisches Randproblem. Die Beziehung Mensch und Tier bewegte sich in der Frühen Neuzeit zwischen Ausbeutung, Nutzung, Bewunderung sowie Furcht und Ausrottung. Der Mensch nutzte die Fauna vielfältig und machte sich die Tiere durch Domestizierung gefügig: zur Arbeit, zur Ernährung, zu Jagd, Unterhaltung und Repräsentation in Parks und Menagerien. Doch zur Fauna zählten auch die „Untiere“ und „Ungeziefer“, die als „landverderbliche Übel“ oder wie die Heuschrecken periodisch als „Plage“, eben als bedrohliche Natur, erschienen.

Die Fauna: kein exotisches Randproblem

Die frühneuzeitliche Klassifizierung der Tiere war anthropozentrisch und beruhte auf den Hauptkriterien essbar und ungenießbar, zahm und wild, nützlich und schädlich (sowie auch schön und hässlich). Die Unterscheidung zwischen nützlichen und schädlichen Tieren beruhte daher nicht auf einer zoologischen Klassifikation, sondern auf Funktionskategorien. Auch die Zuordnung zu den schädlichen Tieren – als solche galten Ungeziefer und Raubtiere, von den Insekten und Reptilien bis zum Wolf – war subjektiv: Denn das vom Adel geschätzte und gehegte Hochwild wurde von der bäuerlichen Bevölkerung mitunter als Plage empfunden. Jagd- und Wachhunde galten ohne Zweifel als nützlich. Hunde gehörten einerseits zum Straßenbild, und selbst in den Gotteshäusern waren sie präsent. Andererseits wurde in den europäischen Städten des 16. und 17. Jh.s meist an den „Hundstagen“ (*dies caniculares*) zwischen Juli und August das „Schlagen“ der streunenden und herrenlosen Hunde angeordnet.

Klassifikationen in der Frühen Neuzeit

Zedlers Universallexikon listet domestizierte Tiere als „Nutz-Vieh“ auf und nennt Rind, Schaf, Ziege, Pferd, Schwein, Esel, Hund, Katze, Huhn, Gans und Ente, Kaninchen, Pfau, Taube, Pute, Karpfen, Biene und Seidenraupe. Das Ausmaß an Domestikation war durchaus unterschiedlich: Schweine wurden lange in halbwildem Zustand in Gemeindeherden in den Wäldern gehalten, wo sie mit Eicheln gemästet wurden. Die Zeidler sammelten zunächst den Honig wilder oder halbwilder Bienenvölker, wobei die gesamte Honigwabe aus ausgehöhlten Baumstämmen entnommen wurde. Bei der Imkerei wurden die Bienen in gezimmerten Bienenstöcken oder Bienenkörben gehalten. Ganze Dörfer lebten in Brandenburg, Pommern, West- und Ostpreußen von der Waldbienenzucht, die auch als Nebenerwerb oder zum Eigenbedarf betrieben wurde. Die Imkerei erfuhr dann im Dreißigjährigen Krieg einen Rückgang, doch im 18. Jh. erhielt sie staatliche Förderung, um den importierten Rohrzucker substituieren zu können.

„Nützliche“ Tiere

Bienen

Die Nutzung der Tiere zielte auch auf die Produkte, die sie für die Ernährung und das Gewerbe lieferten. Neben Eiern, der Milch und dem Fleisch des geschlachteten Tieres kamen Fett, Hörner, Hufe, Fell bzw. Haut, Federn, Knochen, Borsten, Sehnen, Därme sowie Exkremente (Urin, Mist) in Betracht. Die meisten Tiere waren polyvalent: Das Schaf lieferte z. B. Milch, Wolle, Fleisch, Leder, Pelz, Mist, Horn, Knochen und Därme, war aber auch als Lasttier zu gebrauchen.

Polyvalenz

Ochsen, Esel, Maulesel und Pferde waren die wichtigsten Arbeitstiere in der Landwirtschaft, aber auch zum Transport oder zum Antrieb des Göpels. Ochsen setzte man vorwiegend in kleinbäuerlich strukturierten Gebieten ein. Sie waren stark, langsam und genügsam, nach einer Zeit der Nutzung waren sie zudem Fleischlieferanten. Das Pferd dagegen wurde – abgesehen von Krisenzeiten – nicht als Fleischtier verwendet und eher in den großbäuerlichen Betrieben im Norden eingesetzt. Pferde zogen den schweren Pflug, Ochsen den Haken, doch auch in den klein- und mittelbäuerlich strukturierten Gegenden Süddeutschlands nahm die Anspannung von Ochsen ab.

Arbeitstiere in der Landwirtschaft

Der tägliche Nahrungsbedarf wurde in erster Linie durch pflanzliche Produkte gedeckt. An der Fleischversorgung hatten Rinder den größten Anteil, dann folgten die Schweine, Schafe und Ziegen sowie Wildtiere. Zu Beginn der Neuzeit fielen die Schlachtgewichte niedrig aus; die Durchschnittswerte verdecken allerdings ein breites Spektrum. Der Fleischverzehr lag am Ende des Mittelalters noch bei 100 kg je Kopf und Jahr, um 1800 dürfte er nur 25 bis 28 kg oder gar 15 bis 20 kg betragen haben. Nach dem hohen Pro-Kopf Verbrauch im späten Mittelalter folgte im 16. Jh. eine Intensivierung der Produktion pflanzlicher Nahrung. In den großen Städten hing der Fleischkonsum zu einem beträchtlichen Teil vom Import ab, der bes. aus drei Regionen mit kommerzialisierter Agrargesellschaft gedeckt wurde: Ochsen wurden aus Dänemark in die Niederlande bis Köln getrieben, aus der Region zwischen Krakau und Kiew nach Mittel- und Süddeutschland und aus Ungarn sowie der Walachei in die oberitalienischen Städte und Süddeutschland. Die durch den Dreißigjährigen Krieg reduzierten Viehbestände konnten nach dem Krieg wieder aufgebaut werden. Schwankungen der Bestände ergaben sich durch Futterkrisen sowie auch durch Schädlings- und Viehseuchen wie z. B. die „Rinderpest“, die als bedeutendste Haustierseuche zu einem Einbruch in der Milch- und Fleischversorgung sowie des Düngerangebots führte. Allein in den Jahren 1745 bis 1752 dürften ca. 3 Mio Rinder an der „Rinderpest“ zugrunde gegangen sein. Seit den 1760er Jahren versuchte man insbesondere in den Niederlanden durch Impfung bzw. Inokulation der Hornviehseuche vorzubeugen. Das Prinzip hatte man aus der seit den 1720er Jahren entwickelten Pockenimpfung aus der

Ernährung und Fleischkonsum

Versorgung aus kommerzieller Agrarwirtschaft

Rinderpest, Impfung und Ansätze der Viehversicherung

Humanmedizin übernommen, doch die bäuerliche Bevölkerung blieb zunächst skeptisch, denn der Einsatz war hoch. Auch die seit den 1760er Jahren propagierte Viehversicherung war nicht unumstritten, und die Befürworter waren mit dem Argument konfrontiert, die Viehversicherung gefährde den „notwendigen Eifer bei der Seuchenabwehr". Über Ansätze kam die Viehversicherung im 18. Jh. nicht hinaus.

Der Genuss von Vogelfleisch war ebenso wie der von Fisch an Fasttagen erlaubt, doch Eier durften erst nach langer Fastenzeit als Osterei verspeist werden. Der Vogelfang wurde mit Vogelherd, Schlagnetz, Leimruten und Schlingen betrieben, wobei es auch zum Massenfang von Singvögeln kam. Zur Vogeljagd war allerdings eine landesfürstliche Verleihung notwendig. Sie gehörte auch zu den sog. Bergfreiheiten und „die Vögl auf der gmain zu jerer Hausnotturfft zu fahen" stand – wie das Schwazer Bergbuch von 1556 vermerkt – den Bergleuten frei.

Vogelfang

Ähnlich wie bei den Vögeln wurde das Fischereirecht von der Obrigkeit bzw. den Grundherren für ein bestimmtes Fischwasser gegen einen Zins verliehen. Zunehmend beanspruchten die Territorialherren – wie beim Wald – ein allgemeines Fischereiregal. Die Fischlehen unterlagen verschiedenen Beschränkungen: Bei den Fanggeräten gab es Vorschriften über Größe und Abstand der sog. Fache und die Weite der Netzmaschen, zum Schutz des Laiches mussten Schonzeiten oder Mindestlängen eingehalten werden. Seit dem Ende des 14. Jh.s einigten sich Genossenschaften wie die „Fischermeyen" an Bodensee, Thur und Rhein auf solche Bestimmungen, die im 16. Jh. differenzierter wurden.

Fischfang und Schutzmaßnahmen

An allen größeren Flüssen und Seen bzw. Städten gab es Fischmärkte: Auf dem Wiener Fischmarkt wurden allein fünfzig verschiedene Fischarten angeboten. Neben getrockneten und gesalzenen Fischen wurde auch mit lebenden Fischen gehandelt: So gelangten z. B. böhmische Karpfen seit dem 15. Jh. nach Wien, Steyr oder Salzburg, und im 16. Jh. besorgten spezialisierte Fischhändler Transport und Absatz. Auf dem langen Weg musste auch an einer „Wässerstatt" frisches Wasser zugeführt werden.

Fischhandel und Fischmarkt

Hinweise auf eine Dezimierung der Fischbestände sind im 16. Jh. häufig: Die Bayerische Landesordnung nahm 1553 eine Fischordnung auf, und 18 Artikel beschränkten den Fischfang, da der Bestand schon fast „verödigt" sei. Zahlreich sind auch die Hinweise auf den Rückzug von Edelfischen: Der Hausen (bis 9 m lang und 1,5 t schwer), der zum Laichen aus dem Schwarzen Meer in die Donau stieg, kam um 1750 gelegentlich noch bis ins Linzer Becken, bis Passau oder Ulm, in der Folge jedoch kaum mehr bis Pressburg. Der Stör gelangte noch im 16. Jh. aus dem Nordseegebiet bis in die oberen Abschnitte der Ströme

Dezimierung der Bestände im 16. Jh.

Rückzug der Edelfische: Hausen, Stör und Lachs

und ihre größeren Nebenflüsse, doch im 18. Jh. waren Störe im Main nur noch selten anzutreffen. Dramatischer bewertet wird das Ausbleiben des Lachses, der bis ins 18./19. Jh. in großer Zahl aus der Ostsee und der Nordsee über die Hauptströme bis in die Oberläufe der Nebenflüsse aufgestiegen ist, um dort zu laichen. Bis ins 18. Jh. galt der Lachs als „Brot der Fischer". Flussverbauungen durch Fache (Fischwehre), wo die Lachse abgefischt wurden, führten zu einer Reduzierung der Schwärme, denn die Lachse konnten nicht zum Ablaichen an ihre angestammten Plätze zurückkehren. In der 1782 erstellten Liste über das Vorkommen der Fischarten in Oder und Warthe – als Zuarbeit für die „Naturgeschichte der Fische Deutschlands" von Markus Elieser Bloch – werden nicht nur Lachs und Stör als für die Oder selten geführt, sondern auch gewöhnlichere Arten wie Aal, Plötze, Güster und Kaulbarsch.

Flussverbauungen

Im 16. Jh. untersagten erste Verordnungen auch den Verkauf kleiner Krebse und legten ein „Krebssn Mas" fest. In Gebieten mit dichter Besiedlung scheint seit dem 16. Jh. ein Rückgang der Bestände eingesetzt zu haben. Krebse galten auch auf der fürstlichen Tafel als unverzichtbar und waren daher Gegenstand des Fernhandels. Der Besatz der Gewässer mit Muscheln dürfte in der Neuzeit ebenfalls zurückgegangen sein.

Krebse und Muscheln

Vor allem Wasserbau- bzw. Regulierungsprojekte veränderten den Lebensraum der Fische. Floßbarmachungen, Rektifizierungen und Korrektionen (wie die des Rheins ab 1817) hatten einschneidende Folgen. Altwässer und kleine Seitenarme wurden trocken gelegt und die Ufer verbaut; vielen Fischarten waren dadurch die Laichgebiete und Lebensräume entzogen.

Veränderung der Laichgebiete und Lebensräume

Im 15. und im frühen 16. Jh. hatte die Teichfischerei in mehreren mitteleuropäischen Landschaften (Böhmen, Sachsen, Schlesien, Oberlausitz etc.) einen starken Aufschwung genommen. Der ältere Terminus Weiher trat gegenüber Teich (von Deich, Damm) zurück und weist auf technisch kompliziertere, aufwändigere Anlagen hin. Adel und Kirche verlegten sich auf eine marktorientierte Teichwirtschaft und Fischverkauf und kompensierten den Einkommensschwund durch die Agrarkrise. Die „Kauffische" (Karpfen, Hecht, Schleie) waren eine superiore Nahrung für die Städte, die Verschärfung der Fastengebote stützte die Nachfrage. Nach der Mitte des 18. Jh.s war die Umgestaltung in Wiesen z. B. in Niederösterreich offenbar rentabel, und im ersten Viertel des 19. Jh.s setzte deshalb ein regelrechtes Teichsterben ein. Der Teich ist zwar ein anthropogener Eingriff in die Landschaft, die Auflassung der Teiche brachte allerdings außerhalb der gewässerreichen Naturräume einen rapiden Rückgang der Wasservogelpopulationen.

Teichwirtschaft

Während die Dezimierung der Fischbestände langfristig und meist auch nicht intentional erfolgte, wurde auf die „Schädlinge" (der Begriff kam erst Ende des 19. Jh.s auf) systematisch Jagd gemacht, mit dem Ziel sie auszurotten. Was die Vogelwelt angeht, galt der Reiher als schlimmster Forellenfeind als „vogelfrei", und auf ihn wurden Kopfprämien gesetzt; der Fischreiher war daher selten. Als „fliegende Raubtiere" galten Steinadler, Geier, Raben und mitunter auch Störche. Vor allem der Irrglaube, sie seien Jagdschädlinge, führte zur Verfolgung der Stoß- und Raubvögel. Doch die Raubvögel waren die natürlichen Antagonisten der Sperlinge, die in Schwärmen im Sommer über das Getreide herfielen. Verordnungen, die ihre Vernichtung forderten, gab es schon im 17. Jh., doch große Vernichtungskampagnen setzten erst an der Wende zum 18. Jh. und besonders seit den 1740er Jahren ein. Die Untertanen mussten entweder eine festgelegte Anzahl von Sperlingsköpfen an die Obrigkeit abliefern, oder es wurden Fangprämien in Aussicht gestellt. Die 1749 auch in Tirol angeordnete „Ausrottung und Vertreibung dieser schädlichen Vögel" wurde schließlich 1782 von Joseph II. durch allerhöchste Entschließung abgeschafft, nachdem man schon 1774 die Maulwürfe und Wühlmäuse als weit schädlicher proklamiert hatte. Alle diese Maßnahmen hatten meist nur eine Bestandsverminderung bewirkt, die der Restpopulation eine bessere Nahrungsbasis bescherte.

Ausrottungsversuche

Stoß- und Raubvögel

Spatzenpatente und Fangprämien

Die meisten Vogelarten erfuhren in der Frühen Neuzeit – wobei der Dreißigjährige Krieg als Regenerationsphase gilt – eine Dezimierung der Bestände durch anthropogene Veränderung ihrer Biotope, andere Arten wurden durch Bejagung zusätzlich dezimiert bzw. ausgerottet.

Ein großer Einfluss auf das Verhältnis des Menschen zum Tier wird der Ausbreitung und Entwicklung des Gewehrs mit der Erfindung von Rad- und Schnappschloss im 16. Jh. zugeschrieben. Möglicherweise war die Unterscheidung zwischen Wild und „Untieren" , letztere galten als nicht essbar, die Grundlage für die Ausrottung verschiedener Gattungen. Wölfe wurden zunächst in Wolfsgruben gefangen, doch seit dem 15. Jh. drängte man sie mit planmäßigen Treibjagden stark zurück, und noch im 16. Jh. verschwanden sie aus den dicht besiedelten Landschaften. Bis zum Ende des 18. Jh.s war der Wolf – abgesehen vom östlichen Preußen – weitgehend ausgerottet, wenngleich die Ausdehnung von Wald und Flurwüstungen im und nach dem Dreißigjährigen Krieg nochmals Lebensraum für den Wolf schuf. Als Friedrich Wilhelm zu Beginn des 18. Jh.s Ostpreußen besuchte, klagte er, dass es dort mehr Wölfe gebe als Schafe. Sumpf- und Moorlandschaften waren beliebte Rückzugsgebiete für Wölfe: Friedrich der Große befahl deshalb auch,

Das Gewehr: Herrschaft über die „Raubtiere"

Ausrottung der Wölfe

die unzugänglichen Brücher und Lücher nach und nach auszutrocknen.

Vor dem Wolf war bereits der Bär ausgerottet worden: Noch im 15. Jh. lebten in großen geschlossenen Waldgebieten, bes. in den Mittelgebirgen, den Alpen und Tieflandwäldern Braunbären, die Ende des 16. Jh.s bereits selten waren. Bärenhetzen gehörten zu den fürstlichen Festlichkeiten an den Höfen des 16. und 17. Jh.s, aber auch Spielleute mit Tanzbären, die das gezähmte Tier vorführten. Mit dem Bären wurde auch der Luchs – in der sog. Pommerschen Verfügung von 1492 als „das ärgste aller Raubtiere" bezeichnet – ausgerottet. Auf den Abschuss wurden hohe Prämien gesetzt. Wildkatzen galten gemeinhin als Raubtiere und wurden, wie Edel- oder Baummarder, wegen ihres Pelzes verfolgt; Marder und Bären wurden auch als Honigräuber gejagt.

Bären und Luchse

Ein regelrechter Ausrottungsfeldzug wurde im 16. Jh. gegen den Fischotter sowie den Biber geführt, der schon Ende des 16. Jh.s selten war. Da die Kirche beide unter die Fische einreihte, waren sie eine beliebte Fastenspeise. Die Ökonomische Enzyklopädie von Krünitz vermerkt 1774, dass das Fleisch von den Klöstern „begierig" aufgekauft werde. Der Biber wurde zwar wegen des medizinischen Wertes seines Sekrets aus den Drüsensäcken, des sog. Bibergeil, unter Schutz gestellt, doch im 18. Jh. wurde dem Deichschutz höhere Priorität eingeräumt, und mit dem Biber verschwanden typische Landschaftsformen wie die Biberwiesen. Der teuerste Hut mit dem besten Filz, der Kastor, wurde aus Biberpelz hergestellt, der in Westeuropa bereits im 16. Jh. knapp und teuer war. England und Frankreich bezogen aus dem Osten Nordamerikas Biberpelze (während der Süden Wildhäute lieferte). Der Biber war das wertvollste und am meisten gejagte Pelztier der Neuen Welt. Pfeil und Bogen wurden durch Pistolen und Gewehre ersetzt. Die Nachfrage nach Biberpelzen in Westeuropa führte fast vollständig zur nahezu die Ausrottung der „ecological engineers" im Osten Nordamerikas und brachte auch die Indianer, die sie zunächst nur für ihren eigenen Bedarf gejagt hatten, zunehmend in Abhängigkeit.

Jagd auf den Biber

Als Inbegriff des Ungeziefers galten Mäuse, Ratten, Maulwürfe, Kröten, Schlangen, Schnecken und Insekten (wie Mücken, Fliegen und Heuschrecken), die mitunter zur „Plage" wurden. Als gefürchtete Feldschädlinge galten auch die Hamster, die z. B. seit der Mitte des 17. Jh.s auf preußischem Gebiet unter Druck gerieten.

„Ungeziefer"

Die geistliche Gewalt konnte den Kirchenbann (*maledictio, excommunicatio*) verhängen, der sich allerdings nicht gegen Haustiere, sondern gegen „Ungeziefer" und den befürchteten Schaden richtete. Wenn der protestantische Pfarrer der Kreuzkirche zu Dresden 1559 die lästigen Sperlinge bannte, da sie die Aufmerksamkeit seiner Zuhörer zerstreuten, dürfte dies bereits ein spätes Beispiel sein. Die Einschüsse von Schrotkugeln im Kefermarkter Flügelaltar, die wohl bei der Jagd auf dort nistende Spatzen abgegeben wurden, deuten dagegen auf einen „kurzen Prozess“ hin.

Heuschreckenschwärme erschienen z. B. bereits auf dem Landplagenbild am Grazer Dom (1485) neben den Türken und der Pestilenz als eine der drei Gottesplagen. Von 1473 bis 1476 – in manchen Gegenden bis 1480 – waren Heuschreckenschwärme über Moldawien, Siebenbürgen und Ungarn nach Böhmen und Österreich gezogen. Die Quellen vermitteln den Eindruck, dass die Heuschrecken – meist in der zweiten Augusthälfte – eine Schneise der Verwüstung durch die Gebiete des Getreideanbaus zogen. Heuschreckenplage

Die Warmperiode des Mittelalters hatte die Ausbreitung der Heuschrecken offenbar begünstigt, doch mit dem Ende des 16. Jh.s verschwanden sie in Mitteleuropa für längere Zeit. In den 1540er Jahren fielen Heuschreckenschwärme zwar noch in Böhmen, Mähren, Schlesien und Polen ein, danach überzog erst 1748 wieder ein Heuschreckenschwarm weite Teile Mitteleuropas, und 1782 wird letztmals von einer regelrechten Invasion in der Steiermark berichtet. Der Einfluss der „Kleinen Eiszeit“ auf die Periodizität des Auftretens der Heuschreckenschwärme wird allerdings bestritten, dagegen werden Maßnahmen wie die Trockenlegung des Widowajer Meeres sowie die Kultivierung der pontischen Steppe, Südrusslands und der Krim betont. Mit der Trockenlegung der Marschen und Moore verschwand auch mit den Brutstätten der Mücken die Malaria in der Norddeutschen Tiefebene. Die Insekten oder Arthropoden wie Flöhe, Läuse, Fliegen, Zecken oder Mücken waren jedenfalls ständige Begleiter des Menschen in der Frühen Neuzeit: Der Mensch – so R. Delort – sah sie ständig, „sie belästigen ihn, kriechen und wimmeln um ihn herum“. Periodizität der Plage Insekten als ständige Begleiter des Menschen

Parks und Menagerien hatten bereits eine längere Tradition, an die der Adel in der Frühen Neuzeit anknüpfte. Der Tiergarten war ein der Jagd gewidmetes Areal, in dem besonders Damwild in herrschaftlichen Parks und umgatterten Wildgehegen gehalten wurde. Die Menagerie war zunächst ein Hühner- oder Viehhof und entwickelte sich erst seit dem 16. Jh. zu einer Sammlung außergewöhnlicher Tiere. Menagerien

Im Zuge der europäischen Expansion wurden zahlreiche exotische Tiere nach Europa gebracht. In Augsburg ahmten die Fugger, die über weitreichende Handelskontakte verfügten, den fürstlichen Stil der Tierhaltung nach: 1570 baute Hans Fugger das Tiergehege der Kaufmannsfamilie zu einem Zoo mit einem reichen Bestand an exotischen Tieren Exotische Tiere aus, und 1580 bewunderte Montaigne den „welschen Garten“ auf seiner Durchreise. Seit dem späten 16. Jh. finden sich zunehmend exotische Tiere in den Menagerien. Andererseits zogen Schausteller mit einzelnen Tieren wie Löwen durch die Städte, 1638 soll in Hamburg sogar ein Elefant gezeigt worden sein. Auf den Jahrmärkten gehörten Tanzbären, Kamele und Affen bald zu den Attraktionen. Mitte des 18. Jh.s machte sogar ein indisches Panzernashorn eine Rundreise durch Europa. Das erste hatte der König von Portugal 1515 Kaiser Maximilian I. geschenkt. Neben die Fabeltiere aus der Welt der Vorstellung, Drachen, Wundervögel und Einhörner oder den gefürchteten Basilisk (ein Mischwesen aus Vogel und Schlange), die noch in den Tierbüchern und Karten des 16. Jh.s präsent waren, traten nun die Exoten in der Welt der Ausstellung. Im 17. Jh. blieben die Menagerien in Mode, und das Ansehen stieg mit der Ungewöhnlichkeit der Tiere. Für Expeditionen wurden erhebliche Investitionen getätigt, doch die Verluste beim Transport waren hoch, und nur wenige Tiere überlebten. Mehr noch als die Botanischen Gärten dienten diese Anlagen der Herrschaftsrepräsentation und der Demonstration der Überlegenheit über die Natur. Im ausgehenden 18. Jh. machte man sie mehr und mehr der Öffentlichkeit zugänglich. Die Zugänglichkeit zur „naturkundlichen und sittlich-moralischen Belehrung“ gehörte mit der naturnahen Haltung und der wissenschaftlichen Leitung zu den Prinzipien der zukünftigen Zoologischen Gärten, die der Intendant des Jardin des Plantes in Paris, Jacques Henry Bernardin de Saint Pierre, unter dem Einfluss von Rousseau formuliert hatte.

Schausteller und Jahrmärkte

Zoologische Gärten

Bei der Unterwerfung der Fauna spielten die individuellen Vorlieben der Herrscher eine große Rolle: Während Friedrich der Große einen Widerwillen gegen die Hetzgärten hegte, wurde unter Kaiser Franz in Wien bis 1796 ein „Hetztheater“ betrieben, bei dem sich die Tiere gegenseitig zerfleischten. Doch solche Belustigungen verloren im 18. Jh. an Bedeutung. Die Kritik der Aufklärung richtete sich nicht nur gegen das fürstliche Vergnügen der Jagd, sondern auch gegen solche Hetztheater als Zeichen der Verrohung menschlichen Gefühls: Der Berliner Aufklärer Friedrich Nicolai nannte daher 1781 das Wiener Hetztheater ein „unmenschliches“ Schauspiel. Nicht nur aus der Rücksicht auf die Empfindungen und Leiden des Tieres – Kant forderte aus der Annahme der Empfindungsfähigkeit heraus das Verbot der Tierquälerei – erwuchs die Opposition gegen Tierquälerei und bestimmte Methoden der Jagd, sondern aus der Pflicht des Menschen gegen sich selbst. Die Aufklärung sah zwar in den Tieren vor allem natürliche Wesen, doch auch die theo-

Hetzgärten und Kritik an der Tierquälerei

logische Forderung der Achtung vor den Tieren als Geschöpfe Gottes bzw. als Mitgeschöpfe des Menschen hatte weiterhin Bestand.

Ob und wie die Lehrmeinungen den alltäglichen Umgang mit Tieren geprägt haben, ist noch kaum erforscht. In der *scala naturae*, der aristotelischen Stufenleiter von den unbeseelten Dingen zu den beseelten Lebewesen, gehörten die Tiere noch zur beseelten Natur, und Montaigne hatte 1590 die angebliche Distanz zwischen Mensch und Tier noch stark relativiert, bevor René Descartes (1596-1650) den Tierleib als Maschine bzw. Automaten definierte und mit der Leugnung der Tierseele den früheren engen Verbund zwischen Mensch und Tier in Frage stellte. Der Cartesianismus bildete denn auch die „dunkle Folie", vor der sich der von Gefühl und Mitleid geprägte tierfreundliche Diskurs abhob. Auch der Vegetarismus seit dem ausgehenden 17. Jh. kann als eine Strömung gegen den Cartesianismus begriffen werden.

Cartesianismus, Theriophilie und Vegetarismus

### *3.5 Wald*

An die mit ihren Äckern, Wiesen und Gärten und einen weiteren äußeren Kranz extensiv genutzten Flächen der Dörfer schloss der Wald an, der in zunehmender Entfernung weniger in Anspruch genommen wurde.

Die Rodungsphase des Hochmittelalters hatte den Wald in Deutschland auf einen Bruchteil seiner ursprünglichen Fläche reduziert, die folgende spätmittelalterliche Wüstungsperiode des 14. und 15. Jh.s bedeutete für den Wald daher eine Regenerationsphase. Doch diese Verdichtung der Bestände und die Arealexpansion von Wald über Siedlungsland wurde zum Teil im 16. Jh. wieder rückgängig gemacht und die landwirtschaftliche Fläche ausgeweitet.

Wald als Wildnis?

Der Wald war schon zu Beginn der Frühen Neuzeit keine „Wildnis" mehr, und mit wachsender Bevölkerung wurde die Nutzung des Waldes intensiviert. Er fungierte als Landreserve, als Basis der Holzversorgung und anderer Waldprodukte, als landwirtschaftliche Nutzfläche (Waldweide), als Bühne der herrschaftlichen Jagd und als Rückzugsgebiet für das Wild.

Wem gehört der Wald?

Durch die Frühe Neuzeit hindurch zieht sich der Streit um den Wald bzw. seine Nutzung. Die Frage, wem der Wald gehört, der Streit zwischen den „Herren", denen der Wald einst als unkultiviertes Land verliehen worden war und die die herrschaftlichen Jagdrechte beanspruchten, und den Bauern, für die der Wald in vieler Hinsicht Lebensgrundlage war, begleitet die Entwicklung von der „Nutzungsgesellschaft" zur „Eigentumsgesellschaft". Die letzten Holzberechtigungen und Waldweiderechte der Bauern wurden erst 1848/49 bzw. 1873 abgelöst, und auch das Jagdrecht auf fremdem Grund und Boden wurde erst 1849 aufgehoben.

Im Spätmittelalter war die Nutzung des Waldes durch die Bauern noch wenig begrenzt: Sie trieben ihr Vieh zur Weide in den Wald und entnahmen Bau-, Brenn-, Zaun- oder Kohlholz und trieben mitunter auch selbst Handel damit. Mit dem Ausgang des Mittelalters – im 15. und 16. Jh. – erließen die Grundherren Wald- bzw. Forstordnungen, die die Nutzungsrechte der Bauern einschränkten und kommerzialisierten: „Die Herren wollen die Bauern aus dem Wald haben“ (P. Blickle). Ansonsten sollten die Bauern für die Nutzung eine Abgabe entrichten: Wer sich der Produkte des Forstes bediente, der war auch zu Abgaben und Zahlungen verpflichtet. Jedes Schwein, das zur Mast in den Wald getrieben wurde, kostete ein sog. Dechelgeld, und der sog. Blumbesuch (Waldweide auf Waldgras zwischen den Bäumen und Gehölzen und den Gräsern offener Lichtungen und Wiesen) wurde in Getreide oder mit einem Weidegeld vergütet; für die Laubfuhren wurde ein Streugeld verrechnet.

Nutzungsrechte und Forstordnungen

In den Zwölf Artikeln aus dem Bauernkrieg 1525 hatten die oberschwäbischen Bauern auch Beschwerde „der Holzung halb“ geführt, die Herrschaften hätten ihnen „die Hölzer alle allain geaignet“. Die Grundherren erhoben den Vorwurf, die Bauern würden Raubbau am Wald treiben, die Bauern wiederum beklagten den Wildschaden. Auch die Wildschäden gelten als Ursache des Bauernkrieges: Sie führten mitunter sogar zu regelrechten „Jagdrevolten“ (G. Grüll) und zählten über die Jahrhunderte zu den Gravamina der Landstände (Dritter Stand), wobei die Bauern darauf verwiesen, dass durch das Wild nahezu die Hälfte der Ernte vernichtet werde.

Grundherren und Bauern

Schon im 15. Jh. hatten Rechtssatzungen die Waldausbeute beschränkt. Grundherrschaften und Städte mit größerem Waldbesitz stellten eigene Förster, Holzwarte oder Waldhüter ein. Begrifflich drückt sich diese Regulierung des herrschaftlichen Waldes in der Bezeichnung Forst, später auch Wildbann oder Bannwald, aus. Im 16. Jh. erfolgte ein Auf- und Ausbau territorialer Forstorganisationen ausgehend von den Bergordnungen, die den Zugriff auf den Wald regeln und die Versorgung der Gruben, Hütten und Salinen sichern sollten.

Forst, Wildbann und Bannwald

Regelrechte Forstwirtschaft konnte sich dort entwickeln, wo geschlossene Landesforsten bestanden und der Staat alle Nutzungsrechte inne hatte. Die Forstwirtschaft hatte damit Anteil an der Entstehung des modernen Beamten- und Steuerstaates. Höhere und niedere Forstbeamte verfolgten mitunter allerdings eigene Ziele, wenn sie z. B. an

Forstwirtschaft

der Menge des umgesetzten Holzes beteiligt waren. Wo Herrschaft oder Grundherr den Wald nicht selbst nutzten, schlossen sie mitunter Pachtverträge, die eine bäuerliche Forstverwaltung ermöglichten, wobei – so Blickle – die tägliche Erfahrung der Knappheit aller Ressourcen zu einem ausgesprochen umsichtigen Umgang mit dem Rohstoff Holz führte.

Waldbereitungsprotokolle und Waldbeschreibungen des 16. und 17. Jh.s verzeichnen vor allem Laubmischwälder mit Vorherrschen der Buche. Reine Bestände (wie sie heute vorkommen) dürfte es bis in die Frühe Neuzeit hinein nur in besonders gehegten und geschützten Bauholzrevieren (Buche, Eiche oder auch Nadelhölzer) gegeben haben. Der Hochwald blieb daher auf diese Bestände beschränkt. Bestandsformen wie Niederwald, Hudewald (als Weide genutzt) und Plenterwald (der Bäume aller Altersklassen enthält) wurden seit dem 16. Jh. zur Zielscheibe der Forstordnungen, die sie als „unordentlich“ und das Holz als nicht kommerziell nutzbar betrachteten, während Ökologen diese heute als ideale Form des Waldes schätzen. Noch der frühneuzeitliche Wald dürfte hinsichtlich der Verbreitung der Baumarten und Bestandsformen „naturnäher“ gewesen sein, als der durch die Forstwirtschaft seit dem 18./19. Jh. gestaltete Wald. Er dürfte auch weniger empfindlich für Windwürfe und Baumschädlinge gewesen sein. Der Trend der Forstwirtschaft ging jedoch auf eine Verbindung von Hochwald und Kahlschlagswirtschaft, denn nur der Hochwald erbrachte Bauholzqualitäten für den Handel.

Hochwald

„Unordentliche“ Waldformationen

Wesentlich veränderten die Städte mit ihrem hohen Bedarf an Holz den Wald. Sie benötigten Bauholz für Fachwerk, Dachstühle, Zäune und Brücken, Werkholz für die holzverarbeitenden Gewerbe und Brennholz für den Hausbrand sowie die gewerbliche Nutzung durch Bäcker, Bierbrauer, Hafner, Schmiede und andere „Feuerarbeiter“.

Nachfrage der Städte

Das Holz kam in aller Regel auf dem Wasser zu den Nutzern, da der Transport auf der Achse wesentlich teurer war. Auf dem Wasser konnte das Holz durch Trift oder Flößerei zugeführt werden. Während die Flößerei (gebundene Stämme) über längere Strecken nur bei Bau- und Werkholz rentabel war, basierte die Brennholzversorgung der Städte, Salinen und Hütten auf der Holztrift, bei der Hölzer (sog. Drehlinge oder Blocher von 1 m, 2 m oder 3 m Länge) durch die Strömung transportiert und am Zielort durch einen Holzrechen angelandet wurden.

Trift und Flößerei

Holz (und Baustoffe) konnten durch die Flößerei über weite Strecken von waldreichen in waldarme Gebiete transportiert werden. Schon im 16. Jh. gelangten Stämme aus dem Schwarzwald oder den fränkischen Wäldern über Rhein und Main als sog. Holländer (Tannen mit

Hollandflößerei seit dem 16. Jh.

mehr als 20 m Länge) in die Werften der Niederlande. Auf dem Rhein trieben Holländerflöße von bis zu 360 m Länge, dabei wurden die Stämme in fünf bis sieben Lagen aufgeschichtet. Bis ins 17. Jh. war die Flößerei im Schwarzwald noch ein Nebengewerbe der Waldbauern gewesen, durch die Hollandflößerei wurde der Holzschlag schließlich zur Lohnarbeit. Zollregister zeigen auch auf allen rechtsseitigen Nebenflüssen der Donau einen regen Holzverkehr mit entfernten Absatzgebieten. Eine ähnliche Situation bestand auf der Südseite der Alpen.

Der Holzbedarf war sowohl im 16. als auch im 18. Jh. angestiegen, während das 17. Jh. als Erholungsphase für den Wald eingeschätzt wird. Da vor allem die Transportkosten zu Buche schlugen, konnte das Angebot durch die technische Erschließung der Wälder erweitert werden: Flößerei und Trift wurden ausgedehnt und Wasserläufe dazu ausgebaut. Das Wasser wurde mit Klausen aufgestaut, das Holz gesammelt, dann auf dem Wasser zu Tal befördert; auch die Anlage von hölzernen Rutschbahnen (Holzriesen) machte weitere Waldreserven zugänglich. Da sich Nadelholz besser triften und flößen ließ, erfreute es sich zunehmender Beliebtheit. Im 1529 angelegten bayerischen „Waldbuch" wurde daher sogar die Ausrottung des nicht triftbaren Buchenholzes angestrebt.

Technische Erschließung der Wälder

Im Zuge der Großen Montankonjunktur war seit 1450 im Bergbau der Bedarf an Grubenholz und Bauholz stetig gewachsen, zudem verschlang auch das Hüttenwesen große Mengen an „Kohlholz" als Energielieferant für die Verhüttung. Georg Agricola vermerkt in „De re metallica libri XII" (1556), dass der Bergbau eine „Unmenge Holz" verbrauche; Wälder und Haine würden umgehauen, und durch das Niederlegen der Wälder würden die Vögel und andere Tiere ausgerottet. Auf den Holzschnitten des Buches sind durchweg Holzstümpfe zu erkennen.

Grubenholz und Kohlholz

Für den Ausbau der Strecken, die kontinuierliche Erneuerung der Zimmerung, das Holz für die Schächte oder für die technischen Anlagen waren in den Bergrevieren erhebliche Mengen notwendig. Das (fiskalische) Interesse der Landesherren am Bergbau führte zum Erlass von Berg- und Waldordnungen, um den Zugriff auf das Holz zu sichern. Die von König Ferdinand I. für Schwaz und Hall 1551 erlassene Waldordnung sah vor, „die Wäld und Helzer sollen und miessen auch mit gueter Ordnung erhalten und gezügelt. On das kann kain Perkwerch erhalten und gebawt werden. Ist wolzubesorgen. Es wird ee Manngl an Holz als an Perkwerch erschein." Wald- und Forstwirtschaft wurden daher dem Montanwesen untergeordnet. Im Harz, wo der Bergbau nach 1524 im Direktionssystem aufgenommen wurde, unterstand die Forstverwaltung

Berg- und Waldordnungen

Vorrang der montanwirtschaftlichen Interessen

dem Berghauptmann, aber auch in der tirolischen Herrschaft Taufers waren ab 1528 Bergrichter- und Waldmeisteramt in einer Hand. Wo die Landesherren konnten, schlossen sie Nutzungskonkurrenten aus: In den Bergrevieren gab es keine Glashütten, und die Verhüttung sowie die Hammerwerke rückten meist an den Rand der Berggebiete, denn auch das Hüttenwesen benötigte große Mengen an Kohle, und damit war in der Frühen Neuzeit auf dem Kontinent immer Holzkohle gemeint. Zu allen Arbeitsstufen sowie das Schmiedefeuer der Hämmer mussten große Mengen bereitgestellt werden. Die Köhlerei wurde zunächst in Gruben betrieben, bevor man im Zuge der Montankonjunktur zur Meilerverkohlung (Rund- oder Langmeiler) überging. Mittelalterliche Hüttenkohlen bestanden noch zu 70 bis 90 Prozent aus Laubhölzern, zunehmend wurde auch Nadelholz herangezogen, dessen Kohle einen geringeren Brennwert hatte. Die Hochöfen verschlangen riesige Mengen davon. Von den Gesamtkosten je Tonne Roheisen entfielen ca. 70 Prozent auf den Brennstoff Holzkohle. Die Rentabilität der Hütte hing also nicht zuletzt von der Verfügbarkeit der Holzkohle bzw. dem Zugriff auf den Wald ab – und nicht zuletzt vom Brennstoffverbrauch: Am österreichischen Innerberg war man auch deshalb 1751/61 zum sog. indirekten Verfahren übergegangen. Auch die weiteren Innovationen im 19. Jh. waren Reaktionen auf die Konkurrenz des britischen Koksroheisens und optimierten die Brennstoffökonomie nochmals. Langfristig konnte man den Verbrauch von Holzkohle pro Einheit Roheisen senken. Am Innerberg musste man weiter entfernte Waldungen an der Enns und der Salza einbeziehen.

Holzkohle zur Verhüttung

Optimierung der Brennstoffökonomie

Im Siegerland versorgte man die Hütten durch eine kombinierte Wald-, Feld- und Weidewirtschaft, die „Haubergswirtschaft“, bei der ein Niederwald mit einer Umtriebszeit von 15 bis 20 Jahren Stämme für Kohlholz und Rinde zur Lohe (der Gerber) lieferte und Getreideanbau und Viehweide ermöglichte. Seit der ersten Holz- und Waldordnung 1562 waren die Montanbelange gesichert, doch die einheimische Holzkohle reichte nicht aus; um 1800 mussten zwei Drittel des Bedarfs aus umliegenden Regionen importiert werden.

Haubergswirtschaft im Siegerland

Zu den Großverbrauchern von Feuerholz zählten auch die Salinen. Zur Versiedung der Sole in den Pfannhäusern mussten große Mengen an Feuerholz herangeschafft werden. In der Umgebung der Saline Lüneburg waren vom 13. bis ins 16. Jh. die Wälder zunehmend abgeholzt worden, und die Heide (und Wacholder) machte sich breit. Selbst dort, wo durch Widmungen und Bannwälder das Holz verfügbar war und die Landesherren Einfluss nahmen (oder die Salinen selbst betrieben), spitzten sich im 16. Jh. die Probleme zu. Besonders, wenn das Feuer-

Holzbedarf der Salinen

holz bezahlt werden musste, hing die Wirtschaftlichkeit in erster Linie vom Holzverbrauch ab. In Reichenhall griff man auf das Saalachtal über und schaffte über ein Trift- und Klausensystem Holz heran. Die salinarische Holzwirtschaft war nicht nur hier ein großer Arbeitgeber. Mit Gradierwerken (zur Erhöhung der Konzentration der Sole durch Verdunstung) und Vorwärmpfannen (Nutzung der Abwärme der Siedehäuser) suchte man gegen Ende des 16. Jh.s den Holzverbrauch zu drosseln. Ausgehend von der Saline Allendorf wurden ab 1560 auch Versuche mit Kohle und Torf unternommen. Bereits 1590 hatte auch Herzog Friedrich von Württemberg nach Kohle schürfen lassen, 1620 wurde in gedeckten Pfannen gesotten und durch Kohle erheblich bei der Feuerung eingespart.

Ausweitung des Holzbezuges

Strategien zur Drosselung des Holzverbrauches

Wo die erreichbaren Wälder „hergehackt“ waren, blieb daher nur die Errichtung langer Soleleitungen, um die Sole in noch waldreichen Gebieten zu sieden. Nach dem Holzboykott durch Salzburg (1611) entschloss man sich 1619 zum Bau eines 32 km langen Rohrleitungssystems nach Traunstein, das weitere Waldgebiete erschloss. Schon 1604 hatte man im Salzkammergut eine 40 km lange Rohrleitung von Hallstatt über Ischl nach Ebensee gelegt, die die Sole zum Holz führte.

Soleleitungen

Neben Bergbau, Köhlerei und Salinen war die Glasproduktion (so Zedler 1747 in seinem Universallexikon) „eine Holtz fressende Sache“. Wolff Helmhard von Hohberg hatte daher schon 1682 in seiner „Georgica curiosa” empfohlen, „wo nicht weitschüchtiges / überflüssiges grosses Gehöltz ist ... da sey es nicht zu rathen / einige Glas-Hütten aufzurichten; weil es ein offener Rachen ist”. Die Öfen wurden mit Holz beheizt, deshalb lagen die Glashütten bevorzugt in Waldgebieten.

Glasproduktion: „eine Holtz fressende Sache“

Als bedeutendste Produktionsgebiete entwickelten sich der Spessart (und das benachbarte Hessen), der Thüringer Wald, das Fichtelgebirge, Sachsen, Böhmen, Schlesien und Lothringen. Während die Wanderglashütten meist nur über ein paar Jahre betrieben wurden, erfolgte seit dem 16. Jh. der Bau massiverer Glashütten. Als neues Ofenbauelement kam der Rost hinzu, auf dem Holz oder später auch Kohle verbrannt wurde. Die Luftzufuhr von unten brachte eine bessere Verbrennung, und der angebaute Kühlofen nutzte die Wärme des Schmelzofens. Der Rostofen setzte sich langsam durch. Der Löwenanteil an Holz entfiel allerdings auf das Brennen der Pottasche. Insgesamt dürften in der Frühen Neuzeit ein bis drei Festmeter Holz für ein Kilogramm Glas benötigt worden sein.

Pottasche als Universalalkalie

Pottasche war eine „Universalalkalie“ im vorindustriellen Gewerbe, denn sie enthielt als wichtigsten Anteil Kaliumkarbonat, das durch das Auslaugen der Holzasche gewonnen werden konnte. Die Nachfrage nach Asche war groß: Neben Seifensiedern, Bleichern, Färbern und Glashütten trug auch der Bedarf für das Waschen der Wäsche seit dem Spätmittelalter zur wachsenden Nachfrage bei. Zur Erzeugung konnten neben der „gemeinen Asche" Abfälle bei der Rodung verwendet werden, aber auch zusätzliche Waldbestände wurden zum Brennen von Pottasche gewidmet. England, Frankreich, die Niederlande und Deutschland konnten sich bis ins 16. Jh. mit Pottasche selbst versorgen, in der Folge setzte jedoch ein umfangreicher Handel mit Pottasche vor allem aus dem Ostseeraum ein: Die großen Wälder Polens und Russlands waren während der Frühen Neuzeit die wichtigsten Lieferanten für den Alkalibedarf Europas. Ebenso wie bei der Herstellung der Waldprodukte Harz, Teer und Pech hatten auch die Kalkbrennerei, die teils als bäuerliches Nebengewerbe das Baugewerbe versorgte, und die Ziegelproduktion einen hohen Feuerungsbedarf.

Zugriff auf den Wald

### *3.6 Bergbau und Hüttenwesen*

In der ersten Hälfte der 1490er Jahre verfasste der Humanist Paulus Niavis (Paul Schneevogel) „Iudicium Iovis", das Gericht der Götter, in dem die Mutter Erde mit Merkur als Anwalt einen Bergmann mit seinen Penaten vor Jupiter, dem Richter, verklagt: Der Mensch dringe mit seiner Habgier am Schneeberg im Erzgebirge und an vielen anderen Orten durch den Bergbau in den Leib der Erde vor, und die Erde sei mit offenen Wunden übersät und durchlöchert. Der Mensch entgegnete: Die „Stiefmutter" Erde verberge mit den Metallen ihren kostbaren Besitz vor ihm und zwinge ihn zu unmenschlich harter und gefährlicher Arbeit in der Tiefe. Die Erde halte das, was die Götter gespendet hätten, aus Missgunst verborgen. Die Erde sei kein Selbstzweck, sondern – im Rekurs auf Plinius Naturalis Historia – einzig und allein um des Menschen Willen geschaffen. Merkur überlässt Fortuna schließlich das Richteramt: Sie urteilt, der Mensch verletze zwar alle Konditionen, aber es sei die Bestimmung der Menschen, die Berge zu durchwühlen (*homines debere montes transfodere*). Ihr Leib aber werde von der Erde verschlungen und durch „böse Wetter" erstickt.

Das Gericht der Götter

Der Bergbau als Eingriff in den Leib der „Mutter Erde"

Mit der Erde als *magna mater*, die alles Leben gebiert, aber auch siechen und verfallen kann, griff Niavis auf ein antikes literarisches Vorbild zurück. Neu ist jedoch die Rigorosität, mit der er alle Zweifel am Eingriff in die Natur zerstreut und sie in Argumente für den Bergbau ummünzt. Die Verteidigung nähert sich dem alttestamentlichen „Macht Euch die Erde untertan" (Gn I, 28) und verspricht Heil durch Domestizierung der Natur. Gerade das Bergwerk gilt daher – so H. Bredekamp

– als Fokus, in dem leibmetaphorische Sicht und technische Beherrschung der Natur am tiefgründigsten kollidieren.

Die Große Montankonjunktur 1450 bis 1550/60

Hintergrund des Iudicium Iovis ist die Große Montankonjunktur von 1450 bis 1550/60. Sie folgte auf einen Tiefpunkt um 1400 bes. in den älteren Revieren des Edelmetallbergbaus, der durch starke Wassereinbrüche sowie den „Schwarzen Tod" mitverursacht worden war. Silber- und Kupfererze wurden vor allem im sächsischen und böhmischen Erzgebirge, in Oberungarn, in der Grafschaft Mansfeld, im Ober- und Unterharz, im Elsass, im Salzburgischen und in Tirol (Schwaz, zwischen Rattenberg und Innsbruck, galt als die „unerschöpfliche Geldquelle" Oberdeutschlands) gefördert, wobei die Verhüttung meist in der Nachbarschaft erfolgte.

Der „Bergsegen" und der Übergang zum Tiefbau

Mit dem Übergang zum Tiefbau wurde der Grundwasserspiegel unterschritten. Die Lösung der Probleme der Wasserhaltung („Wassergewältigung") erforderte einen hohen Kapitaleinsatz und den Übergang von der Schöpfarbeit zum Einsatz von mechanischen Wasserhebewerken oder der Wasserlosung (Entwässerung) durch tiefer gelegene sog. Erbstollen. Der „Bergsegen" zog nun immer mehr Arbeitskräfte an, und der Bergbau erwies sich bes. in dieser Phase als siedlungs- bzw. städtebildend: Nach einer vorsichtigen Schätzung sollen in der Bergbaugemeinde Schwaz in Tirol Mitte des 16. Jh.s 12 500 Personen gewohnt haben; zeitgenössische Angaben liegen weit höher. Innsbruck als Sitz der Landesregierung zählte nur 5 000 Einwohner. Einzelne Siedlungen – wie Schneeberg oder Altenberg im Erzgebirge – wucherten planlos, andere wie das von Ulrich Rülein entworfene Marienberg entstanden als Planstädte mit schachbrettartigem Grundriss.

Die Große Montankonjunktur wird auch als „erste kapitalistische Phase" im europäischen Bergbau bezeichnet, denn Ende des 15. Jh.s dominierte auswärtiges Großkapital (wie die Augsburger Fugger, Hochstetter, Baumgartner, Mannlich, Herwart etc.) den Bergbau. Tiroler Silber wurde zum entscheidenden Faktor der Finanzierung der habsburgischen Weltreichpläne, und das Tiroler Kupfer war auch die Basis für eine leistungsfähige Artillerieproduktion. Doch seit der Mitte des 16. Jh.s setzte eine allgemeine Depression ein: Kriege (wie z. B. der Schmalkaldische Krieg 1546/47), Pestwellen und der Raubbau an den Wäldern werden als Faktoren ebenso genannt wie der Ausbau der kolonialen und skandinavischen Bergbauproduktion.

Depression seit der Mitte des 16. Jh.s

Umweltauswirkungen des Bergbaus

Die Umweltauswirkungen des Bergbaus sind vielfältig: Der Holzbedarf dezimierte die Wälder, Wasserhaltung und Wetterführung veränderten das natürliche Gleichgewicht, ausgedehnte Grubengebäude konnten ganze Berge zum Einsturz bringen, Landschaften konnten absinken, oder es bildeten sich Pingen, die zusammen mit aufgeschütteten Halden aus Schlacken oder taubem Gestein eine neue Topographie formten. Zu den Umweltauswirkungen zählen nicht zuletzt die Auswirkungen der Bergarbeit auf die Bergleute selbst, denn die schwere und gefährliche Arbeit prägte auch verschiedene Krankheitsbilder wie z. B. die „Krummhälse", hervorgerufen durch die kriechende Körperhaltung.

Untertagebergbau

Der Bergbau war im Laufe der Zeit bei der Verfolgung der Lagerstätten in die Tiefe vorgedrungen. Der Geisterschacht am Röhrerbühl in Tirol erreichte 1599 bereits eine „Teufe" von 886 Metern.

Eintrag von Schadstoffen in Böden und Fließgewässer

Neben Auswirkungen durch den Holzverbrauch des Berg- und Hüttenwesens fiel der Eintrag von Schadstoffen in den Boden ins Gewicht. Schon Georg Agricola verwies darauf, das lässt auch die Bergbaugegner ihre Argumente vorbringen: Das Erzwaschen vergifte die Bäche und Flüsse, Fische würden vertrieben oder getötet. – Die Montanarchäologie hat auf die historischen Altlasten in Form von Sedimentation, Materialverfrachtung und Anreicherungen der Schwermetallgehalte (Blei, Kupfer, Zink, Cadmium) entlang der Entwässerungssysteme hingewiesen. Kümmerwuchs und Vegetationslücken sind Zeiger für Schlackenhalden bzw. noch heute kontaminierten Untergrund. Auch die Trennung der Erze vom tauben Nebengestein durch Wasch- und Pochwerke, die im 16. Jahrundert Verbreitung fanden (und sowohl Holzverbrauch als auch Staubbelastung reduzierten), erfolgte nur sehr unvollkommen. Die Abgänge – wie der Bleiglanz – gelangten häufig als Sand in die Gewässer und gelangten z. B. bei Überschwemmungen auf Weiden und Wiesen.

Emissionen

Diese „Abgänge" aus Abbau und Aufbereitung trafen unmittelbar das Bergrevier und seine Umgebung, während die Schadstoff-Emissionen in der Atmosphäre weiter getragen wurden. Bleierze spielten bei der Verhüttung als Agens (Sammler für Edelmetalle) eine große Rolle und eignen sich daher als Indikator für Einflüsse des Montanwesens. Sogar in den Schichten des Grönlandeises kann der Anstieg des Bleigehaltes als Folge der Verhüttung bleihaltiger Erze nachgewiesen werden.

Verursacherprinzip in der Rattenberger Bergordnung 1463

Seit der Mitte des 15. Jh.s sind Beschwerden der Bevölkerung über solche Emissionen überliefert, und schon die Rattenberger Bergordnung von 1463 sowie folgend die Salzburger Bergordnung von 1477 schrieben das Verursacherprinzip fest: Wer einen „Aufschlag in Wiesen, Äckern und Feldern" tue, solle den Schaden vergelten. Den Begriff Hüttenrauch, mit dem man heute die Emissionen (Schwermetalle wie Blei und Arsen sowie Schwefeldioxid) bei der Verhüttung von Nichteisenmetallen bezeichnet, verwendete bereits Georg Agricola. Das Problem „Hüttenrauch" wurde bes. im 19. Jh. virulent, als durch den Einsatz von

Hüttenrauch

Zug-Flammöfen die Massenverarbeitung armer (schwefelhaltiger) Erze möglich wurde.

Es verwundert nicht, dass die Anfänge der Arbeits- und Gewerbemedizin im Kontext Bergbau und Verhüttung des 16. Jh.s zu suchen sind: Agricola, der nicht zuletzt durch seine Tätigkeit als Stadtarzt von St. Joachimsthal mit dem Bergbau vertraut war, berührt in „de re metallica" auch die Unglücksfälle und Krankheiten der Bergleute, darunter auch den besonders aggressiven, arsenhaltigen „schwarzen Hüttenrauch". Eingehender behandelt sie Paracelsus in seinem 1567 gedruckten Werk „Von der Bergsucht und anderen Bergkrankheiten". Das erste Buch ist den Krankheiten der Bergarbeiter, der „Bergsucht", gewidmet, im zweiten geht es um die Hüttenleute, und im dritten Buch behandelt er die „quecksilberischen Krankheiten". Sein Werk über die Bergsucht übte einen wesentlichen Einfluss auf die Entwicklung der Gewerbemedizin aus, wenngleich es z. B. von Samuel Stockhausen kritisiert wurde: Der in Goslar tätige Bergarzt beschrieb 1656 in „Die Hütten Katze oder Hütten Rauch" die Krankheitssymptome der Hüttenarbeiter durch Einwirkung des Hüttenrauches als Bleivergiftung. Paracelsus hatte auch schon einen Hinweis auf die Lungenerkrankungen der Bergleute in Schneeberg im Erzgebirge gegeben. Das Krankheitsbild unterschied sich von dem anderer Reviere durch die ungewöhnlich hohe Mortalität. Die Verbreitung der „Schneeberger Lungenkrankheit" nahm im 17. und 18. Jh. noch zu, zumal das Radioaktivitätsrisiko bei den im 16. Jh. erreichten Teufen noch merklich geringer war. Mit dem Uranerzbergbau seit dem Zweiten Weltkrieg hatte die Schneeberger Lungenkrankheit eine „folgenschwere Renaissance".

Arbeits- und Gewerbemedizin

„Schneeberger Lungenkrankheit"

Erhebliche Umwelteinwirkungen des Bergbaus erfolgten durch den Eingriff in den „natürlichen" Wasserhaushalt: Der Bergbau musste sich zum einen der Grubenwässer entledigen, andererseits notwendiges Triebwasser für die Wasserhebewerke bereitstellen. Mit zunehmender Teufe wurde die Wasserhaltung schwieriger und konnte nicht mehr durch Schöpfarbeit erfolgen. Als man im Falkenstein 1532 eine Teufe von circa 230 Metern erreicht hatte, mussten – so die Schwazer Bergchronik – „bei 600 wasserschöffr bey tag undt auch bey nacht on underlazz das zueflüssent wasser höbm, waz nit ayn Khlayn arbayt". Erbstollen waren eine einfache aber auch kostspielige Möglichkeit, Wasser in die Täler abzuleiten. Bes. seit der Mitte des 16. Jh.s wurden in vielen Revieren wie im Harz oder in Sachsen Wasserhebemaschinen eingesetzt, die Wasser aus 400 m Tiefe heben konnten. Zur Versorgung der Wasserräder wurden Stauteiche mit Dämmen angelegt. Mit der Erschöpfung der sog. Reicherze drang man in größere

Hydrologie

Wasserhaltung

Speicherkapazität durch Stauteiche und Dämme

Teufen vor, um größere Mengen zu fördern, was eine Ausdehnung der Wasserkraftnutzung bzw. Speicherkapazitäten erforderte. Die Speicherkapazitäten mussten immer wieder erweitert werden, und im Harz wurde 1760 eine Abbautiefe von 450 bis 500 m erreicht. Der Bau des 18,5 km langen „Tiefen Georg Stollens" 1777/99 verband schließlich untertägig alle wichtigen Gangzüge, und das geschaffene Wasserkraftnetz bildete die Basis des industriellen Bergbaubetriebes bis in die 1860er Jahre.

Wasserkraftnetze als Basis des industriellen Bergbaubetriebes

Zu den schweren und viel beachteten Folgen des Bergbaus gehörten Grubeneinstürze: In Falun stürzte 1655 und 1687 ein großer Teil des Grubengebäudes unter Bildung einer über hundert Meter tiefen Pinge in sich zusammen. Ähnliches passierte im erzgebirgischen Altenberg, als der vom Abbau durchlöcherte Berg 1620 in sich zusammenstürzte. Diese Unglücke wurden nicht als Naturkatastrophen gedeutet, denn schon Agricola empfahl 1556 dagegen den „Ausbau der Schächte, Stollen und Strecken". Viele dieser Pingen (Senken) zeugen noch vom durchlöcherten „Leib der Mutter Erde". Die Pinge von Geyer ist heute – nach mehreren Einbrüchen – ein Denkmal des jahrhundertelangen Bergbaues. Das Pendant zu den Pingen und Senkungen bilden die Halden aus taubem Gestein und Schlacken, die z. B. Hans Hesse im Mittelbild des Annaberger Bergaltars (1521) eindrucksvoll festgehalten hat. Am steirischen Erzberg, wo das Erz über Tage seit 1720 durch Sprengen abgebaut wurde, nahm der Berg langsam die Form einer Stufenpyramide ein.

Grubeneinstürze

Pingen und Halden

Seit dem 16. Jh. kam es im Bunt- und Edelmetallbergbau jedoch auch zu einer Verlagerung umweltzerstörender Aktivitäten: In Mexiko wurden ab 1542 und in Peru ab 1545 Silbererzvorkommen mit dem sog. kalten Amalgamierungsverfahren erschlossen – und ab 1574 wurden die Silber- und Quecksilbergruben Perus auf der Basis von Zwangsarbeit der Indios ausgebeutet.

Verlagerung umweltzerstörender Aktivitäten

## *3.7 Gewerbe*

Das Gewerbe verarbeitete die Stoffe, die in der sog. Urproduktion gewonnen wurden: Das waren Nahrungs- und Gewerbepflanzen, Metalle, Steine und Erden, Holz sowie tierische Rohstoffe. Damit war das Gewerbe abhängig von der physischen Produktivität der „Natur". Die Ergiebigkeit oder das Versiegen der Lagerstätten wirkte auf das Metallgewerbe, Witterung und Klima wirkten auf Feldbau und Viehhaltung ein, bestimmten die Transportmöglichkeiten und nicht zuletzt die Versorgung der Nahrungsmittelgewerbe. Die Erträge bei den Gewerbepflanzen und der Wolle berührten die Textilproduktion,

Abhängigkeit von der „Urproduktion"

die vor allem mit dem Flachs (Leinsaat), aber auch mit dem Hanf große Flächen in Anspruch nahm, die dann durch die Einfuhr von Leinsaat, durch die Baumwolle (zunächst für den Barchent) und den russischen Hanf entlastet wurden. Aber auch die Universalalkalie Pottasche wurde durch den Zugriff auf die russischen Wälder gewonnen, und Färbepflanzen wie der Indigo substituierten das einheimische Waid und setzten Flächen frei. Einen hohen Flächenbedarf hatte auch das Bleichereigewerbe: Die Feld- oder Rasenbleiche war von der Witterung abhängig und dauerte mehrere Wochen bzw. Monate. Mit der Chlorbleiche, die sich bis 1830 durchsetzte, wurde dieser Prozess von der Fläche sowie von der Witterung bzw. der Sonneneinstrahlung unabhängig.

Partielle Emanzipation von der Fläche

Die Viehzucht lieferte neben der Fleischnahrung auch Rohstoffe wie Häute, Felle und Horn, und die Lederproduktion hatte einen hohen Bedarf. Der internationale Ochsenhandel zielte zwar in erster Linie auf die Fleischversorgung der größeren Städte, doch er lieferte auch Häute und war die Basis für die Horn-, Talg- und Unschlittverarbeitung. Auch hier wurde Fläche entlastet, denn der Ochsenhandel ging (im 16. Jh.) mit Bevölkerungswachstum und Landverlust für die Viehwirtschaft (Flächenkonkurrenz mit Getreide) einher. Im 18. Jh. erweiterte sich der Radius des Häutehandels erneut, denn neben Polen und Ungarn etablierten sich Nord- und Südamerika als bedeutende Lieferanten.

Erweiterung der Handelsbeziehungen

Aufgrund der ungleichen räumlichen Verteilung der Vorkommen der Baustoffe und der hohen Transportkosten blieb das Baugewerbe stark vom jeweiligen „milieu naturel“ (Sosson) abhängig. Man griff vor allem auf die Basismaterialien des Umlandes (Holz, Stein, Kalk, Sand, Lehm bzw. Ton) zurück, die, wo immer möglich, über den Wasserweg transportiert wurden. Durch die Frühe Neuzeit hindurch ist ein allgemeiner Trend vom Holz zu Stein bzw. Backstein als Baustoff zu beobachten.

Baumaterial

Das Gewerbe war einerseits von der Umwelt abhängig, andererseits wirkte das Gewerbe sowohl durch die Nachfrage nach Rohstoffen als auch durch deren Verarbeitung auf die Natur ein. Die Nachfrage war von der Größe der Bevölkerung abhängig, andererseits sagen diese Parameter noch wenig über den Umgang mit den Ressourcen aus: Die Nachfrage konnte zu Verknappungen, zu einer Ausweitung des Bezugs bzw. der Handelsbeziehungen oder gar zu kriegerischen Auseinandersetzungen führen.

Rohstoffpreise und Arbeitskosten

Die Rohstoffpreise waren gemessen an den Arbeitskosten in der Frühen Neuzeit hoch. Dass der Materialwert, verglichen mit dem Preis menschlicher Arbeit, so stark ins Gewicht fiel, ist aus der Sicht moderner Faktorkonstellationen überraschend. Dieser Konstellation entsprachen verschiedene Strategien des Umgangs mit der materia technologica: geringer Verbrauch, Reparatur und lange Nutzungsdauer, Wieder- und Weiterverwertung und Substitution.

Strategien der Ressourcennutzung

Knappheiten waren mitunter Ansatzpunkte zur Einsparung von Rohstoffen bzw. für Rohstoff sparende Innovationen: Die Verbreitung des (meist als arbeitssparende Innovation gesehenen) Sägewerkes ermöglichte zunächst im Altarbau, dann auch im Möbelbau, den kräftigen Rahmen mit dünnen Brettern zu füllen. Bei der Technik des Furnierens dürfte ebenfalls die Einsparung von teurem Material eine Rolle gespielt haben, denn die Etablierung von Furniermühlen im 16. Jh. vollzog sich auf dem Hintergrund steigender Preise und eines lebhaften Holzhandels. Auch Aussparungen (Blendbögen, Nischen) beim Steinbau zielten auf Materialersparnis, in den Metallgewerben wie in der Glasproduktion ließ sich Material durch Versteifungen und dünnere Wandungen einsparen.

Einsparung von Rohstoffen

Zum sparsamen Umgang mit Material gehörte auch die Vermeidung und Begrenzung des Abfalls. Wertloser Abfall wurde als „Unrath“ (oder „kersal“) bezeichnet, die „Abgänge“ wurden meist der Weiter- oder Wiederverwendung zugeführt: Das galt z. B. für Lederabfälle, aus denen Leim gesiedet wurde und besonders für Produktionsabfälle in den Metallgewerben, die erneut eingeschmolzen wurden.

Abfall

Das Sammeln von Altmaterial bot vielen Händen Arbeit: Für die Papierproduktion waren bis zur Mitte des 19. Jh.s Lumpen (Hadern) der bedeutendste Grundstoff. Leinenlumpen waren ein knappes Gut und mussten weiträumig beschafft werden: Um 1500 erforderte der Betrieb einer Papiermühle mit einer Bütte das Lumpenaufkommen einer Bevölkerung von etwa 20 000 Personen.

Lumpen

Das Gewerbe ist keineswegs mit Neuproduktion gleichzusetzen: Reparieren und Umnutzen waren als gewerbliche Tätigkeiten, aber auch als „household strategies“ verbreitet. Berufe wie „Altgewender“ oder „Kannenplecker“ verlängerten die Konsumtionsdauer, dementsprechend florierte der Gebrauchtwarenhandel.

Reparieren und Umnutzen

Zur Verarbeitung der Stoffe im Gewerbe wurde Energie benötigt: Das war vielfach menschliche und tierische Arbeitskraft, aber auch Wind- und Wasserkraft und schließlich Dampfkraft, dann auch Prozessenergie, die durch Brennstoffe wie Torf, vereinzelt Kohle, meist jedoch Holz erzielt wurde. Durch die Ausschöpfung der Wasserkraft sowie durch den Zugriff auf die Brennstoffe nahm das Gewerbe – ebenso wie bei den Rohstoffen – erheblich Einfluss auf die Umwelt. Die Nutzung der Gefälle zum Antrieb der Mühlwerke erforderte die Anlage

Energie

von Wasserbauten und Mühlkanälen, die Antriebs- und Brauchwasser bereitstellten.

Verschmutzungspotenzial

Doch auch die Arbeit selbst hatte ein Verschmutzungspotential: Die starke Geruchsbelästigung hatte 1419 den Prager Gerbern den Beinamen „Stänker" eingebracht. Wasser war – für die Gerber wie auch die Färber und Papiermacher – ein entscheidender Standortfaktor: Für die „Wasserwerkstatt" und den eigentlichen Gerbprozess war der Zufluss von frischem und nicht zu hartem Wasser notwendig, andererseits wurden vorbeifließende Gewässer zur Abfallbeseitigung genutzt. Die Regelung erfolgte daher durch eine Nutzungshierarchie: Die Gerberhäuser wurden meist dort angesiedelt, wo der Fluss das Stadtgebiet verließ.

Gewerbepathologie

Zu den Umweltbelastungen zählen auch die Auswirkungen der Stoffverarbeitung auf die Gewerbetreibenden selbst, die – ähnlich wie in Bergbau und Hüttenwesen – schon in der Frühen Neuzeit zur Ausbildung einer Gewerbepathologie führten. Bereits um 1700 hatte Bernardo Ramazzini in *De morbis artificium diatriba* auf spezifische Belastungen der einzelnen Berufe hingewiesen. Er behandelte z. B. die Bleikrankheit der Töpfer und listete u. a. die Krankheiten der Glas- und Spiegelmacher, der Maler, Walker und Kloakenreiniger, der Gerber, Waschfrauen, Lastenträger und Seifensieder auf. Johann Christian Ackermann gliederte 1780/83 mit seiner „Abhandlung von den Krankheiten der Künstler und Handwerker" nach Krankheitsursachen wie Schmutz, Staub, Bewegung oder Haltung, Wasserarbeit und Feuer.

„Natur-Wissenschaft" und Technologie

Im 18. Jh. kommt das Gewerbe zunehmend in den Fokus der wissenschaftlichen Bemühungen: Die Naturgeschichte als Leitwissenschaft des 18. Jh.s widmete sich der Beschreibung der Naturreiche, vor allem mit Blick auf die Nützlichkeit der Materialien für das Gewerbe. Johann Bernhard von Rohr bezeichnet schon 1724 die „Natur-Wissenschaft" als das Mittel, die irdische Glückseligkeit zu erlangen. 1777 konzipiert Johann Beckmann mit der „Anleitung zur Technologie" die Wissenschaft, „welche die Verarbeitung der Naturalien, oder die Kenntniß der Handwerke lehrt". Bei den Naturalien selbst gilt das Interesse vor allem dem Pflanzenreich. Ausgangspunkt waren noch die Kräuterbücher und Herbarien, und die Bemühungen münden im 18. Jh. in einer Warenkunde: George Rudolph Böhmers „Technische Geschichte der Pflanzen" (1794) spiegelt z.B. den praktischen Impetus dieser Bemühungen. Johann Gottlieb Gleditsch beobachtete 1765 den Wetteifer in Europa, außer den fremden Gewächsen auch den eigenen Pflanzenvorrat besser kennen und nutzen zu lernen. Vor allem seit dem Siebenjährigen Krieg gab es verstärkte staatliche Bemühungen um die Sicherung der

Kräuterbücher und Herbarien

Warenkunde

Ressourcen: Staatsbeschreibung und Statistik zielten auf die systematische Erhebung der *materia technologica*. Ökonomische Gesellschaften und patriotische Sozietäten behandelten die *materia technologica* in den Intelligenzblättern und initiierten Preisausschreiben zur Substitution knapper Ressourcen: Vorschläge zielten z. B. auf die Verwendung der Sumpflilie zur Gewinnung eines gelben Farbstoffes, von Bastweiden oder Brennesseln für Papier, von Flugsamenhaare der Pappelwolle als Ersatz für die Baumwolle oder auf den Anbau der Maulbeerbäume für die Gewinnung der Rohseide. Mit Stroh versuchte man in der Papierherstellung die Lumpen zu substituieren. In der Gerberei nutzte man verschiedene Pflanzen als Gerbstoff, denn wo die Eichenlohe knapp war, musste man sich mit Tannenrinde oder wie in Österreich und Ungarn mit sog. Knoppern (Galläpfel) behelfen. Um 1800 hatte man bereits 200 Gerbpflanzen eruiert, doch die Lösung aus der Flächenkonkurrenz erfolgte erst durch den Anbau gerbstoffreicher Pflanzen der Subtropen in den Kolonien. Die „Technologie" scheint daher als wissenschaftliches Bemühen zur Emanzipation der gewerblichen Produktion von der Natur auf. Die Überlegungen zur Sicherung und Erweiterung der Rohstoffbasis des Gewerbes und mündeten im 19. Jh. in die technische Rohstofflehre.

*materia technologica*

Substitution knapper Rohstoffe

Technologie – und die Emanzipation von der Natur

Mit Blick auf die Frühe Neuzeit ist festzuhalten, dass die Nutzung nicht regenerierbarer Ressourcen – abgesehen von Großbritannien – zwar erst im Zuge der Industrialisierung einsetzte, dass jedoch schon im 16. Jh. der Zugriff auf die Natur und die Ausweitung des Rohstoffbezuges keineswegs als „nachhaltig" bezeichnet werden kann. Dennoch zog das „Regime" der hohen Rohstoffpreise den Rahmen für einen sparsamen Umgang mit den materiellen Ressourcen.

Nutzung regenerierbarer Ressourcen

### *3.8 Stadt*

Die Stadt wird in der neueren Forschung häufig mit Begriffen wie „zweite Natur" oder „gebaute Natur" assoziiert oder von einem „offenen" Ökosystem eigener Art gesprochen. Zur Charakterisierung dieses Ökosystems sind mehrere Merkmale vorgeschlagen worden: die Entkoppelung der Stadtbewohner von naturalen Zyklen und die Herausbildung eines stadtspezifischen Zeitregimes, die Konzentration des Gewerbes in der Stadt, die Ausbildung von Kunsträumen und das Kunstlicht, die „Bündelung von Energie" bzw. die Dichte der „menschlichen Biomasse", die Wanderungsbilanz sowie spezifische demographische „patterns". Städte bündeln naturale Ressourcen und Energie und sind daher auch „Senken". In den Städten entwickelte sich

Stadt als Ökosystem

schon im späten Mittelalter eine spezifische Infrastruktur zur Ver- und Entsorgung. Die Städte benötigten Wasser, Holz, Nahrungsmittel, Bau- und Rohstoffe und griffen auf die Ressourcen des Um- und Hinterlandes (und weit darüber hinaus) zurück.

Spezifische Probleme städtischer Lebensweise

Eine Umweltgeschichte der frühneuzeitlichen Stadt kann daher auch von den spezifischen Problemen (Seuchengefahr, Brandgefahr, Kapazitäten, Ver- und Entsorgung) einer städtischen Lebensweise ausgehen, die auch die Humanisten bei der Konzeption der Idealstadt bewegte: Die Dürersche Idealstadt sollte z. B. in einer fruchtbaren Ebene und an einem Fluss mit starker Strömung liegen. Auf diesem sollten Bau- und Rohstoffe aus dem Gebirge zugeführt werden, und die

*urbanitas*

Ebene sollte die Versorgung mit Nahrungsmitteln sichern. Der Fluss sollte Energie liefern, die Abwässer und Abfälle der Schlachthäuser fortnehmen – überhaupt war die Reinheit der Luft (in der Tradition der Miasmentheorie) ein zentraler Aspekt. Auch der Friedhof sollte daher außerhalb der Stadt angelegt werden. Die Häuser sollten aus Stein errichtet und die Straßen und Plätze gepflastert werden, um den Kriterien der *urbanitas* zu genügen.

Idealstadt

Städte vom Reißbrett – wie die Umsetzung von Albrecht Dürers Vorstellungen bei der Neuanlage von Freudenstadt 1599 oder die von Daniel Speckle (1536-1589) bei der Neustadt Hanau 1596 sowie der Radialstadt Glückstadt an der Elbe (1616) und einiger Berg- und Exulantenstädte mit schachbrettartigem Grundriss – blieben jedoch ebenso Ausnahmen wie die Garnisons- und Residenzstädte (z. B. Potsdam, Karlsruhe) mit ihren geometrischen Grundfiguren, die vom Gestaltungswillen der Regenten, Architekten und Ingenieure zeugen.

Mittelalterliches Erbe

Die europäische Stadt war in Plan und Bausubstanz meist durch das mittelalterliche Erbe bestimmt, doch viele Städte verwirklichten mindestens Teile oder Versatzstücke theoretischer Stadtvorstellungen. Am Ende des 16. und zu Beginn des 17. Jh.s wurden in vielen Städten ambitionierte Bauprojekte durchgeführt, unter denen die bauliche Umgestaltung Augsburgs 1590 bis 1630 unter dem Stadtbaumeister

Bauprojekte im 16./17. Jh.

Elias Holl (1573-1646) herausragt. Viele Städte investierten in die Straßenpflasterung, in Brücken, Brunnen, Wasserleitungen und nicht zuletzt in die Feuersicherheit.

Die Bevölkerung war im 16. Jh. gewachsen, und ein Viertel der Bevölkerung lebte nun in Städten. Die städtische Bevölkerung verteilte sich auf mehrere tausend Mittel-, Klein- und Kleinststädte. Im 16. Jh. zählte nur Köln mehr als 40 000 Einwohner (gefolgt von sieben Städten mit 20 000 bis 40 000 Einwohnern), andere Siedlungen mit 200 bis 400

Einwohnern hatten außer dem Stadtrecht wohl kaum Merkmale einer *urbanitas*, sondern beruhten auf landwirtschaftlichen Grundlagen.

Stoffwechsel mit der Natur

Wasser als Ressource

Das Verbindende unter dem Blickwinkel Stadt als Ökotyp ist ihr Stoffwechsel mit der Natur, wobei dem Wasser als Ressource eine zentrale Rolle zukommt: Die Lage am Wasser bildet dabei in verschiedener Hinsicht den Lebensnerv der Stadt. Das war einerseits seine Bedeutung für den Transport, andererseits zum Antrieb der diversen Mühlen, Hammerwerke und Blasebälge. Nach Möglichkeit wurden Kanäle durch die Stadt geführt, die Brauchwasser heranführten und zahlreiche städtische Gewerbe versorgten. Der Lech versorgte z. B. in Landsberg 1637 mit dem Mühlbach die Vordere und Hintere Stadtmühle, die Weißgerber- und Bleichwalke sowie eine Säg- und Schleifmühle, im unteren Teil des Kanals wurden die Loh- und Ölmühlen versorgt, ebenso das über den Kanal gebaute Haus des Lechbaders sowie die städtische Schranne (Getreidemarkt). Ab 1745 nutzte auch die Landsberger Stadtmetzg Lechwasser zu Kühlung, Reinigung und Abfallbeseitigung. Wo solche Lösungen nicht möglich waren, findet man – wie in Zürich an der Limmat – die gewerblichen Nutzer unmittelbar in der Nähe des Flusses.

Brauchwasser

Der Bedarf an Brauchwasser war quantitativ erheblich, denn es diente auch als Löschwasser und für das Waschen und Schwemmen. An das Trinkwasser wurden höhere Anforderungen gestellt, doch meist wurden alle Bezugsquellen für Trinkwasser genutzt, und man holte das Wasser dort, wo es am nächsten war. Man wird von einem Bewusstsein für verschiedene Qualitäten ausgehen können, wobei das Wasser nach Aussehen, Geruch und Geschmack beurteilt wurde und Vorsicht gegenüber stehendem und abgestandenem Wasser galt; im 16. Jh. wurde auch der Begriff „gesundes Wasser“ geläufig.

Trinkwasser

Während im Bergland auf Quellwasser zurückgegriffen werden konnte, geschah die Versorgung der Stadtbevölkerung mit Trink- und Nutzwasser im Flachland überwiegend durch Grundwasserbrunnen (Sodbrunnen). Grundwasserreiche Städte wie Straßburg, Frankfurt am Main und Worms bauten daher erst spät Leitungssysteme. Man versorgte die sog. Röhren- oder Laufbrunnen entweder durch Gefälleleitungen oder durch Hebewerke, die Wasser in Türme oder höherliegende Bassins pumpten und von dort aus über Fallröhren das Leitungssystem speisten. Bereits seit dem 13./14. Jh. wurde Flusswasser zur Speisung der Brunnen durch Wasserräder gehoben, und in zahlreichen Städten versorgten sie die Einwohner mit sog. Kunstwasser. Im 16. und im 18. Jh. intensivierten die Kommunen bei wachsender Bevölkerung ihre Bemühungen um ausreichende Versorgung mit Wasser guter Qualität.

Brunnen und Leitungssysteme

1525 wurde in Braunschweig eine Wasserkunst mit Pumpwerk in Betrieb genommen, und 1533 versorgte die Lübecker Wasserkunst ein Leitungssystem von 4 128 Metern Länge. Solche Leitungssysteme dienten vor allem der Versorgung der öffentlich zugänglichen (Röhren-)Brunnen, wobei die Schaffung von flächendeckenden Hausanschlüssen zumindest in einzelnen Stadtvierteln die weitgehendste Lösung war. Doch für die meisten Bürger bzw. ihr Gesinde war die Entnahme des Wassers am Brunnen üblich.

Neben Röhren aus Holz, die hohe Wasserverluste brachten, wurden auch solche aus Kupfer und Messing eingesetzt, und vereinzelt ersetzten im späten Mittelalter Bleileitungen die oberdeutschen Teuchel oder die niederdeutschen Pipen. In München bestand jedoch bis 1865 die städtische Deichelbohrstätte, und 1867 wurden die letzten Holzröhren ausgetauscht.

„Kunstwassersysteme“

Die „Kunstwassersysteme“ wurden in der Frühen Neuzeit weiter ausgebaut: Im Jahr 1761 gab es in Augsburg einerseits 1825 – meist privat genutzte – Pumpbrunnen (sie lösten im 17./18. Jh. die Zieh- und Schöpfbrunnen ab), andererseits versorgten zehn Pumpwerke ein Leitungssystem von 27 km Länge; in Zürich erstreckte sich das Leitungssystem um 1800 auf 30 km. Über die Leistungsfähigkeit dieser Systeme liegen kaum Daten vor: Für Dresden wird vor dem Siebenjährigen Krieg ein rechnerischer Wert von täglich 107 Liter Wasser pro Kopf genannt, wobei das meiste Wasser nachts ungenutzt ablief, obwohl die Brunnen mit Überlauftrögen versehen waren. Die Verwendung von Hähnen seit dem 16. Jh. könnte auf eine effizientere Nutzung hindeuten. Das Recht auf Bezug eines „ganzen“ oder „halben“ Wassers konnte gekauft, vererbt und veräußert oder wie in Ulm (1564) durch eine Taxe gewährt werden. Die Kontrolle erfolgte durch eine halb- oder jährliche Eichung mit Messgefäßen wie z. B. einem von Johannes Kepler 1627 konzipierten „Eimer“.

Leistungsfähigkeit der Systeme

Der Wasserhahn: Preise und Maße

Die Präsenz des Wassers fiel den Reisenden als Zeichen von Urbanität auf. Dazu trugen auch die repräsentativen öffentlichen Brunnen bei: In Augsburg ließ man im 16. Jh. die hölzernen Brunnen – ebenso wie in München den Marktbrunnen 1511/12 – aus Marmor neu aufrichten.

Wasserversorgung als kommunale Aufgabe

Die Wasserversorgung (wie auch die Entsorgung) entwickelte sich im Spätmittelalter zu einer kommunalen Aufgabe, die der Rat meist dem Baumeister oder einem Röhren- bzw. Brunnenmeister übertrug. Zu Bau, Instandhaltung und Aufsicht über die anfälligen Einrichtungen wurden ihm Brunnenknechte und Tagwerker zugeordnet, denn die

Holzleitungen mussten periodisch erneuert werden. Brunnenordnungen fassten Regularien zu Wasserverteilung, Reparatur und Kostenbeteiligung zusammen, wobei diese Ordnungen im 17./18. Jh. schrittweise verschärft wurden. Zahlreiche Städte legten Leitungs- und Brunnenpläne an.

Brunnenordnungen

Um das Wasser konkurrierten viele Nutzer, und Schwankungen durch Trockenheit oder Eis gefährdeten ebenso wie kriegsbedingte Zerstörung die Versorgung. Konflikte zwischen den Nutzern mussten geregelt werden, zumal sich private, genossenschaftliche und öffentliche Nutzungen überlagerten.

Die verstärkte Zufuhr von Wasser in die Stadt schaffte neue Probleme und Konflikte im Bereich der Entsorgung. Davon, dass das Ausschütten der Fäkalien auf den Straßen der Regelfall war, kann – so U. Dirlmeier – keine Rede sein. Das Problem der Sicker- oder Abortgruben lag darin, dass sie zum Teil bis auf das Grundwasser gegraben wurden. Durch die enge Nachbarschaft des *aqua nero* mit den Grundwasserbrunnen oder undichten Holzleitungen lag eine Verunreinigung des Trinkwassers nahe, wenngleich Bauordnungen – wie in München 1489 – für die Neuanlage von Aborten verfügten, man solle „durch den letten nit graben lassen, ... also das die gueten Brunnen daran stoßend nit schadhaft noch verderbt werden“. Ein Mindestabstand zur Grundstückgrenze war einzuhalten.

Abwasser-entsorgung

In den Quartieren am Stadtrand – bes. in der Nähe von Reb- und Ackerbaugebieten – war die Abfuhr meist unproblematisch. Doch in größeren Städten mussten die Gruben in bestimmten Abständen geräumt werden. Die Stadt- und Polizeiordnungen schrieben die Termine vor: In Salzburg sollten (1524) die „haymlichen Gmäch“ im Winter und nur bei Nacht „damit nyemandts durch den vnlust, vnd vblen geschmack derselben Secret belestigt werde.“ In Frankfurt waren die sog. Heymelichkeitsfegere dafür zuständig, in Celle wurde im 16. Jh. der Scharfrichter zur Reinigung der Kloaken herangezogen, in Ulm besorgten dies die „Priveträumer“, und in Nürnberg führten die sog. Pappenheimer den Grubeninhalt mit Pferdekarren ab. Neben den „Privets“ werden z. B. in Konstanz auch öffentliche Aborte genannt.

Fäkalentsorgung

In Städten an Fließgewässern konnten Fäkalien auch durch sog. Ehgräben abgeleitet werden. Das waren offene Gräben zwischen den gegenüberliegenden Rückseiten zweier Häuserreihen, die im 15./16. Jh. auch als Wustgraben bezeichnet wurden. Sie wurden – so in Konstanz – in größeren Abständen gereinigt. Habe ein Wustgraben „ain gut fluß, (so) mag je von 20 jar zu 20 gerumpt werden, es käme dann sonst hindernuß“.

Miasmentheorie: Einleitung in die Fließgewässer

Die Beseitigung der Fäkalien in Flüssen hielt man für unschädlich und zur Verhinderung der Verbreitung der Miasmen angezeigt. Die scheinbare Unlogik resultierte aus dem Vertrauen in eine unbegrenzte Aufnahmefähigkeit großer, bewegter Gewässer einschließlich des Grundwassers. Angesichts geringerer Abfall- und Abwassermengen konnte für die Zeitgenossen möglicherweise der Eindruck entstehen, dass Flüsse und Grundwasser alles spurlos, weil geruchlos, verzehren konnten, wobei diese Position noch bis Ende des 19. Jh.s – vor der Erkenntnis bakteriologischer Verunreinigung – vertreten wurde. Das bedeutet nun nicht, dass man sich der Gefahr der Verunreinigung des Wassers nicht bewusst war. 1421 dehnte z. B. die Stadt Zürich das Verbot, Kadaver in die Fließgewässer zu werfen, auf das Territorium aus, auch für kranke Pferde wurde das Schwemmen untersagt, und 1605 zeigte man sich in Ulm besorgt, ob das Waschwasser aus der Blau, das zuvor am Quartier der „Inficierten" vorbeifloss, nicht „vergifft" sei.

Verordnungen gegen Gewässerverunreinigung

Abzugskanäle

Neben den Sickergruben sind auch Abzugskanäle (Abzüchte), die man in Bern (1539) als „heimlich greben" bezeichnete, nachgewiesen. Das waren gemauerte, mannshohe, unterirdische Abwasserkanäle, die durch natürliches Gefälle die Abwässer in die Fließgewässer außerhalb der Stadt einleiteten: Solche Dolen oder „dollen" wurden entweder durch die Stadt oder durch Straßengemeinschaften finanziert. In Konstanz führte man 1460 bis 1636 ein Buch der „wuostgraben und thollen und profatten", 1632 verzeichnete Heinrich Schickhardt das Dolennetz der inneren Stadt Stuttgart in einem Plan, da niemand wisse, wann die Kanäle erbaut worden seien. In den Stuttgarter Plan von 1740/46 sind die Trinkwasserleitungen mit roten und die Abwasserleitungen mit schwarzen Linien eingezeichnet. Bei Rohrbrüchen musste man die Leitungen schnell wieder auffinden können. Neben Spund- und Revisionskästen verlegte und verzeichnete man daher auch – wie in Konstanz 1536 – besondere Steine zur Orientierung, „damit der puw nit in vergessenhait kome".

Pläne

Gerinne

Über die sog. Gerinne wurden in der Regel keine Fäkalien abgeführt, wenngleich der Rat (in Augsburg im Pestjahr 1563) immer wieder erinnern musste, dass nur Spülwasser und ähnliches „in die rechten rinnen auf des reichs straß" gehörten. Auch die Salzburger Polizeiordnung von 1524 musste anmahnen, dass man „kainerlay vnlust, mist, oder annder vnsawber ding" auf die Plätze, Gassen und in die Winkel schütten solle.

Tiere in der Stadt

Die Entsorgung wurde durch die umfangreiche Tierhaltung in der Stadt erschwert: Die Schweinehaltung war in der Stadt gewöhnlich. In Augsburg gestattete die Marktordnung von 1609 jedem Bürger die Haltung zweier Mastschweine, die Bäcker und Müller durften zur Verwertung der Kleie sogarmehrere Schweine halten. Versuchen, die Schweinehaltung auf bestimmte Viertel zu begrenzen, war kaum Erfolg beschieden. In Konstanz wurden 1596 in zwei Feuergässlein „etliche misthauf befunden". Hier verhängte der Rat Strafen, denn die Feuergassen sollten „im fall der not unverlegt vnd unverhindert seyen", und durch das Feuergäßle (1628) nichts als „bruntzwasser vnd glar brünne" geschüttet werden. In Basel gelang es erst 1851/52, die letzten Misthaufen aus der Stadt zu entfernen. Mist und Fäkalien auf den Gassen waren zwar auch ein Zeichen einer agrarischen Lebensweise, doch auch in den größeren Städten war die Tierhaltung selbstverständlich: 1644 nahm z. B. der päpstliche Nuntius mit Erstaunen zur Kenntnis, wie selbstverständlich die Bürger in Münster mit Kühen, Ziegen und Schweinen gemeinsam unter einem Dach lebten.

Pest und Stadthygiene

Vor allem die Pestjahre erweisen sich immer wieder als Ansatzpunkte der Stadthygiene. Der Entsorgung wird in den Pestordnungen große Aufmerksamkeit geschenkt: In Augsburg erinnerte der Rat im Pestjahr 1563, kein Bürger solle vor seiner Haustür „vber ain Karren vol Mists/äschen/Körath oder andere vnsauberkait" liegen lassen. Auch der Konstanzer Rat hatte 1514 aus Anlass „großen Sterbens" verfügt, dass man nur „by der kaufbruck" die „todtenwäsche" waschen solle. Nürnberg verfügte mehrfach, dass die Bettwäsche Kranker nur noch unterhalb des Ausflusses der Pegnitz aus der Stadt gewaschen werden dürfe.

Beleuchtung

Für das Grundbedürfnis Beleuchtung hatten zu Beginn der Neuzeit neben dem Kienspan aus harzreichem Kiefernholz Wachskerzen (für den gehobenen Bedarf) und besonders die Talglichter Verbreitung gefunden. Diese zog die Bevölkerung wegen der größeren Leuchtkraft auch der Öllampe vor, die mit „Baumöl" (Olivenöl), Rüböl, Leinöl oder auch Tran betrieben wurde. Bei den Talglichtern unterschied man gegossene und gezogene. Sie wurden aus Unschlitt hergestellt, der beim Schlachten anfiel und z. B. beim Ochsen immerhin ein Achtel des Gesamterlöses einbrachte. Beleuchtung war teuer und nicht ungefährlich, so hielt sich auch die „Lichtarbeit" in die einbrechende Nacht hinein in Grenzen.

Eroberung der Nacht

Die Eroberung der Nacht vollzog sich zunächst durch die barocke Hofkultur, die sich vom Freien in den Hof und vom Tag in die Nacht verlagerte. Seit dem späten 17. Jh. führten europäische Großstädte die Straßenbeleuchtung durch die Öllaterne ein, die die Kerzenlaterne ersetzte, die vor manchen Häusern hing. Die Gasbeleuchtung ermöglichte nach zahlreichen Experimenten im späten 18. Jh. die tägliche Arbeitszeit in zentralisierten Betrieben weiter auszudehnen. Sie beruhte auf einer zentralen Versorgung mit Leuchtgas, das zunächst als Abfallprodukt beim Schwelen von Kohle anfiel.

Stoffwechsel mit dem Um- und Hinterland

Der Stoffwechsel der Stadt definierte auch beim Grundbedürfnis Ernährung (Getreide, Fleisch, Fisch, Salz, Wein etc.) die räumlichen Beziehungen. Beim Getreide setzten Vorratshaltung und Marktzwang schon im Spätmittelalter ein, und die Ratspolitik fand ihren materiellen und symbolischen Ausdruck in den Kornhäusern bzw. Kornschütten. Zur Versorgung trugen auch die Besitzungen des Spitals sowie der bürgerliche Landbesitz bei. Der Rat trat als Akteur vor allem auf, um Engpässe durch eigene Marktbelieferungen aus weiter entfernten Gebieten zu schließen. Auch der Viehmarkt beruhte auf einem weit ausgreifenden Viehhandel, ebenso der Fischmarkt, der sich auf die heimischen Gewässer sowie die Nutzung bzw. Verpachtung der Stadtgräben aber auch auf die Zulieferung stützte.

Getreide

Vieh und Fische

Die innerhalb der Mauern oder unmittelbar davor liegenden Gartenkulturen lieferten einen wichtigen Beitrag zu Ver- und Entsorgung: Sie verwerteten Dünger und lieferten vor allem Gemüse und Obst. In einem weiteren Ring um die Stadt findet man Sonderkulturen für gewerbliche Rohstoffe (Färbe- und Gespinstpflanzen), für Nahrungsmittel (Erbsen, Bohnen, Wicken) sowie den Stadtwald und die Fettweide; er bildete auch die Basis für Wasserkraft und Baustoffe (Stein, Ton etc.). An diesen Ring schloss dann das Hinterland an, das die Stadt mit Getreide versorgte.

Garten- und Sonderkulturen

Da der Transport das Getreide verteuerte, waren die Entfernung von der Stadt, Bodengüte, Transportmöglichkeiten (vorzugsweise über das Wasser) neben politischen Faktoren zentrale Parameter für die Versorgung. Der Flächenbedarf (je nach Bodengüte) einer Stadt für Getreide lässt sich immerhin schätzen: Die Modellrechnungen zeigen die Abhängigkeit der Städte, andererseits veränderte die Nachfrage auch das Hinterland.

Radius der Versorgung bei Erntekrisen

Bei Erntekrisen erweiterte sich der Radius der Versorgung. Die Städte verhängten Ausfuhrverbote, gleichzeitig versuchten sie in anderen Städten zu kaufen, um Getreide unter dem Marktpreis an die Bäcker oder Bürger abgeben zu können. Köln erlebte im 16. Jh. drei Versorgungskrisen (1556/57, 1570/71, 1586/87), wobei die Versorgung bes. 1570/71 problematisch war, da sich die Erntekrise 1569 bis 1573 von Osten her über Europa ausbreitete und sogar die Getreide exportierenden Städte an der Ostsee (ebenso wie die von der Allerheiligenflut geschädigten Niederlande) Ausfuhrverbote erließen. In den Jahren 1770/72 wurde die Krise bzw. die Hungerkatastrophe durch die

Krise 1570/71

Krise 1770/72

schlechten Ernten infolge nasskalter Witterung ausgelöst, die sich möglicherweise auf reduzierte Sonneneinstrahlung nach Vulkantätigkeit zurückführen lässt. Die Getreidepreise schossen in die Höhe, wobei Süddeutschland sowie auch Böhmen und Mähren stärker betroffen waren als der Norden. Die Krise wurde begleitet vom „Hungertyphus", und den städtischen Obrigkeiten fiel es schwer, die Krise durch die Einfuhr von Getreide zu dämpfen, da sie eine kontinentaleuropäische Dimension angenommen hatte.

Holzbedarf der Städte

Der Stoffwechsel der Stadt mit dem Um- und Hinterland wurde zudem stark durch den Bedarf an Holz geprägt, und die Städte veränderten mit ihrer Nachfrage nach Bauholz, Werkholz und Brennholz den Wald. Die Städte waren sehr unterschiedlich mit Waldbesitz ausgestattet. Der Rat kontrollierte die Waldweide, und ihm oblag z. B. der Schutz der Eichen, die Begrenzung des Holzhiebes, die Kontrolle und die Gewährleistung der Versorgung. Die städtischen Waldordnungen gelten mithin als Vorläufer der territorialstaatlichen Regelungen. Der Erwerb von weiteren Wäldern oder Nutzungsrechten war ein wichtiges Ziel ratsherrlicher Politik. Viele größere Städte waren schon im 14. Jh. auf Zukauf angewiesen. Hamburgs Brennholzversorgung erfolgte aus stadtnahen Wäldern, Bauholz musste durch Zukauf aus entfernteren waldreichen Gebieten beschafft werden: Hamburg wurde über die Elbe aus Böhmen versorgt, Lübeck über Danzig aus dem baltischen und östlichen Ostseeraum. Nürnberg verfügte über die Reichswälder, und bereits im Spätmittelalter hatte man Waldaufforstungsmaßnahmen eingeleitet.

Waldbesitz und Waldordnungen

Handel mit Bauholz

Der Waldbesitz war die eine Seite, der Transport die andere, denn nur Holz, das auf dem Wasser herangeschafft werden konnte, war günstig. Die Stadt Basel hatte zwar keinen Waldbesitz, doch war sie an floßtragende Gewässer angebunden. Der Basler Werkhof bezog seine Eichen vor allem aus dem Schwarzwald über Rhein und Wiese. Zürich verfügte dagegen mit dem Sihlwald über eigene Waldungen und ließ Holz über die Sihl in die Stadt triften; München beherrschte Trift und Flößerei auf der Isar. In Sachsen versorgte der Elstergraben das 93 km entfernte Leipzig mit Holz, dafür hatte man Bäche im Gebirge flößbar gemacht. Für Wien war die Beschaffung von Brennholz ausschließlich eine Transportfrage: Hier war der Brennholzbedarf im letzten Drittel des 18. Jh.s stärker als die Bevölkerung angewachsen. 1789 begann man daher mit dem Bau des Schwarzenberger Schwemmkanals, der die Donau mit dem Einzugsgebiet der Moldau verband und die böhmischen Wälder zugänglich machte. Mit dem Bau des Rax-Tunnels konnte ein

Holztransport

Triftkanal durch die Raxalpe südwestlich von Wien geführt werden, der die Wälder der Rax- und Schneeberggegend erschloss.

Brandgefahr

Der Bau- und Brennstoff Holz war jedoch auch ein Ausgangspunkt der Brandgefahr: Brände brachen meist im Winterhalbjahr aus und hatten verschiedene Ursachen wie die häusliche Heizung, schlecht gewartete Öfen, fehlende oder mangelhafte Kamine, unachtsamen Umgang mit der Glut oder mit dem Licht im Haus. Stadtbrände bzw. große Brände gehörten nicht unmittelbar zum Alltag, der eher durch die kleinen Brände gekennzeichnet war. Stadtbrände gaben im 16. Jh. offenbar auch Impulse für die Einstellung von Türmern, Nachtwächtern und Feuerrufern sowie zur Intensivierung der Bemühungen um die Bereitstellung von Löschwasser. Mit dem Ziel der Feuersicherheit drängte die Obrigkeit auf eine veränderte Bauweise, d.h. auf die Errichtung von Steinbauten. So wurde z. B. in Nürnberg zu Beginn des 16. Jh.s das Erdgeschoss der Häuser meist aus Stein errichtet, doch 1599 ordnete der Rat an, die ersten drei Geschosse sollten aus Stein aufgeführt werden. Auch die Stadt Zürich erwarb im 16. Jh. mehrere Steinbrüche, um stärker auf Bauweise und -kosten Einfluss nehmen zu können. Seit dem 18. Jh. löste der Backstein in Mitteleuropa den Naturstein als dominierenden Baustein ab. Doch noch bis ins 18. Jh. wurden die meisten Häuser im Fachwerk errichtet und die Gefache mit Lehm und gehäckseltem Stroh bestrichen oder auch mit Ziegeln bzw. Backsteinen ausgefüllt.

Vorsorge

Trend zum Steinbau

Schornsteine aus Holz bildeten eine ständige Brandgefahr. Der Nürnberger Rat drängte bereits in den 1480er Jahren auf die Abschaffung der Holzschlote und gestattete ab 1522 nur noch gemauerte Anlagen. Im Zuge der Verbreitung des Steinbaues wurde ausgehend von den Städten die ältere Herdfeuerung ohne Rauchabzug durch die Ofenfeuerung mit Kamin bzw. Rauchfang abgelöst. Seit dem 16. Jh. forderten städtische und territoriale Feuerordnungen die regelmäßige Reinigung der Kamine, die zunächst (im 16. Jh.) zugewanderte Italiener besorgten, und noch bis ins 18. Jh. wurde das Kaminkehren auch als Saisongewerbe in den Wintermonaten ausgeübt. Erst im 18. Jh. finden sich dann auch in den Landstädten Schlotfeger bzw. Kaminkehrer.

Feuerordnungen

Eine große Feuergefahr ging von den Schindeldächern sowie der Holz- bzw. Fachwerkbauweise aus. Die städtischen Obrigkeiten versuchten durch günstigere Bereitstellung von Baumaterial durch die kommunalen Ziegeleien eine höhere Feuersicherheit zu erreichen, zumal die Ziegel- und Steinbedeckung wasserdichter und beständiger war. So ging auch der Bedarf an Kalk und Ziegeln ganz überwiegend von den Städten aus. Größere Städte unterhielten meist mehrere Ziegelhütten, für die Holz oder auch Torf bereit gestellt werden musste. Dass im

Nachfrage nach Kalk und Ziegeln

Entwurf Daniel Speckles die Häuser der Idealstadt mit Ziegeln bedacht waren, liegt nahe. Zur *urbanitas* zählte auch die Straßenpflasterung, die im 15. Jh. in städtische Regie übernommen wurde. Sie gehörte im 16. Jh. zum Erscheinungsbild mittlerer und größerer Städte. Mehrfach begründete die Furcht vor Miasmen diese stadthygienische Maßnahme, die zugleich einen Ansatzpunkt für die Straßenreinigung bildete.

Straßenpflasterung als Teil der *urbanitas*

Unter den Aspekten des Zusammenlebens in der Stadt, der Dichte und des Problemdruckes kann festhalten werden, dass die demographische Dynamik der frühneuzeitlichen Stadt kaum aufwändige Erweiterungen der Siedlungsfläche nach sich zog. Viele Städte verfügten über Flächenreserven innerhalb der Mauern, und selbst eine Zunahme der Einwohnerschaft konnte durch Verdichtung der Bebauung aufgefangen werden. Großstädte wie Köln, Nürnberg und Augsburg stagnierten oder ihre Einwohnerzahl schrumpfte, und bis ins 19. Jh. gab es unbebaute Grundstücke in der Stadt. Die Verdichtung der städtischen Bebauung, auch in den peripheren Lagen an den Mauern, war erst eine Erscheinung des 19. Jh.s. Die These liegt daher nahe, dass der Problemdruck im Zuge der Verstädterung und Urbanisierung im 19. Jh. gewaltig anstieg.

Verdichtung der Bebauung im 19. Jh.

# II. Grundprobleme und Tendenzen der Forschung

## 1. Klima und „Kleine Eiszeit“

Noch in den 1990er Jahren schien eine Umweltgeschichte ohne die Berücksichtigung von Klima und Naturkatastrophen denkbar, doch die Diskussion über die Zukunft des Klimas bzw. Prognosen einer globalen Erwärmung haben zu einem starken Interesse an der Erforschung vergangener klimatischer Verhältnisse geführt [139: St. Militzer, Klima].

Umwelt-geschichte ohne Klimageschichte?

In der Geschichtswissenschaft hatte sich im 19. Jh. die Annahme eines konstanten Klimas durchgesetzt – und sie eliminierte das Klima als einen eigenständigen Faktor des Geschichtsverlaufs. Die ab 1840 entwickelte Theorie bzw. Entdeckung der Eiszeiten von Jean Louis Agassiz (1807–1873) rückte zwar davon ab, doch bis ins 20. Jh. blieb die Klimakonstanz state of the art [137: F. Mauelshagen, Klimageschichte, 20–28].

Konstanz des Klimas?

Die Vorstellung eines stabilen historischen Klimas stellte schließlich 1939 der Glaziologe François E. Matthes in Frage, der die Phase weltweiter Gletschervorstöße als „Kleine Eiszeit“ bezeichnete. Den Begriff „mittelalterliche Warmperiode“ für die Phase, die diesen Gletschervorstößen voranging, prägte schließlich 1965 der Geograph H. H. Lamb [126: Klima]. Der Wirtschaftshistoriker G. Utterström wies bereits 1955 auf die Klimaverschlechterung als Erklärung ökologischer und demographischer Krisensymptome hin [155: Climatic Fluctuations], fand jedoch eher kritische Resonanz: E. Le Roy Ladurie betonte zwar, dass das Klima eine Geschichte habe [131: Histoire du climat; 132: Geschichte von Sonnenschein], doch er wandte sich gegen jegliche Form des Klimadeterminismus und sah keine Verbindung zwischen der Geschichte der Menschen und der Geschichte des Klimas. Er konzipierte eine Klimageschichte ohne Menschen, die letztlich auf eine hilfswissenschaftliche Konzeption hinauslief [137: F. Mauelshagen, Klimageschichte, 172].

Gletschervorstöße und „Kleine Eiszeit“

Eine Geschichte ohne die Menschen

Für den deutschsprachigen Raum bildet die Studie „Agrarkonjunktur und Witterungsverlauf im westlichen Schweizer Mittelland

1755–1797" von Ch. Pfister [140] einen wichtigen Ansatzpunkt der historischen Klimaforschung. Sie schlug eine Brücke zwischen Geographie und Geschichte, der Untertitel der Dissertation lautete noch „Versuch einer historischen Ökologie". Die meisten Wirtschaftshistoriker, so Pfister, hätten die Existenz klimatischer Veränderungen nicht in Betracht gezogen oder ihren Einfluss auf die wirtschaftliche Entwicklung bagatellisiert. Er versuchte daher die Beziehung zwischen Klima und Agrargeschichte im Kontext einer Ökologie, die auch den Menschen einbeziehen sollte, am Beispiel der Republik Bern in der zweiten Hälfte des 18. Jh.s zu analysieren. Ausgangspunkt war – der Annales-Schule folgend – die Klimarekonstruktion, die nun von quantifizierenden Methoden und Computereinsatz profitieren sollte. Pfister stützte sich auf das von der Ökonomische(n) Gesellschaft Bern überlieferte Material: Sie hatte ein Messnetz aufgebaut, mit dem seit 1760 an verschiedenen Stationen Luftdruck, Temperatur und Niederschläge erhoben wurden. Darüber hinaus waren u. a. die ab 1759 geführten Tagebücher des Pfarrers Johann Jakob Sprüngli besonders ergiebig. In die Analyse des Witterungsverlaufs wurden auch Schneefall und Schneedecke einbezogen, die lange Zeit „Stiefkinder der Klimatologie" waren, darüber hinaus auch klimatische Extreme wie die Katastrophenkette 1768 bis 1771. Die Ernten als „Bindeglied zwischen Klima- und Preisgeschichte" wurden über die Fluktuation der Zehnterträge erfasst: Missernten blieben meist auf einen kleineren Raum beschränkt als reichliche Ernten. In den Prozess der Preisbildung beim Getreide bezog Pfister neben den Ernteerträgen und der obrigkeitlichen Politik auch die Erträge bei Kartoffeln und Obst ein, zumal sich krisenhafte Preissteigerungen ergaben, wenn alle drei Ernten in Mitleidenschaft gezogen wurden. In der zweiten Hälfte des 18. Jh.s zeigt sich ein Trend zur Häufung von Missernten in Europa 1756–57, 1765–75 und 1793–95. Als Synthese legte Pfister eine Krisentypologie mit ihren klimatischen Elementen vor und kam zum Fazit, dass das Klima die wirtschaftliche Konjunktur und die Bevölkerungsbewegung in viel stärkerem Maße beeinflusst habe, als bisher angenommen worden sei.

*Ansatzpunkte einer historischen Klimaforschung*

*Klima und Agrargeschichte*

*Krisentypologie: Klima, Agrarkonjunktur und Bevölkerung*

Die Studie von Pfister, ebenso wie die von J. D. Post [148: Last Great Subsistence Crisis] über die weltweite Agrarkrise, die dem „Jahr ohne Sommer" (1816) folgte, wurden in der Wirtschaftsgeschichte kritisch bis ablehnend aufgenommen. J. de Vries [156: Measuring the Impact] monierte die begrenzte Datenlage: Die Messungen reichten nicht vor das Ende des 17. Jh.s zurück, ansonsten habe man zerstreute und gelegentliche Daten sowie Zeugnisse der Zeitgenossen. Doch der Kern des Unternehmens sei die Messung, und dafür be-

Kritische Rezeption durch die Wirtschaftsgeschichte

nötige man kontinuierliches, quantitatives und homogenes Material. Die Proxydaten seien nicht homogen und schwer zu kalibrieren. Das sei deskriptiv, aber man müsse die relative Bedeutung der Faktoren klären. De Vries sah beide Studien als „case studies", die sich mit „highly unusual crises" befassten, im Detail beeindruckend, doch aufs große Ganze gesehen marginal. Solche Konzepte passten nicht in eine makroökonomische Wirtschaftsgeschichte [137: F. Mauelshagen, Klimageschichte, 114–16]. Auch J. L. Anderson kam hinsichtlich des Einflusses des klimatischen Wandels auf die ökonomische Entwicklung zur Einschätzung, „that climatic change has little demonstrable importance as an agent of change in european economic history". Die historische Klimatologie bewege zahlreiche ungelöste Probleme, doch selbst bei umfassenderer Kenntnis des klimatischen Wandels und einem präziseren Verständnis seiner Effekte würde dies kaum in eine fundamentale Reinterpretation der europäischen Geschichte münden [99: Climate Change].

Historische Klimatologie als Klimarekonstruktion

Die historische Klimatologie konzentrierte sich zunächst darauf, Witterungsverläufe, Klimaparameter (Temperatur, Niederschlag) und Großwetterlagen für die Periode vor der Errichtung staatlicher Messnetze zu rekonstruieren. Für Zentralengland gibt es zwar bis 1659 zurückreichende Messreihen für Temperatur und Niederschlag [136: G. Manley, Central England Temperatures], und Galileo Galilei begann bereits 1597 mit der Messung der Lufttemperatur, doch für das 17. und 18. Jh. liegen bis auf einzelne Messreihen kaum durchgehende oder gar flächendeckende Klimaparameter vor. 1780 errichtete die *Societas Meteorologica Palatina* ein weites Messnetz [135: C. Lüdecke, Kanoldsammlung], doch staatliche meteorologische Messnetze gibt es erst seit 1860 [116: G. Hellmann, Entwicklung; 150: H. v. Rudloff, Schwankungen; 125: H.-G. Körber, Wetteraberglauben].

Staatliche Messnetze ab 1860

„Wetternachhersage"

Zur Klimarekonstruktion – von Pfister später als „Wetternachhersage" charakterisiert – mussten daher kontinuierliche und homogene quantitative Datenreihen (Luftdruck, Temperatur, Niederschlag) erst aufgebaut werden. Dies geschah und geschieht durch den Zugriff auf die „Archive der Gesellschaft" und die „Archive der Natur". Aus diesen lassen sich direkte und indirekte Daten gewinnen: Direkte Daten (Beobachtung und Messung) werden aus Beschreibungen und instrumentellen Messungen entnommen, während die indirekten Daten aus Spuren klimatisch beeinflusster Prozesse gewonnen werden. Aus den „Archiven der Natur" kommen dabei die Analyse von Baumringen (Dendrochronologie), fossiler Pollen, Eisbohrkerne, Seesedimente, Gletscherablagerungen etc. in Betracht. Aus den „Archiven der Gesell-

„Archive der Natur"

„Archive der Gesellschaft"

schaft“ werden Informationen über Blüte- und Reifezeit, Erntetermine, Volumen und Zuckergehalt von Weinmosternten, Abhaltung klimabedingter Bittprozessionen, Vereisung von Gewässern, Schneefall und Schneebedeckung herangezogen. Darüber hinaus werden neben Bildquellen auch Sachquellen wie z. B. Hoch- und Niedrigwassermarken berücksichtigt [144: Ch. Pfister, Weeping in the Snow, 13–19; 112: R. Glaser, Klimageschichte, 13–53; Überblick bei 137: F. Mauelshagen, Klimageschichte, 36–59].

Überlieferung

Für die Zeit vor dem Spätmittelalter gibt es meist nur Beschreibungen von Anomalien und Naturkatastrophen, während aus dem Zeitraum 1300 bis 1500 schon durchgehende Schilderungen der Sommer und der Winter (mitunter auch der Frühjahrsperioden und der Herbste) vorliegen. Aus der Frühen Neuzeit kann auf nahezu durchgehende Beschreibungen der monatlichen, teilweise auch der täglichen Witterung zurückgegriffen werden (Briefe, Tagebücher, Zeitungen, Geschäftsschriftgut und Akten), die durch die Ergebnisse kurzlebiger Messnetze ergänzt werden.

Wettertagebücher und Wetterjournale

Mit dem Aufstieg der Astronomie – und der Astrologie als Konkurrentin der Theologie auf dem Feld der Naturdeutung – fanden astronomische Kalender (Ephemeriden) Verbreitung, die meist durch Leerzeilen Raum für Eintragungen zur Wetterbeobachtung ließen. Schon aus dem 16. Jh. sind zahlreiche „Wettertagebücher“ bzw. Wetterjournale überliefert [121–124: F. Klemm, Entwicklung; 112: R. Glaser, Klimageschichte, 16f.] Diese Quellen haben in der neueren Forschung starkes Interesse gefunden: Der Zürcher Pfarrer Wolfgang Haller hat seine fortlaufenden Beobachtungen für den Zeitraum 1545 bis 1576 festgehalten [109: H. Flohn, Klima]; im Diarium Heinrich Bullingers (1504–1574), dem Nachfolger Zwinglis in Zürich, finden sich zahlreiche Hinweise auf extreme Wetterlagen [154: O. Ulbricht]. Der Luzerner Stadtschreiber Renward Cysat (1545–1613), dessen Aufzeichnungen in 22 handbreiten Bänden von 1570 bis 1613 reichen, gilt als einer der wichtigsten Zeugen für die Klimavariation des späten 16. Jh.s im Alpenraum [144: Ch. Pfister, Wetternachhersage, 21f.; 118: M. Hille, Mensch und Klima]. Die Wetteraufzeichnungen von Johannes Kepler von 1594 bis 1629 wurden in Ausschnitten schon zu Lebzeiten gedruckt [114: M. Grammer, Linzer Wetterbeobachtungen]; der Humanist Martin Crusius (1526–1607) machte in Tübingen 1596 bis 1605 mehr als 3000 Wettereintragungen in seinem Diarium [153: I. Telelis, Climate]. Auch Schiffstagebücher sind aufschlussreich, da sie Windrichtung und -stärke verzeichneten.

Umsetzung in Proxydaten

Die Umsetzung des Materials in Indexreihen für Temperatur und Niederschlag, in sog. Proxydaten, durch Quantifizierung der direkten und indirekten Elemente ist ein komplizierter Prozess. Doch nach Ansätzen in der Zwischenkriegszeit und den Forschungen von H. H. Lamb und P. Alexandre gelang es sogar, atmosphärische Zirkulationsverhältnisse zu rekonstruieren und in Isobarenkarten zu visualisieren. Seit 1984 haben sich die von Ch. Pfister verwendete dreistufige monatliche Temperaturskala und die siebenstufige Niederschlagsskala durchgesetzt. Damit ist eine flächendeckende Rekonstruktion von Temperatur und Luftdruck durch kontinuierliche Datenreihen möglich. Die Zuverlässigkeit der Schätzdaten ist allerdings nicht mit der der Messreihen zu vergleichen.

Pfister-Skalen

Mit der Klimageschichte der Schweiz von 1525 bis 1860 legte Ch. Pfister eine zweibändige Studie vor, die für das Gebiet der Schweiz (1) die verfügbaren Schriftquellen evaluierte, die Interpretation und Gewinnung von Klimadaten diskutierte und schließlich eine Witterungs- und Klimarekonstruktion leistete. Sie fokussierte (2) die Klimaschwankungen und Witterungsextreme der letzten 450 Jahre und ihre Einflüsse auf die agrarische Entwicklung sowie auch die Bevölkerungsentwicklung [143: Klimageschichte]. Bei den Auswirkungen auf die Landwirtschaft unterscheidet Pfister sowohl Nutzungstypen (Getreidebau, Viehwirtschaft, Rebbau) als auch ihre Pufferungsstrategien und risikovermindernde, überbrückende und innovative Strategien. Aus dem Datenmaterial entwickelte er ein klimatisches Muster der Subsistenzkrise (vgl. Teil I), wobei er die Subsistenzkrisen auch als Schrittmacher von Innovationen bis hin zur Agrarrevolution sieht. Insgesamt stellt die Studie eine empirisch profunde Verbindung von Klimarekonstruktion(en) und Wirkungen dar. Die Klimarekonstruktion trat in der Folge in eine Phase der Verdichtung ein: R. Glaser rekonstruierte die Temperaturverhältnisse in Württemberg in der Frühen Neuzeit [110] sowie für Mainfranken, Bauland und Odenwald [111: Klimarekonstruktion]. Eine neuere Studie liegt nun auch zu Ostösterreich für den Zeitraum 1700 bis 1830 vor [152: E. Strömmer, Klima-Geschichte], einen Überblick über den „state of the art“ in Europa geben R. Brázdil u. a. [105: Historical Climatology].

Klimageschichte der Schweiz

Nutzungstypen und Strategien

F. Mauelshagen betont, dass die Klimarekonstruktion methodisch und empirisch zu Beginn der 1990er Jahre ein Niveau erreicht habe, auf dem man die klimatischen Verhältnisse für die Zeit von 1300 bis 1900 und die „Kleine Eiszeit“ zuverlässig darstellen konnte, und dass nun dynamische Aspekte der Klimavariabilität bzw. das Interesse an Anomalien und Klimaextremen in den Vordergrund gerückt seien [137: Klimageschichte, 177ff.].

Rekonstruktion der „Kleinen Eiszeit“

Begriffsgeschichte

Der Glaziologe F. E. Matthes hatte unter „little ice age" noch die Ausdehnung der Gletscher in den letzten 4000 Jahren verstanden, und er unterschied eine Warmphase mit Gletscherschmelzen im Mittelalter und einer daraufhin folgenden Kaltphase zwischen 1600 und 1850 mit wachsenden Gletschern, die er als „kleine Eiszeit in historischer Zeit" bezeichnete. In der neueren Forschung hat sich der Begriff [115: J. M. GROVE, Little Ice Age] durchgesetzt. Die historische Klimatologie bezeichnet als „Kleine Eiszeit" die Abkühlungsphase zwischen einer mittelalterlichen Warmperiode und dem modernen Wärmeoptimum, für die es allerdings unterschiedliche Datierungen gibt. Als markantestes Merkmal wird das Vordringen der Gletscher genannt. Die Klimarekonstruktion zeigt einen Rückgang der Jahresmitteltemperatur von 1,5 bis 2 Grad Celsius in der gesamten Nordhemisphäre im Zeitraum von 1550 bis 1750, dabei gab es dramatische Abkühlungen um 1600 sowie Ende des 17. Jh.s während des sog. Maunder Minimums [zum Temperatur- und Niederschlagsindex s. 144: CH. PFISTER, Wetternachhersage, 46].

„Kleine Eiszeit" als Abkühlungsphase

Zwei markante Ungunstphasen

Die Diskussion um Antriebsfaktoren bzw. Erklärungsansätze der „Kleinen Eiszeit" ist nach wie vor spekulativ [157: H. WANNER u. a., Kleine Eiszeit]. In Betracht kommen vor allem Einbrüche bei der Solaraktivität (Sonnenfleckenminimum) sowie eine Anhäufung von klimawirksamen Vulkaneruptionen. Astronomen haben seit 1610 Sonnenfleckenbeobachtungen durchgeführt, und bei dem nach Edward Walter Maunder benannten Maunder Minimum, einer extremen Kältephase von 1645 bis 1715, geht man von einer Phase verringerter Sonnenaktivität aus [107: J. A. EDDY, Maunder Minimum]. Im Verlauf der „Kleinen Eiszeit" hat es auch eine ungewöhnliche Vielzahl an starken bis sehr starken Vulkanausbrüchen gegeben, bei denen Aschepartikel und Gase freigesetzt wurden, wobei sich wiederum Aerosole oder Staubschleier bildeten, die die Sonnenstrahlung absorbieren konnten, wodurch sich die Sonneneinstrahlung auf der Erde verminderte [137: F. MAUELSHAGEN, Klimageschichte, 76–84].

Antriebsfaktoren und Erklärungsansätze

Maunder Minumum

Vulkanausbrüche

In der Geschichtswissenschaft gehen Impulse zur Einbeziehung des Klimas in die Geschichte der Frühen Neuzeit zunächst auf die „Annales" zurück: E. LE ROY LADURIE wollte zwar die Krise des 17. Jh.s keineswegs mit dem Klima in Verbindung bringen, doch er hatte 1967 „Les Problemes du ‚Petit Age Glaciaire'" [131: Histoire du climat, 102–215] behandelt. In der Debatte um die Krise des 17. Jh.s spielte das Klima zunächst keine Rolle; erst J. A. EDDY [108: Maunder Minimum] stellte einen Zusammenhang zwischen dem Maunder Minimum und der

Das Klima und die Krise des 17. Jh.s

Chronologie der Subsistenzkrisen her [137: F. MAUELSHAGEN, Klimageschichte, 28–35].

In der deutschsprachigen Geschichtswissenschaft nahm H. LEHMANN den klimatischen Befund auf, doch es sei offen, „wo und wie sich diese – mit dem nicht ganz glücklichen Begriff ‚Kleine Eiszeit‘ bezeichnete – Klimaverschlechterung auswirkte“. Als „frömmigkeitsgeschichtliche(n) Auswirkungen der Kleinen Eiszeit“ nennt er die Eschatologie (die Interpretation der „Kleinen Eiszeit“ als heilsgeschichtlich notwendige Endphase vor der glorreichen Wiederkunft Christi), die für fromme Zeitgenossen eine überzeugende Erklärung bot, und die Hexenverfolgung: Seit den 1560er Jahren seien außer dem gemeinen Mann auch Juristen und Theologen überzeugt gewesen, die Probleme könnten mit der Hexenverfolgung behoben werden. Hexenprozesse hätte es vor allem dort gegeben, wo – wie in Berggegenden – marginale Böden bewirtschaftet wurden und die Klimaverschlechterung zuerst und vor allem spürbar geworden sei. Das Ergreifen der Sündenböcke habe psychologische Entlastung und moralische Genugtuung gebracht. Der Glaube an die vom Teufel abhängigen Hexen habe nie größere Evidenz gehabt als in den kritischen Jahrzehnten zu Beginn der „Kleinen Eiszeit“, doch diese Antworten auf die klimatische Verschlechterung seien im Laufe des 17. Jh.s wieder in Frage gestellt und entwertet worden [130: H. LEHMANN, Frömmigkeitsgeschichtliche Auswirkungen].

Frömmigkeitsgeschichtliche Auswirkungen der „Kleinen Eiszeit“?

Hexenverfolgung

Zu Beginn der 1990er Jahre gelang der „Kleinen Eiszeit“ auch der Sprung in renommierte Überblicksdarstellungen: CH. DIPPER ging in „Deutsche Geschichte 1648–1789“ zunächst einmal von der Herrschaft der Natur aus und stellt das Klima in den Rahmen der „Kleinen Eiszeit“ [10: 10–18]. In „Lebensformen in der Frühen Neuzeit“ hat P. MÜNCH im Abschnitt „Mensch und Klima“ eine profunde Darstellung gegeben und weitere Perspektiven entwickelt: Das Klima sei im 19. Jh. eine historiographisch fast bedeutungslose Größe geworden, denn die alltägliche Bedeutung des Klimas für die Zeitgenossen habe sich Schritt für Schritt reduziert. „Die Vorkehrungen konfessioneller, magischer und ritueller Art, mit denen die frühneuzeitliche Welt Einfluß auf das Wetter hatte nehmen wollen, galt der aufgeklärten bürgerlichen Gesellschaft seit dem 18. Jh. … als lächerlicher Aberglaube.“ [27: Lebensformen, 127–154, 154]

Klima und „Kleine Eiszeit“ in der Historiographie

W. SCHULZE plädierte dafür, bei der Diskussion um die Krise des 17. Jh.s eine allzu enge Begrenzung zu vermeiden und die Wende am 16./17. Jh. einzubeziehen. Schon Jacob Burckhardt habe mit Blick auf die Kultur von den „großen Krisen von 1560 bis 1593“ und von

Die „Kleine Eiszeit“ als Faktor der Krise?

einer „furchtbaren Spätzeit“ gesprochen. Die Bauernrevolten bzw. Untertanenkonflikte von 1580 bis 1620 ließen sich z. B. in ein breites Spektrum an Revolten im europäischen Raum einordnen. Die gleichzeitigen Hexenverfolgungen legten es nahe, bei der Frage nach der Krise des 17. Jh.s neben Entwicklungen wie säkularer Inflation, konfessionspolitischen Auseinandersetzungen, Methodisierung der Wissenschaft, Instabilität und Etablierung des modernen Territorialstaates auch die „Kleine Eiszeit“ einzubeziehen [151: Untertanenrevolten].

Im Kontext der Diskussion um „Religion in Katastrophenzeiten“ [182: M. Jakubowski-Tiessen/H. Lehmann, Um Himmels Willen] wurden die Auswirkungen der „Kleinen Eiszeit“ weiter diskutiert: W. Behringer fokussierte die Krise 1570 als erste wirklich große Krise der „Kleinen Eiszeit“ und analysierte zahlreiche Traktate, um den Eindruck zu rekonstruieren, den die Krise in den Köpfen und Institutionen hinterlassen hat. Er vermerkte ein Klima der Verzweiflung, die Suche nach Zeichen Gottes, das Aufblühen der Prodigienliteratur, aber auch praktische Lösungsversuche der Obrigkeiten und diskutierte die These, ob die Krise 1570 einen Wendepunkt in der Bewertung von Katastrophen darstelle. Viele krisenrelevante Themenfelder – wie Ökologie, Psychologie etc. – müssten allerdings erst noch ausgelotet werden [102: Hungerkrise, 51–156].

Religion in Katastrophenzeiten

Während Behringer damit noch auf eine vergleichende Krisengeschichte zielte, stellte ein Konferenzband zu „Kulturelle(n) Konsequenzen der Kleinen Eiszeit“ [104: W. Behringer/H. Lehmann/Ch. Pfister] zunächst die klimatische Ungunstphase außer Zweifel und intendierte mit dem Fokus auf Witterungsextreme und Klimaanomalien einen Brückenschlag zwischen den Ergebnissen der historischen Klimaforschung und der Geschichte, denn nur in wenigen Perioden der „Kleinen Eiszeit“ dürften sich – wie im späten 16. und im frühen 17. Jh. – solche Erfahrungen zum Eindruck einer eigentlichen Krisenperiode verdichtet haben. Die Konzeption einer „humangeschichtlich orientierten Klimageschichte“ sollte die Wahrnehmung der Betroffenen, Anpassungsstrategien und Herrschaft in den Blick nehmen. Sollte man also die „Kleine Eiszeit“ als ausschlaggebenden Referenzrahmen oder zusätzlichen Faktor bei der Deutung der europäischen Geschichte der Frühen Neuzeit einbeziehen? Eine einheitliche Interpretation war nicht beabsichtigt und man hantierte mit dem Konzept „Kleine Eiszeit“ als Werkzeug. Die einzelnen Beiträge des Bandes thematisierten den klimageschichtlichen Befund [146: Ch. Pfister, Weeping in the Snow], Missernten, Teuerung und Ernährung [z. B. 128: E. Landsteiner, Wenig Brot], Frömmigkeit, Entstehung

Kulturelle Konsequenzen der „Kleinen Eiszeit“

des Karfreitags [119: M. Jakubowski-Tiessen, Leiden Christi] oder klimahistorische Hintergründe künstlerischer Stilveränderungen wie die Erfindung der „Winterlandschaft“ in den 1560er Jahren in zeitlicher Parallele zum Auftreten von extremen Wintern [113: L. O. Goedde, Bethlehem]. Publikationen zur Melancholie hatten 1560 bis 1630 eine Hochkonjunktur: Gab es eine „Melancholische Eiszeit“ [138: H. C. E. Midelfort], und brachten die Extremjahre Seelennöte, Verzweiflung und Selbstmord [129: D. Lederer]? Damit ist nur ein Ausschnitt benannt, und am Ende des Bandes fasst W. Behringer unter der Perspektive „Kleine Eiszeit und Frühe Neuzeit“ [104: Kulturelle Konsequenzen, 415–508] den Befund zusammen: Keine Epoche der jüngeren Geschichte sei stärker von Klima-Ungunst geprägt gewesen. Kennzeichen seien Abkühlung und veränderte Strukturbedingungen, der Vorstoß der Gletscher, Vulkanausbrüche, längere Winter, Verkürzung der Vegetationsperiode, Verschiebung der Packeisgrenze nach Süden ebenso der Vegetationsgrenzen von Nord nach Süd, Veränderungen der Fauna und Flora sowie der Siedlungsgrenzen, ein säkularer Preisanstieg und der Aufstieg der Grippe-Epidemien („influenza“). Zu den kulturellen Konsequenzen zählt er u. a. die Marginalisierung der ärmeren Bevölkerung, neben Rebellionen auch die Hexenverfolgungen als Sündenbockreaktionen, die um 1600 ihren Höhepunkt erreichten, und er benennt Desiderate der Forschung wie die Veränderung der materiellen Kultur (wie z. B. der Kleidung durch den „Siegeszug der Unterwäsche“). Das Konzept „Kleine Eiszeit“ sieht er als „Erkenntnismaschine“, und man müsse die Krisenphänomene unter Kenntnis der klimatischen Besonderheiten zusammen diskutieren.

Die „Kleine Eiszeit“ und die Frühe Neuzeit

„Kleine Eiszeit“ als „Erkenntnismaschine“

Diese Überlegungen hat W. Behringer [103] auch in eine „Kulturgeschichte des Klimas“ von der Eiszeit bis zur globalen Erwärmung eingebettet, in der er die „Kleine Eiszeit“ in die historische Variabilität des Klimas einordnet und daraus ein Plädoyer für Gelassenheit im Umgang mit der gegenwärtigen Klimakrise ableitet.

Hoher Standard der Klimarekonstruktion

Die Klimarekonstruktion hat mit den beiden Standardwerken zur „Wetternachhersage“ der letzten 500 Jahre [144: Ch. Pfister] und der „Klimageschichte Mitteleuropas“ [112: R. Glaser] einen hohen Standard erreicht, der durch die 1992 eingerichtete Datenbank EuroClimHist in Bern gestützt wird.

Impact-Forschung

Die „Erkenntnismaschine“ hat mittlerweile auch auf dem Gebiet der Impact-Forschung, die sich mit Folgen, Deutung und Bewältigung beschäftigt, zahlreiche neuere Studien z. B. zu den Hungerkrisen hervorgebracht: J. D. Post [149: Food Shortage] hatte bereits 1985 die Krise 1740/42 in Europa fokussiert. M. Jakubowski-Tiessen hat die

Auswirkungen der „Kleinen Eiszeit" auf die Landwirtschaft am Beispiel der Krise von 1570 differenziert: Bauern mit kleinen oder mittelgroßen Höfen seien ungleich härter von der Krise betroffen gewesen als die Besitzer großer Ländereien. Gutsbesitzer und Großbauern seien die „Krisengewinnler", und es habe eine Überführung bäuerlicher Einzelbetriebe in die Gutsbetriebe gegeben. Die Erlöse der adeligen Grund- und Gutsherrschaften seien in der Krise kräftig angestiegen; das sei die Basis einer regen Bautätigkeit (z. B. Weserrenaissance) gewesen [120: 31–50]. R. Brázdil u. a. [162: Hungerjahre] haben die Hungerjahre 1770–1772 in den böhmischen Ländern mit Blick auf die meteorologischen Ursachen und Auswirkungen untersucht, Ch. Pfister und R. Brázdil [147: Social Vulnerability] haben dann nach der Verwundbarkeit von Gesellschaften durch das Klima am Beispiel dieser Krise in einer vergleichenden Perspektive (Schweiz/Böhmen) gefragt. Überlegungen zur „vulnerability" (Verwundbarkeit) spielen nun eine wichtige Rolle bei der Erforschung von Naturkatastrophen, dem derzeit am intensivsten bearbeiteten Gebiet der Impact-Forschung.

Hungerkrisen als Ansatzpunkt

Vulnerability: Verwundbarkeit von Gesellschaften durch Klima und Witterung

## 2. Naturkatastrophen: Deutung und Bewältigung

Die Zunahme von Naturkatastrophen bzw. natürlicher Extremereignisse – wie der Oderflut 1997, des Wintersturms „Lothar" 1999, der Jahrhundertflut an der Elbe 2002, des durch ein Seebeben im Indischen Ozean vor der Insel Sumatra ausgelösten Tsunamis 2004 oder des verheerenden Erdbebens jüngst in Japan – haben auch das historische Interesse an natürlichen Extremereignissen geweckt, die den Menschen unerwartet treffen und gegenüber denen er meist hilflos ist [201: Ch. Pfister, Am Tag danach; 203: Ch. Pfister/St. Summermatter, Katastrophen; 184: M. Jakubowski-Tiessen, Naturkatastrophen]. Dieses Interesse dürfte durch die Diskussion, ob Naturkatastrophen zu den Vorboten oder Konsequenzen des Klimawandels zählen, noch verstärkt worden sein [137: F. Mauelshagen, Klimageschichte].

Zunahme von Naturkatastrophen

Die historische Forschung hat sich mit extremen Naturereignissen wie Erdbeben, Überschwemmungen, Stürmen oder Dürreperioden jedenfalls bis in die 1990er Jahre kaum beschäftigt [201: Ch. Pfister, Am Tag danach, 11–25]. Zum einen hat die Geschichtswissenschaft naturale Prozesse lange ignoriert, und die Bedeutung von Ereignissen ist in strukturalistischen Analysen zurückgetreten [195: Ü. Lübken, Alltag]. Einen frühen Ansatz zu einer historischen Katastrophenforschung legte A. Borst in einem Aufsatz über das Erdbeben in Friaul

Naturereignisse ein Thema der Geschichtswissenschaft?

und Kärnten von 1348 vor. Es habe dem modernen Selbstgefühl widersprochen, Naturkatastrophen als dauernde Erfahrung der Gesellschaft und der Geschichte anzunehmen, dahinter verstecke sich „eine Utopie vom perfekten Leben". Doch Historiker könnten „das geistige Band zwischen den Lagern der Katastrophenforschung ... knüpfen, indem sie das permanente Imperfekt von Natur und Geschichte hervorheben." [160: Erdbeben, 569]. Denn Natur sei immer auch die erschütterte Welt, Geschichte sei immer auch das Unvorhersehbare und Unbewältigte. B. Herrmann hat diesen Beitrag daher als „außergewöhnliches historiographisches Zeugnis" bewertet und bezeichnet Borst als einen Wegbereiter der deutschen Umweltgeschichte [470: Umweltgeschichte wozu?, 36].

Erdbeben: historische Seismologie und Prävention

Da das nördliche Zentraleuropa fast völlig aseismisch ist, sind Erdbeben in Europa eher seltene Ereignisse. Bisher haben nur größere – und hier vor allem die mittelalterlichen – Beben wie in Kärnten und Friaul 1348 [160: A. Borst, Erdbeben] sowie Basel 1356 [171: G. Fouquet, Kulturgeschichte] Interesse gefunden. Die Beschäftigung mit solchen Erdbeben erfolgte zunächst vor allem im Kontext der historischen Seismologie, die für Ereignisse und Epochen, die mit seismographischen Daten nicht abgedeckt werden können, eine historische Rekonstruktion mit dem Ziel der Prävention anstrebt. Auch das Erdbeben von Neulengbach (das Beben umfasste ein ausgedehntes Gebiet zwischen Wien, Traiskirchen und dem Tullner Feld) 1590 wurde im Zusammenhang mit dem geplanten Atomkraftwerk Zwentendorf untersucht, da das südöstliche Niederösterreich seismisch als relativ aktiv gilt und die Wiederholungsneigung zu klären war [178: R. Gutdeutsch u. a., Erdbeben]. Dieses Beben erreichte – wie das hundert Jahre später folgende in Villach in Kärnten 1690 – eine Epizentralintensität vom Grad 9 (MSK); diese Beben wurden nur durch das mittelalterliche Beben 1348 (Grad 10) übertroffen [179: Ch. Hammerl, Rekonstruktion].

Fallstudien zum Mittelmeerraum

Zum stärker betroffenen Mittelmeerraum [177: E. Guidoboni, Conséquences] liegen neuere Studien vor: 1693 wurde die Stadt Noto auf Sizilien durch ein Beben vollkommen zerstört; es hinterließ einen Schutthaufen und 3000 Opfer. M. Luminati [196: Erdbeben] behandelte in seiner rechtshistorischen Studie die Katastrophenbewältigung und Neukonstituierung bzw. den Wiederaufbau der Stadt. B. Mehlin [197: Gestörte Formation] rekonstruierte zwei Erdbeben, die 1688 und 1702 die Exklave Benevent trafen, die im Königreich Neapel lag, aber zum Kirchenstaat gehörte, und bettete die Ereignisse in einen längeren Untersuchungszeitraum (1680–1730) ein. Sie setzt sich bes. mit dem

Mythos um Vincenzo M. Orsini (zunächst Erzbischof von Benevent, später Papst Benedikt XIII) auseinander, der sich als Geretteter und Retter der Stadt Benevent gerierte.

Die größte Resonanz hat das Erdbeben von Lissabon 1755 gefunden: Nach der vierbändigen Darstellung von F. F. Pereira de Sousa (1919–32) haben sich die folgenden Studien bes. auf das mediale Großereignis mit intellektuellem „Nachbeben" bzw. die Erschütterung des aufgeklärten Europa [vgl. 176: H. Günther, Erdbeben] konzentriert. T. D. Kendrick [187: Lisbon Earthquake] fokussierte die „earthquake-theology and the end of optimism". Diese Themen bestimmen die Diskussion bis heute [vgl. 167: Ch. Eifert, Erdbeben]. Zum Erdbeben von Lissabon liegen kaum Augenzeugenberichte, dagegen zahlreiche Deutungen vor: Philosophen wie Voltaire und Rousseau führten ihre Debatten um Optimismus und Metaphysik nun auf dieser Basis weiter. So ist das Erdbeben von Lissabon Gegenstand zahlreicher philosophischer und kirchengeschichtlicher Studien, die es z. B. in den Katastrophendiskurs im 18. Jh. einbetten [191: G. Lauer/Th. Unger, Erdbeben]. U. Löffler [194: Lissabons Fall] hat die Deutung des Erdbebens von Lissabon im deutschsprachigen Protestantismus des 18. Jh.s. anhand von Gelegenheitsschriften und Zeitungen sowie Predigten untersucht und kann eine Vielfalt – von straftheologischen über physikotheologische bis hin zu naturwissenschaftlichen – Deutungen eruieren. Ab den 1770er Jahren habe sich die naturwissenschaftliche Deutungskompetenz jedoch nicht länger vereinnahmen lassen. G. Lauer [192: Erdbeben] hat die Deutung, 1755 markiere das Ende des aufgeklärten Optimismus, als „Epochendramatik" bezeichnet und als Topos in Frage gestellt. Er sieht eher Instrumentalisierungen des Bebens im Rahmen bestehender Deutungsroutinen. Naturkunde und Theologie stünden bereits so selbstverständlich nebeneinander, so dass das Erdbeben von Lissabon das aufgeklärte Denken eher befördert statt irritiert habe [vgl. auch 215: M. Warnke, Erdbeben]. Geologie und Seismologie hätten damit einen Gegenstand ihrer aufgeklärten Anstrengungen gefunden [192: G. Lauer, Erdbeben, 223–236]. Die zahlreichen naturwissenschaftlichen Erklärungsansätze hat E. Oeser in seinem Überblick über historische Erdbebentheorien (von den antiken Theorien bis zur Seismologie als exakte Wissenschaft) dargestellt, mit dem er keine Evaluation dieser Ansätze, sondern auch einen Beitrag zur Quellenkritik beabsichtigt, da die zeitgenössischen Erdbebentheorien immer auch in die Berichte und Darstellungen eingegangen seien. Aristoteles genoss mit seiner pneumatischen Hypothese noch in der Frühen Neuzeit große Autorität, und die Vorstellung eines Zentralfeu-

Lissabon 1755: Katastrophe mit intellektuellem „Nachbeben"

Deutungen und Instrumentalisierungen

Historische Erdbebentheorien

ers und lokaler Brandherde wurde von Georg Agricola, Descartes und Leibniz weiter getragen. Die Serie größerer Erdbeben im 18. Jh. – in Calloa und Lima 1746, in Kalabrien 1783 und nicht zuletzt Lissabon 1755 – hätten die Theoriediskussion weiter befördert [199: Historische Erdbebentheorien].

M. Gisler [173: Natur] geht in ihrer Studie über die „Formationen im Erdbebendiskurs" der Schweiz von der Frage aus, wie Wissen über Naturphänomene hergestellt wird und beschreibt die vielfältigen Diskursformen und kulturellen Praktiken, die dem Ziel dienten, die natürliche Welt zu verstehen, sie zu erklären und sie zumindest ansatzweise zu beherrschen. Ausgangspunkt ist das empirische Sammeln des Zürcher Gelehrten Johann Jakob Scheuchzer (1672–1733), der in seiner Naturgeschichte auch Erdbeben behandelte. Erst nach dem Erdbeben von Lissabon und dem großen Erdbeben am 9. Dezember 1755 in Brig und Naters im Wallis – sie trübten die optimistische Grundstimmung offenbar nicht – schritt der Diskurs voran: Die protestantische Erdbebendeutung des Pfarrers und Naturforschers Elie Bertrand bewegte sich noch zwischen Straftheologie und Naturphilosophie, doch ab 1770 nahmen moral- und straftheologische Deutungen ab, während die Beobachtungen in den Vordergrund traten. Der Dschungel der Hypothesen im Erdbebendiskurs bestand weiter und wurde um die Erklärung seismischer Phänomene aus der Elektrizitätslehre bereichert. Neben theologischen Auslegungen standen zeitgleich magische Interpretationen oder naturkundliche Beobachtungen. „Die in der Forschung weit verbreitete Darstellung, dass Naturkatastrophen in der Literatur bis in die Frühe Neuzeit grösstenteils straftheologisch, das heisst unter dem Aspekt der göttlichen Strafe solcher folgenreichen Ereignisse gedeutet wurden, um infolge des Aufschwungs der empirischen Wissenschaft seit dem Ende des 17. Jh.s durch naturwissenschaftliche Deutungs- und Interpretationsmuster abgelöst zu werden, muss … als zu einseitig verworfen werden." [173: 19]

Formationen im Erdbebendiskurs: eine wissensgeschichtliche Perspektive

Zeitgenössische Erklärungsansätze

Eine solche Koexistenz der Deutungsmuster betont auch Ch. Rohr und fordert eine Differenzierung und Kontextualisierung. Bezüge auf ein Strafgericht Gottes oder den bevorstehenden Weltuntergang seien 1348 und 1356 eher selten gewesen, 1590 dagegen ganz dominant, später (1690) mit der Metapher der „erschröckliche(n) Warnungsglocke" belegt. Man könne daher nicht von kontinuierlichen Deutungsmustern ausgehen und müsse z. B. beim Erdbeben von 1590 Gegenreformation und „Kleine Eiszeit" einbeziehen. Der Glaube an ein Eingreifen Gottes schloss auch nicht aus, sich Gedanken über die natürlichen Ursachen eines extremen Naturereignisses zu machen. Auch zeitgenössische Er-

Koexistenz und Wandel der Deutungsmuster

klärungsmuster für die Lawinen seien sogar durchweg „naturkundlich" gewesen: Im Bergbau habe man „Schneekrägen" zum Schutz der Stolleneingänge angelegt, und seit dem 16. Jh. datieren die ersten Lawinenverbauungen, und man löste Lawinen auch gezielt durch Böllerschüsse aus [207: Extreme Naturereignisse, 399–420].

Hochwasser und Überschwemmungen

Erdbeben blieben in Zentraleuropa singuläre Ereignisse, während Hochwasser und Überschwemmungen extreme, aber auch wiederkehrende Naturereignisse waren. Die historische Hydrologie und die historische Hochwasserforschung sind im Rahmen der Klimageschichte ebenfalls an Langzeitdaten aus chronikalischen Hinweisen, Hochwassermarken und der Klassifikation nach Schäden vor dem Zeitalter der Messung von Pegelständen interessiert [150: H. v. Rudloff, Schwankungen; 190: P. Krahe, Hochwasser]. Die Gewinnung der Daten ist Teil der Klimarekonstruktion [112: R. Glaser, Klimageschichte, 183–208], und neben der Niederschlagshäufigkeit sind auch Witterungsextreme – wie z. B. die Thüringische Sintflut von 1613 – in den Blick genommen worden [198: St. Militzer/R. Glaser].

Wahrnehmung, Deutung und Bewältigung

Fragen nach den Folgen, der Wahrnehmung, Deutung und Bewältigung solcher extremen Ereignisse sind bes. beim Thema Sturmfluten aufgeworfen worden. M. Jakubowski-Tiessen hat mit der Weihnachtsflut von 1717 die gewaltigste und folgenreichste Sturmflut an der Nordsee in der Frühen Neuzeit zum Thema gemacht [181: Sturmflut].

„Jahrhundertfluten" und die Weihnachtsflut von 1717

Seit dem Mittelalter ereignete sich in jedem Jahrhundert eine „Jahrhundertflut", von der Allerheiligenflut 1570, der Burchardiflut 1634 [182: Um Himmels Willen, 179–200] bis hin zur Februarflut 1825 [183: Gotteszorn, 101–118]. Im kollektiven Gedächtnis der Küstenbewohner seien bes. die Katastrophenfluten verankert. M. Jakubowski-Tiessen betont für die Jahrhundertfluten 1570, 1634 und 1717 relativ

Gottes Zorn: identische Deutungsmuster

identische Deutungsmuster: Gottes Zorn über die Sünden der Menschen. Die Küstenbewohner hätten zwar durch Naturbeobachtungen einen Zusammenhang zwischen Mond und der Flut hergestellt, doch bis ins 18. Jh. habe es keine kausalmechanischen Erklärungsmodelle für Sturmfluten gegeben. Der Prodigienglaube habe zwar in der ersten Hälfte des 18. Jh.s allmählich an Akzeptanz verloren, doch der Bezug zur biblischen Sintflut sei bei den Küstenbewohnern lebendig geblieben, und erst im zweiten Drittel des 18. Jh.s habe sich durch den Beitrag der Physikotheologie die Einstellung zum – nun segensreichen – Meer verändert. Zweifel und Kritik an den schlechten Zuständen der Deiche habe es zwar schon 1717 bei den Deichbaupraktikern gegeben, doch das „Verstehensmuster" des 16. Jh.s sei im späten 18. Jh. noch nicht gänzlich obsolet geworden.

R. Esser wertet in ihrer Studie zum Desaster-Management die Erfahrung der Sturmflut 1634 als gesellschaftliche Krise, auf die mit unterschiedlichen Erklärungsmustern und Handlungsstrategien reagiert wurde und die letztlich zu einer Ausweitung staatlicher Macht führte. Der niederländische Deichbauingenieur Jan Adriaansz Leeghwater sah in der Katastrophe nicht den Zorn Gottes walten und sie erschien ihm auch nicht als Prodigium; er verließ sich nicht auf Gottes schützende Hand, sondern auf eine Strategie der „Verwissenschaftlichung". Protestantische Klage-, Buß- und Strafpredigten orientierten sich dagegen stark am zornigen Gott des Alten Testaments, verzichteten aber nicht ganz auf physikalische Erklärungen [168: Wasserflut, 217–227].

„Desaster-Management"

B. Rieken ist in „Nordsee ist Mordsee" schließlich auf die Suche nach überzeitlichen Erkenntnissen über die Mentalität der Friesen gegangen, die er mit der Angst vor der Sturmflut fokussiert: Sturmfluten seien früher als Strafe Gottes interpretiert worden, heute würden sie als Strafe der Natur für sündhaftes Umweltverhalten wahrgenommen [205]. Die spekulative tiefenpsychologische Annäherung bringt die Suche nach kontextualisierbaren Deutungsmustern allerdings nicht weiter. M. L. Allemeyer geht in ihrer Studie über die Marschregion dagegen von der Lebenswelt der Küstenbewohner im 17./18. Jh. aus. Sie benutzt die Konflikte um den Deich als Fokus zur Analyse der Deutungsmuster, wobei sie sich u. a. auf Bitt- und Beschwerdeschriften sowie Predigten und religiöse Traktate stützen kann. „Deichsolidarität" musste ständig neu ausgehandelt werden, da sich auch Interessen und Argumentationen wandelten, wenn z. B. die Intensivierung von Herrschaft abgewehrt, andererseits die Unterstützung nach Sturmfluten in Anspruch genommen wurde. Allemeyer betont, dass bereits im 17. Jh. neben die Deutung der Sturmflut als Gottesstrafe auch säkulare Deutungsansätze getreten seien [158: Kein Land].

Deichkonflikte und „Deichsolidarität"

Gottesstrafe und säkulare Deutungsmuster

Säkulare Deutungsperspektiven ergeben sich aus den Studien, die sich mit dem Deichbau bzw. mit dem Wasserbau beschäftigen [169: N. Fischer, Wassersnot; 170: N. Fischer, Fluss; 166: M. Ehrhardt, Wasser; vergleichend zum Wasserbau 60: S. Ciriacono, Building on Water, 194–263]. N. Fischer sieht den Deichbau auch als eine Geschichte der Domestizierung, und zur Geschichte der Fließgewässer zähle auch der Versuch, das Wasser durch Menschenhand zu zähmen. Überschwemmungskatastrophen seien Zäsuren in der Geschichte der Flüsse, doch die Grenze zwischen Land und Wasser verschiebe sich laufend. Deiche [EDN 2, 877–885] bestimmten die Geschichte: Großzügige Neueindeichungen mussten im frühen 17. Jh. nach Sturmfluten wieder zurückgenommen werden, andererseits suchte z. B. die Stadt Hamburg 1720

Deich- und Wasserbau als Domestizierung

(nach den Zerstörungen der Christflut 1717) Ufer und Deiche durch Schutzwerke (Stackwerke) zu sichern, denen auch die Sturmflutserie 1791/92 kaum etwas anhaben konnte. Diese Innovation hatte sich von Holland und Zeeland aus entlang der Nordseeküste verbreitet. Fischer sieht den Deichbau auch im Kontext einer Verwissenschaftlichung des Wasserbaus [170: Fluss].

Neben einer Phase verstärkter Sturmfluthäufigkeit von 1525 bis 1700 ist auch an den Flüssen von 1500 bis 1800 eine auffällige Zunahme von Überschwemmungen im Zusammenhang mit der „Kleinen Eiszeit" festzustellen [112: R. Glaser, Klimageschichte, 189–208]. Sie wurden ausgelöst durch Regen, Schneeschmelze oder Eisgang sowie durch Kombinationen dieser Faktoren. Definitionen orientieren sich meist an der räumlichen Ausbreitung und den Schäden, wobei sich eine Ähnlichkeit der Ausprägung in den Flussgebieten – mit Ausnahme der Donau – zeigt. Besonders schwere Hochwasser sind für 1342, 1595, 1732 und 1784 überliefert.

Überschwemmungen im Binnenland

Im Ostalpenraum gilt das Hochwasser von 1501 als „Jahrtausendhochwasser". Hochwasser häuften sich hier meist infolge der Schneeschmelze („Donau-Regime"), während in Mitteldeutschland Hochwasser häufiger in den Winter fielen. Eisstöße nahmen auch im Ostalpenraum ab den 1520er Jahren zu. Große Hochwasser verursachten hier zwar hohen Sachschaden, aber kaum Todesopfer. Ch. Rohr hat durch eine Analyse der „Bruckamtsrechnungen" (15./16. Jh.) der oberösterreichischen Stadt Wels gezeigt, dass man gegen die immer wiederkehrende Gefahr einer Überschwemmung durch die Traun zahlreiche Maßnahmen wie rechtzeitige Vorsorge und Instandhaltung der Schutzbauten sowie kontinuierlichen Ankauf von Holz und Ersatzteilen ergriffen habe. Uferschutzbauten, Wehre und andere Schutzbauten seien angelegt worden [206: Überschwemmungen]. Rohr geht bei der Deutung dieser Katastrophen von dem von Greg Bankoff formulierten Konzept der „Cultures of Desaster" bzw. einer „Überschwemmungskultur" aus. Religiöse Deutungsmuster seien im Zusammenhang mit Überschwemmungen im Ostalpenraum extrem selten. Die ständige Wiederkehr sowie das Wissen um die Ursachen machten solche Deutungen überflüssig. Erst mit der Gegenreformation setze dieses Deutungsmuster ein. Auch das Sintflut-Deutungsmuster sei kaum verbreitet gewesen. Assoziationen zur Sintflut hätten sich im Nordseeraum im Rahmen von Sturmfluten eher entwickeln können, auch die Bezeichnung *Diluvium* habe erst in der zweiten Hälfte des 16. Jh.s Verbreitung gefunden [dazu auch 186: M. Kempe, Noah's Flood]. Rohr zieht das Fazit, die Menschen in den Überschwemmungsgebieten hätten dieses

Hochwasser und Schneeschmelze

Winterhochwasser in Mitteldeutschland

„Cultures of Desaster"? Vorsorge gegen wiederkehrende Überschwemmungen

Naturrisiko in Kauf genommen und in ihren Lebensalltag integriert. Hochwassermarken interpretiert er als Zeichen mentaler Bewältigung [207: Ch. Rohr, Extreme Naturereignisse, 201–398].

Flüsse als gefährdendes und tragendes Element

Auf die Flüsse als tragendes und gefährdendes Element haben G. Leidel und M. R. Franz auf der Basis handgezeichneter Karten des 16. bis 18. Jh.s für die altbayerischen Flusslandschaften (Donau, Lech, Isar und Inn) mit ihren wiederkehrenden Hochwassern eindrücklich hingewiesen: Flüsse sind Elemente natürlicher und gesellschaftlicher Systeme. Aber die Flüsse zwingen den Menschen zu einer dauernden Auseinandersetzung. Der Fluss reißt Uferpartien hinweg und gräbt sich nach dem Hochwasser ein neues Hauptgerinne: 1556 stellte man am Lech fest, dass er „ein strennger fluß sey", der „seinen gewaltigen flus oft enndere, dann dem Bairischen, dann dem schwebischen gestatt und Lannd am nechsten sey, nem oder geb." Karten des 16. und 17. Jh.s zeigen z. B. im Elbgebiet Dörfer bald auf der rechten, bald auf der linken Seite des Flusses. Leidel und Franz verdeutlichen besonders den kontinuierlichen Wasserbau und die Entwicklung von Gemäldekarten zu kartographischen Darstellungen [79: Altbayerische Flusslandschaften]. Die Gewalt der Flüsse und ihre Domestizierung bilden auch den Spannungsbogen von Flussbiographien, die dem Fluss einen metaphorischen Subjektcharakter verleihen. K. Simon-Muscheid und Ch. Simon konzipieren den Rhein als Subjekt, das physikalisch und biologisch konstituiert ist und das sich in Interaktion mit dem Menschen wandelt [210: Umweltgeschichte]. Ähnlich fokussiert M. Schmid mit dem Konzept „Sozionaturale Schauplätze" unter Bezug auf Theodore R. Schatzki die obere Donau, wobei der Wandel der Umwelt als Verknüpfung menschlicher Praktiken und materieller Arrangements verfolgt wird [211: Donau]. Flussgeschichten bewegten sich bisher jedoch oft in der Tradition der Verschmutzungsgeschichten und nehmen – wie die „eco-biography" des Rheins von M. Cioc – erst die großen Regulierungsprojekte im 19. Jh. als Ausgangspunkt [59: Rhine]. Bei den Flussgeschichten treten die großen Katastrophen zurück und durch die Analyse langfristiger Prozesse lassen sich aus dem Handeln der Menschen auch andere Deutungsmuster erschließen.

Handgezeichnete Karten als Quellen

Metaphorischer Subjektcharakter des Flusses

Sozionaturale Schauplätze

Hagelschäden und Hagelversicherung

In Verbindung mit den Schäden durch Unwetter sind Hagel und Blitzschlag thematisiert worden: Der Hagel ist zum einen im Kontext von Hexenverfolgungen und Schadenzauber, zum anderen über die frühen Ansätze der Hagelversicherung fokussiert worden [213: H. Schmitt-Lermann, Hagel]. Die Häufung von Hagelschlägen in den Monaten Juni und Juli sowie in einzelnen Jahren ist zwar evident, doch liegen bisher keine empirischen Studien zur Rekonstruktion, zu Strategien der Schadensminimierung (Verzettelung) und zur Auseinandersetzung der Landesherrschaften mit den Abwehrpraktiken (Wetterschießen etc.) der gemeinen Leute vor.

Die Aufklärung und der Blitzableiter

Die Beschäftigung mit dem Gewitter, mit Donner und Blitz, stand zunächst im Kontext der „Entzauberung der Natur durch Wissenschaft" im Zuge der Aufklärung [216: E. WEIGL, Entzauberung; 188: H.-D. KITTSTEINER, Gewissen]. Für die Prediger erschien im Gewitter der zürnende und richtende Gott, Blitz und Donner galten als Vorzeichen des Jüngsten Tages. An der Erfindung des Blitzableiters – Benjamin Franklin hatte 1750 die elektrische Natur des Blitzes experimentell bewiesen – konnte die Aufklärung die Depotenzierung der übermächtigen Natur vorführen: Gott (nun der „liebe Gott") trat hinter seine Schöpfung zurück, nachdem er sie ein für alle Mal nach weisen Naturgesetzen geordnet hatte und ihm die Zornesmittel aus der Hand gewunden waren. Die Diskussion, ob der Blitzableiter eine „gefährlich Freveltat" sei, mit der man in die strafende Allmacht eingreife, währte bis in die 1790er Jahre. Georg Christoph Lichtenberg zählte den Blitzableiter Ende des 18. Jh.s zu den Leistungen seines Jahrhunderts. Das Gewitter konnte nun in Sicherheit als ein Naturschauspiel betrachtet werden. Protestantisches Beten und katholisches Glockenläuten wurden nun als Formen des Aberglaubens erklärt. Kittsteiner betonte daher, das Wissen über Selbsterhaltung werde in der Aufklärung zum Wissen von Spezialisten, das zu Entmündigung und neuen Formen der Mythenbildung und Aberglauben führen könne. Damit sei man bei der „Dialektik der Aufklärung" angelangt.

Frevel oder Instrument der Erkenntnis?

Für die Aufklärung war der Blitzableiter das Instrument der Erkenntnis, aber auch für die Wissensgeschichte ist dieses Artefakt ein aufschlussreicher Ansatzpunkt: O. HOCHADEL konzipiert zur Analyse von „Elektrizität in der Aufklärung" eine symmetrische Herangehensweise, die unterschiedliche Arten von Wissen berücksichtigen und eine Hierarchisierung von Wissensformen vermeiden soll. Er nimmt Praktiker der Naturlehre und bes. der Modewissenschaft Elektrizität – wie die umherziehenden Demonstratoren – in den Blick und zeigt am Beispiel Augsburg die vehemente Diskussion um den Blitzableiter. Der neblige Sommer 1783 mit großer Gewitterdichte (nach einem Vulkanausbruch aus den Laki-Kratern in Island) und das „mediale Trommelfeuer" führten schließlich zum Siegeszug des Blitzableiters. Ab 1780 unterstützte die weltliche Macht die Aufstellung, und die institutionalisierte Wissenschaft – wie die „Baierische Akademie der Wissenschaften" – sprach sich für den Blitzableiter und gegen das Wetterläuten aus. Damit war

Wissensgeschichtliche Annäherung

das Gewitterläuten allerdings noch keineswegs abgestellt; in Franken wurde es z. B. bis weit ins 19. Jh. hinein praktiziert [EDN 2, 301–304].

Bilddarstellungen als kulturgeschichtliche Quellen

Eine Studie zu den Blitzdarstellungen in der venezianischen Malerei des 16. Jh.s verweist auf die zahlreichen Darstellungsformen durch Flammen, Feuerregen, Strahlen, Pfeile, Blitzbündel oder Kugelblitze. Auf Flugschriften erscheinen Blitze als Flammen – oft in Verbindung mit Hagel oder aus dem Himmel fallenden Steinen, – während in der Landschaftsmalerei seit dem 17. Jh. die naturgetreue Darstellung Beliebtheit erlangt hatte [217: A. Winter-Fritzsche, Blitzdarstellungen]. Zur kulturgeschichtlichen Interpretation von Einblattdrucken mit kolorierten Holzschnitten und gereimten Versen (vgl. Umschlagbild) hat S. S. Tschopp instruktive methodische Überlegungen entwickelt: Wie der Text verweise auch die Illustration auf unterschiedliche Wahrnehmungsmodi. Die Darstellung bietet Information zur Beschaffenheit der Himmelserscheinung, sie appelliert, dem „erschröcklichen Zeichen“ Aufmerksamkeit zu schenken und lässt die Lesart als Prodigium zu. Über diese Quelle hinaus fordert Tschopp die Suche nach weiteren Rezeptionsspuren bzw. zeitgenössischen Quellen [477: Unsichtbare].

Stadtbrände: Ursachen, Deutung und Bewältigung

Stadtbrände haben in der stadt- und lokalgeschichtlichen Literatur sowie in der Stadtplanungsgeschichte Interesse gefunden, neuere Forschungen konzentrieren sich vor allem auf ihre Deutung und Bewältigung. In der Diskussion um die Naturkatastrophen ist der Begriff selbst unscharf geblieben – und die Frage, ob man Stadtbrände in die Naturkatastrophen einreihen könne, wird kontrovers diskutiert: Denn Brände wurden z. B. im Kriegsfall durch Menschen gelegt, und viele Brände resultierten aus der „verwarlosung“ des Feuers, durch den fahrlässigen Umgang von Menschen mit dem Feuer. Andererseits waren Brände auch Folge von Gewittern und Blitzeinschlägen oder auch von Dürre [204: E. Riegg, Brandkatastrophen].

Überlieferung und konkurrierende Deutungsmuster

M. Frank betont, dass Feuersbrünste in der frühneuzeitlichen Stadt zur direkten Erfahrung des Menschen zählen. Die Überlieferung sei durch drei unterschiedliche Quellentypen geprägt: durch Flugschriften, Predigten und obrigkeitliche Verordnungen. Flugschriften und Einblattdrucke bedienten z. B. das sensationsheischende Interesse der Bevölkerung und brachten häufiger die Deutung als „Gottesstrafe“ ins Spiel. Frank geht von drei Deutungsmustern aus (magische, christliche und säkulare), deren Übergänge fließend seien und die auch durchaus gleichzeitig bemüht worden seien. Mit den Feuerverordnungen gerät der gesamte Bereich der Prävention in den Blick, wobei die Ordnungen selbst meist Reaktionen auf Brände waren. Auch die Feuerbekämpfung lässt einen langfristigen Wandel erkennen, der durch gemeinschaftliches Handeln wie z. B. der Formalisierung der Nachbarschaftshilfe durch die Brandgilden seit Anfang des 16. Jh.s in Holstein geprägt ist. In den Feuerordnungen findet sich der Verweis auf die göttliche Strafe bis zum Ende des Dreißigjährigen Krieges, danach meist die säkulare Erklärung, dass die Untertanen unvorsichtig mit dem Feuer umgehen. Damit scheint auch die Utopie der Beherrschbarkeit des Feuers auf [172: Hahn].

Feuerverordnungen und Prävention

Die Frage der Deutungsmuster greift M. L. ALLEMEYER in ihrer Studie über die Stadtbrände in der Frühen Neuzeit auf [159: Feuersnoth], in der sie vom Stadtbrand als einer der größten Bedrohungen für die frühneuzeitliche Stadt ausgeht. Der Stadtbrand als Extremereignis dient als Sonde zur Wahrnehmung, Deutung und Verarbeitung frühneuzeitlicher Denk- und Handlungsmuster. Ähnlich wie Frank geht Allemeyer für die Menschen des 17. Jh.s von der Integration ganz verschiedener Umgangsformen mit dem Feuer aus, lehnt jedoch ein stringentes Entwicklungsmodell ab. Zwischen der streng religiösen und einer weltlich-pragmatischen Umgangsweise mit dem Stadtbrand erstrecke sich vielmehr ein Spektrum unterschiedlicher Konzepte, auf die die Menschen der Frühen Neuzeit zurückgreifen konnten. Mit dem Verweis auf die Gleichzeitigkeit des Ungleichzeitigen als „Leitkategorie der frühneuzeitlichen Gesellschaft“ fällt die Kontextualisierung allerdings schwer.

Stadtbrand als Sonde für Denk- und Handlungsmuster

Gefahrenabwehr

Auf die Gefahrenabwehr seit Beginn des 15. Jh.s hat G. FOUQUET in einer Fallstudie „Feuer in der Stadt“ hingewiesen und betont, dass größere Städte über „recht schlagkräftige ‘Feuerwehren’“ verfügten, die zumindest begrenzten Bränden wirksam und schnell beikamen [387: Bauen, 400–430]. Großbrände und Feuerkatastrophen seien zwar auffällige Erscheinungen, doch sie gehörten nicht zum Alltag des Menschen. Die Chroniken hätten ein einseitiges Bild vermittelt, denn der städtische Alltag sei gekennzeichnet durch die kleinen Brände. Die Maßnahmen des Basler Rates hätten bereits im 16. Jh. zu einem gewissen Standard an Feuersicherheit als Bestandteil der *urbanitas* geführt. Ein Plädoyer für eine Kulturgeschichte der Katastrophen gibt G. FOUQUET am Beispiel des Großfeuers im oberhessischen Frankenberg 1476 und verfolgt die Frage, wie die Chronisten solche Katastrophen (und auch den „Tag danach“) in einem städtisch-gemeindlichen Umfeld wahrgenommen, gedeutet und damit auch bewältigt haben [171: Für eine Kulturgeschichte]. Er verweist neben dem zerstörerischen auch auf den Gemeinschaft stiftenden Charakter von Katastrophen und das Selbstbewusstsein der Gemeinde als Schicksalsgemeinschaft. Die Chronistik habe die Erinnerung an solche Ereignisse wach gehalten.

*urbanitas* und Feuersicherheit

Destruktive und konstruktive Konsequenzen

Sie vermittle daher ein Bild der Stadt als Geschichte überstandener Zusammenbrüche und zeichne historiographische Bilder von den kommunalen Widerstandskräften und Solidaritäten. „Aus der christlich klerikal beherrschten Katastrophenkommunikation … sollte man nicht in jedem Fall folgern, dass Historie vornehmlich dazu benutzt wurde, um das Walten Gottes in der Geschichte zu illustrieren." [171: 130]

Great Fire in London 1666

Mit der „Doppelkatastrophe" 1665/66 in London hat P. MÜNCH [260: Pest] neben der Pest auch die Katastrophenerfahrungen des „Great Fire" in den Blick genommen, bei dem vier Fünftel der City in Schutt und Asche gelegt wurden. Pest und Feuer hatten jedoch ganz unterschiedliche Auswirkungen: Die Pest forderte etwa 100.000 Opfer, der Stadtbrand wohl keine zehn, aber er beraubte 65.000 bis 80.000 Menschen ihres Hab und Gutes. Neben der Panik und der Aufkündigung eingespielter sozialer Loyalitäten betont Münch auch „nachhaltig positive Folgen" und Lerneffekte, die eine Modernisierung der Brandbekämpfung und – wie bei der Pest – eine Stärkung der politischen Gewalten bewirkten.

Eine brandhistorische Epochenschwelle?

Überlegungen zur Feuerversicherung setzten in England (nach dem „Great Fire") und in Deutschland um 1680 ein, wobei vor allem in der zweiten Hälfte des 18. Jh.s territoriale Brandkassen bzw. Feuersozietäten gegründet wurden. R. KNAPP vertritt die These, dass nach den Verheerungen des Pfälzischen Erbfolgekrieges das Risiko von Großbränden zurückgegangen sei und dass die Wende vom 17. zum 18. Jh. als „fire gap" – als brandhistorische Epochenschwelle – gelten könne [406: Heidelbergs Zerstörung].

Naturkatastrophen in der Umweltg eschichte

Die durch Naturkatastrophen verursachten Schäden sind vor allem seit den letzten 30 Jahren weltweit enorm gestiegen [184: M. JAKUBOWSKI-TIESSEN, Naturkatastrophen]. Es bedarf daher für die Annahme, dass das Thema Naturkatastrophen weiterhin ein zentrales Feld der Umweltgeschichte bilden wird, keiner prognostischen Fähigkeiten. U. LÜBKEN hat in einem Forschungsüberblick zur historiographischen Auseinandersetzung mit Naturkatastrophen das Problem einer gewissen „Inselartigkeit" der Analyse bemerkt: Durch die Konzentration auf die Extremereignisse bleiben stetige Entwicklungen wie der Aufbau eines Präventionsapparates, die Entstehung von Vulnerabilitätsmustern oder die Funktion von Versicherungen unbelichtet [195: Alltag]. Extremereignisse bilden daher nur einen Zugang zum Verhältnis Mensch und Natur und die Spezifik der mit den Extremereignissen verbundenen Quellen bietet durch die Funktionalisierung der Ereignisse auch Probleme, die bei den Flugschriften und Predigten am deutlichsten zum

Ausdruck kommen. Ob man sie schon als religiöse Deutungsmuster nehmen darf, sei dahingestellt.

Extreme Ereignisse als Zugang zu Deutungsmustern?

Die Diskussion um Deutung und Bewältigung ist in Bewegung gekommen: Das einfache Schema einer Entwicklung von magischen, religiösen zu naturwissenschaftlichen Erklärungen reicht nicht aus, da sich die klassischen Bezugspunkte verschoben haben. Kann man von einer Entwicklungsachse „von der Gottesstrafe zum Forschungsobjekt" sprechen? Können wir von der Gottesstrafe als gängiger Deutung im Mittelalter wirklich ausgehen, oder haben wir es mit einem Deutungsmuster zu tun, das sich erst zu Beginn der Neuzeit entwickelt? Lassen sich aus einzelnen Extremereignissen allgemeine und übertragbare Deutungsmuster ableiten? Sind Deutungen, auf die wir bei einem Extremereignis (wie Erdbeben) treffen, allgemein aussagekräftig für die Beziehung des Menschen zur Natur?

Frömmigkeitsgeschichtliche Ansätze

Hinsichtlich der magischen und christlichen Deutungsmuster haben neuere Ansätze zur Religiosität in Europa darauf verwiesen, dass die Gläubigen in Krisensituationen bei der Suche nach Deutungs- und Bewältigungsmitteln auf Systeme zurückgriffen, die viel komplexer waren als das normativ-orthodoxe System der Amtskirchen und das der gedruckten Predigten. Christlicher Glaube und Magie seien kein klarer Gegensatz, denn man könne eine vermehrte Durchdringung magischen und christlichen Gedankengutes beobachten. Die Menschen hätten sie als ergänzend und nicht unbedingt konkurrierend begriffen, die Zeitgenossen hätten sie durchaus als Einheit gesehen [253: H. Lehmann/A.-C. Trepp, Zeichen]. K. von Greyerz hat vor allem auf die Religion als ein kulturelles und damit auch wandel- und veränderbares Phänomen hingewiesen – das gelte eben auch für die Naturwissenschaft bzw. die Naturphilosophie. Angst, Staunen und Ehrfurcht schlossen z. B. die Erforschung von Himmelserscheinungen keineswegs aus. An die Stelle der Angst sei immer mehr die Neugierde auf Gottes Schöpfung getreten, und die Physikotheologie habe mit Staunen und Ehrfurcht das intelligente Design der Schöpfung betrachtet. Dadurch sei jedoch auch die Vorstellung einer Eigengesetzlichkeit der Natur verstärkt worden, und ab der Mitte des 17. Jh.s habe eine Veränderung des popularen Gottesbildes und ein Rückzug apokalyptischer Vorstellungen eingesetzt (die in Pietismus und Methodismus weiterlebten). Der Versuch der Physikotheologie, wissenschaftliche Naturauffassung und biblische Überlieferung in Übereinstimmung zu bringen, verlor ab der Mitte des 18. Jh.s an Überzeugungskraft. Dennoch sieht von Greyerz insgesamt keinen inhärenten Gegensatz zwischen Religion und „Naturwissenschaft", wie er noch aus der Orientierung an der Galerie der wissenschaftsgeschicht-

Religion als wandelbares kulturelles Phänomen

Abschied von der Galerie der Meisterdenker: Plädoyer für eine Perspektive des Wissens lichen Meisterdenker abgeleitet worden sei. Aus einer Perspektive des Wissens sei die Beschäftigung mit der Natur vom 16. bis ins 18. Jh. in den meisten Fällen auch eine Form von Gottessuche gewesen [174: Religion].

Für Hans Jonas („Das Prinzip Verantwortung") und Lothar Schäfer („Das Bacon-Projekt") war die „Wissenschaftliche Revolution" noch der Beginn der neuzeitlichen Naturwissenschaft, die in die ökologische Krise der Gegenwart münden sollte. Doch die Vorstellung der „Wissenschaftlichen Revolution" als Urspung der modernen Welt oder auch nur moderner Wissenschaft ist in die Kritik geraten [200: K. Park/L. Daston, Early Modern Science]. Die Wissenschaftsgeschichte – so L. Daston – habe sich von der großen Ursprungserzählung verabschiedet und sich von der Indienstnahme durch die Naturwissenschaften, ihre Ursprungsgeschichte zu schreiben, befreit. Mit der „new history of early modern natural knowledge" stehe für die Geschichtswissenschaft allerdings keine einfach zu verwendende Makroerzählung mehr bereit, weil die Wissenschaftsgeschichte keine Synthese mehr anbiete, die schnell nutzbar gemacht werden könne. L. Daston plädiert daher für ein gemeinsames Projekt einer „history of experience", die Historiker/innen der Frühen Neuzeit, ob sie sich nun für Technik, Religion oder auch Kunst interessieren, zusammenbringen könnte [468: Early Modern History]. Eine solche Wissensgeschichte, die in der Geschichtswissenschaft in der analytischen Kategorie „Erfahrung" [28: P. Münch] ein Pendant hat, wäre nicht nur für die Thematik „Klima" und „Naturkatastrophen", sondern für viele Themengebiete der Umweltgeschichte eine fruchtbare disziplinäre Schnittstelle.

History of Experience als Neuansatz?

## 3. Seuchen

Pest und Bevölkerung

Die demographische Rolle der Seuchen und insbesondere der Pest seit dem Schwarzen Tod bis zum Verschwinden der Pest in Europa ist unbestritten und in neueren Studien zur Bevölkerungsgeschichte dokumentiert [262: Ch. Pfister]. Sie betonen „Mikroben als Hemmfaktor" [252: M. Livi Bacci, Europa] oder „wachstumshemmende Kräfte" [256: M. Mattmüller, Bevölkerungsgeschichte] der Bevölkerungsentwicklung, wobei Übertragbarkeit, Virulenz und Letalität von der Umwelt des Menschen und vom Stand des (medizinischen) Wissens (das in der Frühen Neuzeit bruchstückhaft blieb) abhängen. Mikroben wurden auf vier Arten übertragen: 1.) Darmkrankheiten wie Typhus, Ruhr, Diarrhöe durch Exkremente über die Nahrung oder Trinkwas-

Übertragungswege

ser, wobei die Cholera (im 19. Jh.) am weitesten verbreitet und am schwersten war, 2.) Pocken, Diphtherie, Tuberkulose, Masern, Grippe und die (tödliche) Lungenpest über die Atemwege und die Luft z. B. durch Husten, Nießen und Sprechen, 3.) Krankheiten wie die Syphilis und andere venerische Krankheiten durch Geschlechtsverkehr, und 4.) bei großen Epidemien und Endemien (wie Pest, Typhus, Gelbfieber, Malaria) durch Bisse oder Stiche von Tieren (Flöhe, Läuse, Zecken, Stechmücken) [252: M. Livi Bacci, Europa].

Pandemien

In der Seuchen- und Medizingeschichte werden meist drei (manchmal auch vier) große Pandemien unterschieden: die Justinianische Pest 541/42, der Schwarze Tod 1347–52 mit den folgenden Pestwellen bis Ende des 17. bzw. Anfang des 18. Jh.s und schließlich die moderne Pest, die 1894 von Hongkong ihren Ausgang nahm, wo Alexandre Yersin das Pestbakterium (Yersinia pestis) identifizieren konnte, das durch Rattenflohstiche auf den Menschen übertragen wurde [Überblick bei 285: M. Vasold, Grippe]. Hinsichtlich der zweiten Pandemie hat der Schwarze Tod 1348/52 wesentlich mehr Beachtung gefunden als die späteren Pestwellen, die die Bevölkerung in der Frühen Neuzeit immer wieder dezimierten.

Vielfalt der Krankheiten

Neben der Pest als bekannteste Seuche bzw. der Seuche schlechthin haben andere Krankheiten wie Fleckfieber, Syphilis [247: A. Kinzelbach, Böse Blattern; 286: T. Walter, Syphilis], Malaria, Typhus und Pocken in Frühen Neuzeit seuchenartige Verbreitung erfahren [261: W. Norden, Bevölkerung; 285: M. Vasold, Grippe]. Auf die katastrophalen Auswirkungen des sehr ansteckenden Pockenvirus unter der indigenen Bevölkerung in der Neuen Welt im Zuge des Columbian Exchange hatte zunächst Alfred W. Crosby [7: Columbian Exchange] hingewiesen. Lepra bzw. der Aussatz hatte schon im ausgehenden Mittelalter an Bedeutung verloren, während die „asiatische Hydra", die Cholera, erst im 19. Jh. in mehreren Wellen Kontinentaleuropa heimsuchte [236: R. Evans, Tod; 233: B. Dettke, Asiatische Hydra].

Pestzüge und Pestwellen

Über die Pestzüge und Pestwellen in der Frühen Neuzeit Europas kann man sich an mehreren Überblicken orientieren [257: F. Mauelshagen, Pestepidemien; 285: M. Vasold, Grippe]. Zu einzelnen Pestwellen und ihrem Auftreten in den frühneuzeitlichen Städten liegen detaillierte Studien vor: zur Pest in Venedig 1575–1577 [266: E. Rodenwaldt], zur Pest in Uelzen im 16. und 17. Jh. [288: E. Woehlkens], zur Pest in Mainz im 17. Jh. [267: W. G. Rödel], zur „Pest" in Tirol 1611/12 [272: B. Schretter], zu den Epidemien in Basel vom 15. bis zum 17. Jh. [241: F. Hatje, Leben] sowie zur Handels- und Hafenstadt Bremen bes. während des Nordischen Krieges (1712/13) [273:

K. Schwarz, Pest]. Weitere Studien fokussieren Regensburg 1713/14 [244: K. Kellner, Pesthauch] und Nürnberg, wobei C. Porzelt das System der obrigkeitlichen Pestbekämpfung sowie Entwicklung eines frühmodernen Seuchenbekämpfungs- und Gesundheitswesens auf der Basis der Akten der „Deputation zu den Sterbsläufften" von 1562 bis 1713 nachzeichnet [264: Pest].

Einzelstudien zu frühneuzeitlichen Städten

Darüber hinaus ist auch die stadtgeschichtliche Literatur [z. B. 419: B. Roeck, Stadt] ertragreich, andererseits bieten vergleichende Studien auch für die Sozial- und Stadtgeschichte reichhaltigen empirischen und systematischen Ertrag. A. Kinzelbach [245: Gesundbleiben] betont in ihrer Studie für die Reichsstädte Ulm und Überlingen vor allem die langfristige Entwicklung des städtischen Gesundheitswesens, die der Entwicklung in den oberitalienischen Städten folgte, z. B. durch die Ausbildung städtischer Gesundheitsbehörden und ihrer Maßnahmen (Quarantäne etc.) sowie neuer Formen kommunaler Politik und Verwaltung [219: K. Bergdolt, Pest; 234: M. Dinges/Th. Schlich, Neue Wege].

Städtisches Gesundheitswesen – Vorbild der oberitalienischen Städte

In einem weiteren Verständnis von Krankheit und Gesellschaft ist das Thema Seuchen bzw. Pest seit den 1990er Jahren behandelt worden [225: N. Bulst/R. Delort, Maladies], und „neue Wege der Seuchengeschichte" sind beschritten worden [234: M. Dinges/Th. Schlich]. Wenngleich O. Ulbricht [283: Einleitung] trotz der „Allgegenwärtigkeit der Pest" in der Frühen Neuzeit von einem weitgehenden Desinteresse der Historiker ausgeht und einen Brückenschlag zur Sozialgeschichte fordert, so liegen doch neuere Sammelbände vor, die die Frühe Neuzeit integrieren [259: M. Meier, Pest] oder die „leidige Seuche" in diesem Zeitraum behandeln [282: O. Ulbricht, Einleitung; 237: P. Feuerstein-Herz, Gotts verhengnis].

Desinteresse der Historiker?

Die Seuchenkonzepte der Frühen Neuzeit sind mehrfach thematisiert worden bis hin zur literarischen Auseinandersetzung mit der Pest [287: J. Werfring, Ursprung]: Ärztliche Autoritäten gingen in hippokratischer Tradition von der „Luftverpestung" bzw. der Miasmentheorie aus [251: M. Lang, Vrsprung, 221: K. Bergdolt, Seuchentheorie]. Die astromedizinische Theorie ergänzte die Miasmentheorie und sah den Ursprung der *miasmata* in Planentenkonstellationen bzw. im Sternenhimmel; auch die Siphilis wurde zunächst darauf zurückgeführt [286: T. Walter, Syphilis]. Maßnahmen wie die zunächst in Oberitalien [219: K. Bergdolt, Pest; 241: F. Hatje, Leben] praktizierte Isolierung bzw. Quarantäne bis hin zu den *cordons sanitaires* [254: E. Lesky, Österreichische Pestfront] waren eher von der Kontagionslehre beeinflusst, die sich gegen die akademische Medizin durchsetzte [251: M. Lang,

Seuchenkonzepte der Frühen Neuzeit

Pest- und Infektionsordnungen als Quellen

Vrsprung, 279: G. F. STRASSER, Ansteckungstheorien]. Die zu ergreifenden Maßnahmen wurden in sog. Pest- oder Infektionsordnungen niedergelegt [238: H. FLAMM, Infektions- oder Pest-Ordnungen], die mit ihren Maßnahmenkatalogen – bis hin zur Verlegung der Friedhöfe [240: B. HAPPE, Entwicklung; 265: C. PORZELT, Pest; 244: K. KELLNER, Pesthauch] – eine reichhaltige Quelle für stadthygienische Ansätze bilden [268: W. G. RÖDEL, Obrigkeiten].

In den theologischen Pestschriften galt die Pest als eine Plage, die Gott als Strafe für das sündhafte Leben schickte, wenngleich sich im 17. Jh. die Kompromissformel entwickelte, dass die Seuche von Gott auf natürliche Weise hervorgerufen werde [242: S. HOLTZ, Unsicherheit; 251: M. LANG, Vrsprung]. Das Bemühen der Zeitgenossen, die Pest zu verstehen, ist in frömmigkeitsgeschichtlichen Studien aufgegriffen worden [235: H. DORMEIER, Pestepidemien; 227: N. BULST, Pest; 283: O. ULBRICHT, Einleitung], wobei besonders zum 17. Jh., der Zeit, in der die drei apokalyptischen Reiter Krieg, Pest und Hunger mit besonderer Härte wüteten, neuere Forschungen vorliegen. Sie behandeln die Rolle des Glaubens bzw. der Religiosität bei der Bewältigung der Krise [253: H. LEHMANN/A.-C. TREPP, Zeichen]. Sie spannen einen weiten Bogen vom Prodigienglauben [248: B. v. KRUSENSTJERN, Prodigienglaube] bis zur Magie. Die Deutungs- und Bewältigungsmuster sowie die Praktiken der Gläubigen deckten sich jedoch nicht zwangsläufig mit den normativen Vorstellungen der Amtskirchen, auch ein klarer Gegensatz von Glaube und Magie zeichnet sich nicht ab [281: O. ULBRICHT, Gelebter Glaube]. Deutung und Wahrnehmung der Pest waren religiös geprägt. Sie war eine Probe des Glaubens und gilt als ein Katalysator für die Frömmigkeit seit dem späten Mittelalter. Mit der Glaubensspaltung erfolgte auch eine Instrumentalisierung des straftheologischen Paradigmas für die konfessionelle Polemik. Die Reformation wird daher auch als genereller frömmigkeitsgeschichtlicher Einschnitt gesehen, der sich auch auf zuvor etablierte Praktiken der religiösen Bewältigung von Pestepidemien auswirkte [257: F. MAUELSHAGEN, Pestepidemien].

Glaube und Religiosität in der Krise

Konfessionelle Praktiken

Während die Katholiken zur Bewältigung auf die Pestsäulen, die Pestheiligen und Prozessionen zurückgreifen konnten, war den Reformierten und Lutheranern die Schar der heiligen Helfer abhanden gekommen, der heilige Sebastian oder die Schutzmantelmadonna wurden mitunter auch aus den Holzschnitten entfernt und die Gläubigen auf das Gebet und ihr Gewissen oder Einblattdrucke, Medaillen und Amulette verwiesen. H. DORMEIER fordert, die Pestepidemien nach 1348 in den Blick zu nehmen und die Frömmigkeitsformen differenzierter zu bewerten. Er betont die Diskrepanzen im 16. Jh., doch auch den Wandel der Pestreaktionen im katholischen Bereich (Laien und Bruderschaften, Rochus-Kult etc.). Die Veränderungen der medizinischen und politischen Rahmenbedingungen prägte wiederum neue Frömmigkeitsformen [235: H. DORMEIER, Pestepidemien]. Während sich im Süden Europas die Fresken als eindringliche Quellen finden, sind es nördlich der Alpen die Legendenszenen auf den Schreinaltären (z. B. Rochusaltar in der Nürnberger Lorenzkirche). In der Barockzeit entstanden spektakuläre Pestdenkmale wie die Votivkirchen in Wien und Venedig und zahlreiche Pestsäulen in Österreich und Süddeutschland. Pestmotive finden sich insbes. in der europäischen Malerei des 16./17. Jh.s [220: K. BERGDOLT, Pest].

Frömmigkeitsformen im Wandel

Die Wirkung der Seuchen bzw. der Pest auf die Gemeinschaft wird in der neueren Forschung sehr unterschiedlich eingeschätzt: J. DELUMEAU hatte in „Die Angst im Abendland“ die zerstörerische Wirkung der Pest betont. Sie habe immer wieder zu kollektiven Panikausbrüchen geführt, bei denen alle Gebote der Menschenliebe inmitten des Grauens untergegangen seien [232: Angst]. O. ULBRICHT hat das „Schreckensszenario“ bzw. das „gruselige Schaudern“ und den kritiklosen Bezug auf literarische Quellen (wie z. B. auf Giovanni Boccaccios „Decamerone“) kritisiert und eine ernsthafte Quellenkritik eingefordert. Er betont dagegen, dass die Menschen mit der Pest aufgewachsen seien. Es sei keine unbekannte Epidemie gewesen, sie habe auch keine Panik und keinen Zusammenbruch der öffentlichen Ordnung hervorgerufen [237: Gotts verhengnis, 101–112]. Andererseits werden auch die Bedeutung der Pesterfahrung in Europa und ihr Anteil am Prozess moderner Staatsbildung mit dauerhaften Einrichtungen wie Sanitätskommissionen, Spitälern etc. betont [234: M. DINGES/Th. SCHLICH, Neue Wege; 245: A. KINZELBACH, Gesundbleiben]. Zur medizinischen Versorgung liegen neuere Studien vor [243: R. JÜTTE, Ärzte]. S. SANDER hält die These von der medizinischen Unterversorgung in der Frühen Neuzeit für eine „schwarze Legende“ [269: Versorgung]. Dem Dresdener Pestbarbier Johann Gregor Gutturf hat E. SCHLENKRICH eine biographische Studie gewidmet, in der sie sich auf dessen Lazarettberichte zur Pest 1680 stützen kann. Dieses Pesttagebuch enthält Informationen zur Behandlung, zu Prognosen, zum Krankheitsbild und Verlauf der Pest sowie eigene Reflexionen. Die Studie zeigt, dass die Quellen keineswegs ausgeschöpft sind [271: Johann Gregor Gutturf].

Die Pest und die Gemeinschaft

Kritik am „Schreckensszenario“

Medizinische Versorgung

Über die zeitliche Erstreckung der zweiten Pestpandemie besteht in der Forschung Konsens: in England trat die Pest 1668 letztmalig – nach der „Doppelkatastrophe“ 1665/1666 – auf [260: P. MÜNCH, Pest], und 1712/13 suchte sie nochmals die Habsburgischen Länder heim. Die Ausbrüche in Marseille 1720, Moskau 1770 und auf dem Balkan 1828/29 und 1841 gelten bereits als Ausläufer. Die Ursachen für das Ende der Pest sind dagegen „schwer gegeneinander abzuwägen und daher umstritten“ [257: F. MAUELSHAGEN, Pestepidemien].

Das Verschwinden der Pest

M. MATTMÜLLER hat angeführt, dass die letzte Pestwelle in der Schweiz 1667/68 an verschiedenen Orten durch Sperren und Isolation aufgehalten werden konnte und betont eine effizientere staatliche Administration. Nach 1670 (und bes. als 1720 die Pest von Marseille nicht übergriff) sei ein Bewusstsein für die Effizienz seuchenpolizeilicher und überhaupt gesundheitserhaltender Maßnahmen entstanden. Gerade das Verschwinden wirkte sich auf ein verstärktes Gesundheits- und Hygienebewusstsein aus [256: Bevölkerungsgeschichte]. Auch C. PORZELT betont, dass man seit Ende des 15. Jh.s die „Pestilentz“ als wiederkehrendes Phänomen begriffen und präventive Maßnahmen gesetzt habe, bes. zur Reinhaltung der Luft, aus der Annahme heraus, dass die Pest „auß vbelm boesem geschmack erwechst“ [264: Pest, 70]. Nürnberg habe im 16. und der ersten Hälfte des 17. Jh.s eine sehr fortschrittliche Seuchen- und Gesundheitspolitik betrieben, durch die Epidemien sei die Gesundheitsfürsorge zur öffentlichen Aufgabe geworden.

Staatliche Administration und präventive Maßnahmen

Neben den Quarantänemaßnahmen wird die Verbesserung der Hygiene in den Städten (z. B. die Verdrängung von Holz- durch Steinbauten) angeführt. Neben klimatischen gibt es vor allem biologische Erklärungsansätze (Immunisierung der Ratten, Verdrängung der schwarzen Hausratte etc.) [Überblick bei 284/285: M. VASOLD]. Die Frage nach dem Ende der Pest ist eng mit der Frage der Ursachen der Pest verbunden. Hier nähern wir uns einem anhaltend kontroversen Forschungsfeld, zu dem medizinische, historische sowie auch physiopathologische Forschungen beitragen.

Gesundheitsfürsorge als öffentliche Aufgabe

Ursachen der Pest – ein kontroverses Forschungsfeld

Der Rattenfloh als Überträger

Die klassische Theorie ging von der Übertragung durch den Rattenfloh aus: 1894 war es Alexandre Yersin während der Pestepidemie in Hong Kong gelungen, den später als *Yersinia pestis* bezeichneten Erreger der Seuche zu isolieren und zu beschreiben. Diese Pestwelle traf 1896 besonders Bombay, wobei dem Ausbruch ein massenhaftes Rattensterben voranging. Zum Erscheinungsbild gehörten die typischen Pestbeulen, wobei die Beulenpest wenig kontagiös war. Vier Jahre nach der Entdeckung des Pestbakteriums postulierte Paul-Louis Simond den Übertragungsweg der Bakterien ausgehend von Ratten (*Rattus rattus*) über Flöhe (*Xenopsylla cheopsis*) als Zwischenträger zum Menschen; den genauen Ablauf der Übertragung klärte 1906 Nathaniel Rotschild:

Aus dem Rattenfloh wurde der „Pestfloh“ [249: H. Kupferschmidt, Epidemiologie; 285: M. Vasold, Grippe].

Yersinia pestis als Erklärung früherer Pandemien

Bereits Yersin sah im Rattenfloh auch den Auslöser der beiden früheren Pandemien und damit auch den Auslöser des Schwarzen Todes (1347/48–52) und der folgenden Pestwellen in der Frühen Neuzeit. In den ersten drei Jahrzehnten des 20. Jh.s akzeptierten Mediziner und Historiker bereitwillig die These, dass *Yersinia pestis* auch der Auslöser der früheren Pandemien gewesen sein müsse, und dass durch den Biss von Flöhen die Beulen- bzw. Bubonenpest übertragen wurde. 1932 wies jedoch Delanoe auf die Bedeutung des Menschenflohs für die Pest in Marokko hin, und 1941 machten Georges Blanc und Marcel Baltazard Versuche mit Menschenflöhen und Kopfläusen, die die gültige Pestformel in Frage stellten [249: H. Kupferschmidt, Epidemiologie]. E. Rodenwaldt [266] wandte sich 1953 in seiner Studie über die Pest in Venedig (1575–1577) gegen das Dogma der Ratten und argumentierte, die Pestepidemien Mitteleuropas seit dem Mittelalter seien durch den Menschenfloh (*Pulex irritans*) übertragen worden. Bei diesen Pestausbrüchen sei kein Rattensterben beobachtet worden, die Pest sei vorwiegend innerhalb von Familien – direkt von Mensch zu Mensch – übertragen worden und zeigte ein anderes Erscheinungsbild als in Asien, nämlich sehr viele häufige schwarze Flecken auf der Haut, die von Menschenflohstichen herrührten. Auch J.-N. Biraben schloss sich später in seinem europäischen Überblick dieser These an [223: Hommes]. Rodenwaldt verwarf die ältere Position von G. Sticker [277: Abhandlungen], auf die allerdings E. Woehlkens wieder Bezug nahm: In seiner statistisch-topographischen Analyse zur Pest, besonders in der Stadt Uelzen, ging Woehlkens vom Rattenfloh als Überträger aus [288: Pest].

Der Menschenfloh als Überträger

Eine Pest ohne Ratten: Venedig 1575–77

Stellenwert der Fallstudien

Kritik an der orthodoxen Position

Die Diskussion weitete sich aus, und vielfach wurden die aus Fallstudien gewonnenen Erkenntnisse (über-)generalisiert. Vor allem englischsprachige Mediziner und Historiker äußerten Zweifel, dass die zweite Pandemie von *Yersinia pestis* verursacht worden sei, sie zeige andere klinische Symptome und ein anderes epidemiologisches Erscheinungsbild. Die im 19. Jh. durch *Yersinia* ausgelöste Beulenpest sei daher nicht mit den Seuchenwellen des Mittelalters und der Frühen Neuzeit identisch. G. Twigg hatte z. B. darauf hingewiesen, dass die saisonale Abhängigkeit der Sterblichkeitsrate beim Schwarzen Tod und den Seuchenwellen der Frühen Neuzeit nicht mit dem Sterblichkeitsmuster der Beulenpest am Ende des 19. Jh.s in Einklang zu bringen sei, und es sei unklar, ob Ratten in entsprechender Anzahl überhaupt vorhanden waren. Er schlug den Milzbrand als möglichen

Seuchenerreger vor [280: Black Death]. Historiker und Mediziner hätten – so S. Cohn Jr. – die Epidemiologie der modernen Pest einfach auf die Vergangenheit übertragen und die historischen Zeugnisse ignoriert, wenn sie nicht mit dem modernen Erscheinungsbild übereingestimmt hätten; so fehlen z. B. Hinweise auf ein Rattensterben, auf schnelle Ansteckung, Verbreitung und hohe Peststerblichkeit. Er sah daher das „end of a paradigm" [228: Black Death].

End of a Paradigm

H. Kupferschmidt behandelte 1993 die Epidemiologie bzw. den Konzeptwandel der Infektionskrankheiten [249] und nannte drei Verbreitungsformen: 1) die endemische Pest durch Ansteckung bei wilden Nagern, 2) die Rattenpest, und 3) die epidemische Pest durch Ansteckung von Mensch zu Mensch durch Tröpfcheninfektion (primäre Lungenpest) oder menschliche Ektoparasiten. Der Gelehrtenstreit über die Hauptform sei lange geführt worden, doch man wisse immer noch zu wenig über „die Mechanismen, die das Auftreten und Verschwinden der Seuchenzüge bewirkten" [243: R. Jütte, Ärzte].

*Yersinia pestis* als Erreger vor 1800?

M. Vasold stellte 2008 in Frage, ob es vor 1800 in Europa von *Yersinia pestis* verursachte Seuchen gegeben habe, denn die naturräumlichen Umstände in Europa begünstigten die Ausbreitung dieses Pesterregers keineswegs; auch bei der letzten Pest in Deutschland 1712/13 habe es sich eher um eine andere Infektionskrankheit gehandelt. Vasold hält es andererseits für möglich, dass die Pest in London 1665 durch *Yersinia pestis* hervorgerufen wurde, ebenso die Pest in Marseille 1720 [285: Grippe, 64ff.]. Auch die paläopathologischen Befunde sind widersprüchlich. Neuere biologische Untersuchungen zeigen, dass *Yersinia pestis* mutieren kann, und dass durch diese Mutationen die Virulenz des Erregers beeinflusst wird.

Paläopathologische Befunde

Ein Virus als Auslöser der zweiten Pestpandemie?

Die Arbeiten von S. Scott und Ch. J. Duncan haben die Diskussion noch erweitert: Sie stellten die These auf, dass die zweite Pestpandemie von einem (dem Ebola- oder Marburgvirus ähnlichen) Virus, der ein direkt von Mensch zu Mensch übertragbares hämorraghisches Fieber auslöse, verursacht worden sei [274: Biology; 275: Return]. Aber auch diese These hat vehementen Widerspruch erfahren, und die Diskussion hält an [229: S. K. Cohn Jr./L. T. Weaver, Black Death].

Probleme der historischen Analyse

Historische Analysen stehen vor dem Problem, dass die Krankheitsbeschreibungen in der Regel vieldeutig sind. Im konkreten Zusammenhang ist es schwierig zu entscheiden, ob es sich nun um Pest, Flecktyphus oder Typhus handelt. Für Basel hält F. Hatje fest, an „gross sterbend" oder „pestilentzische sucht" sei die Pest zwar stets in hohem Maß beteiligt gewesen, doch nicht selten müsse man von Polyepidemien ausgehen; schon der Basler Stadtarzt Felix Platter habe „Siben regierende Pestelentzen“ gezählt [241: Leben und Sterben, 18]. Bei der „Pest“ in Tirol (1611/12) handelte es sich z.B. um eine Fleckfieberepidemie [272: B. Schretter]. Im Dreißigjährigen Krieg trat die Pest häufig zusammen mit der Ruhr (auch Hoffgang, Blutgang oder Roter Schaden genannt) oder dem Fleckfieber auf [262: Ch. Pfister, Bevölkerungsgeschichte].

Vieldeutige Krankheitsbeschreibungen

In der Medizingeschichte wird seit den 1980er Jahren die „retrospektive Diagnostik“ kritisch diskutiert: Das ist der Versuch, moderne Krankheitseinheiten in historischen Schilderungen (bes. Texten) zu erkennen [276: J.-Ch. Sournia, Discipline]. Während Georg Sticker (1908) die „Unwandelbarkeit und Einheit der Seuchen durch die Jahrhunderte“ postulierte, gilt heute der Wandel der Krankheitsbilder, die Pathomorphose, als wahrscheinlich. K. H. Leven geht von Krankheiten als zeit- und epochenspezifischen Konstrukten aus, und es sei im zeit- und kulturgeschichtlichen Kontext herauszuarbeiten, was man in verschiedenen Epochen unter „Pest“ im Sinne einer Seuche verstand [255: Ratten, 31f.]. Krankheiten seien keine historischen Konstanten. Seuchen sind daher nicht nur ein medizinisches Phänomen, sondern im weiteren Sinne ein ökologisches Phänomen: Für die Umweltgeschichte bedeutet dies, dass sie den ökologischen Kontext präzisieren muss, wozu auch Deutung und (religiöse) Bewältigung gehören.

Retrospektive Diagnostik?

Pathomorphose: Wandel der Krankheitsbilder?

Seuchen als ökologische Phänomene

Zu diesem Kontext gehört auch das Zusammenleben der Menschen mit den Tieren, dem bisher kaum Aufmerksamkeit geschenkt wurde, das nun aber als Forschungsfeld der Geschichtswissenschaft angemahnt wird [z.B. 87: P. Münch, Tiere; 98: C. Wischermann, Ort]. R. Delort zog zwar die Verbreitung von Pest durch Ratte und Floh in Zweifel, doch er geht davon aus, dass sich der Mensch wahrscheinlich die Mehrzahl der Krankheiten durch den Kontakt mit Tieren zuzog. Die genaue Kenntnis der historischen Umwelt gilt ihm daher als erste Voraussetzung, eine Seuche zu analysieren [61: R. Delort, Elefant]. Nicht zuletzt sind die Insekten oder Arthropoden (Floh, Laus, Fliege, Zecke, Mücke etc.) die ständigen Begleiter des Menschen: „Der Mensch sieht sie ständig, sie belästigen ihn, stechen, kriechen und wimmeln um ihn herum ...“ [231: R. Delort, Natürliche Umwelt]. M. McCormick hat ausgehend von seinen Studien zu den Ratten betont: „The human and animal past is one.“ Ohne Kooperation mit der Zoologie und der Molekularbiologie könne die ökologische Dimension der Geschichte nicht verstanden werden und er fordert ein Verständnis der Vergangenheit in ihrer ökologischen Komplexität [258: Rats].

Kontexte

Mensch und Tier

Im Zusammenhang mit ökologischen Krankheiten müssen auch die Bereiche Stadthygiene und Körperhygiene einbezogen werden. Da-

Stadthygiene und Körperhygiene

zu sind zwar pronocierte Thesen formuliert worden, denen jedoch meist keine entsprechende Empirie zugrunde liegt. Einige Voranahmen haben sich gerade in diesem Forschungsfeld „endemisch" verbreiten können. Nur so kann man die Attraktivität der klassischen Theorie bis in die Gegenwart erklären. Für den Hygieniker G. STICKER gab es 1908 keinen Zweifel, „was ihrer [der Pest] Verbreitung und ihrem Gedeihen günstig ist: Unreinlichkeit im weitesten Sinne, Unsauberkeit in den Lebensgewohnheiten, mangelhafte Beseitigung der natürlichen und krankhaften Körperauslehrungen, Duldung von Ungeziefer am Leibe, in Kleidern und Betten, an Haustieren und Nutztieren, Duldung von Mäusen, Ratten, Schaben in Küche und Keller ..." [277: Abhandlungen, Bd. 1, 417]. Die Pest war für ihn „eine Schmutzkrankheit", und wo sich ein „Volk von guter alter Zucht entfernt ... desto besseren Boden finden Seuchen aller Art und besonders die Pest." Besser als jedes andere Hilfsmittel schütze daher die Reinlichkeit. Sticker propagierte die zeitgenössische Vorstellung der Überlegenheit der „Kulturvölker" über die „Naturvölker": Die Europäer hätten die Pestschutzmittel nach Indien gebracht, sich selbst jedoch durch Reinlichkeit geschützt (Sticker zog sich allerdings selbst die Pest zu!).

Die Pest als „Schmutzkrankheit"?

Reinlichkeit und Hygiene waren Schlagworte des 19. Jh.s, und der Sieg über die Pest galt als Sieg über die Unreinlichkeit: Die Vorstellung der vor Schmutz starrenden frühneuzeitlichen Stadt gilt jedoch zunehmend als „Zerrbild" (Kinzelbach), wenngleich dieses Bild auch noch in der neueren Literatur bemüht wird. Es bietet keine Erklärung für das Verschwinden der Pest im 17./18. Jh., denn die Pest verschwand, als durch das Bevökerungswachstum im 18. Jh. das Zusammenleben in den Städten immer dichter wurde. Auch die Städte des 19. Jh.s gelten aufgrund des rapiden Bevölkerungswachstums und der beengten Wohnverhältnisse sowie der unzureichenden gesundheitsbezogenen Infrastruktur als idealer Nährboden für Epidemien und Seuchen (wie z. B. der Cholera) [250: A. LABISCH/J. VÖGELE, Stadt].

Stadthygiene: ein offenes Forschungsfeld

Daher kann auch bezweifelt werden, ob die von A. CORBIN [230: Pesthauch] ausgerufene „Revolution der Wahrnehmung" mit ihren Strategien der Desodorierung des Pesthauchs (Pflastern, Entwässern und Belüften), „angeführt von Ärzten mit der Autorität eines transparenten Wissens", die hygienischen Verhältnisse im 18. Jh. tatsächlich revolutionierten. Ähnlich wie CORBIN lässt auch M. FREY das „Zeitalter der modernen Körperhygiene in Deutschland" im 18. Jh. beginnen und sieht in Johann Zacharias Platners „Tractat von der Reinlichkeit" (1752) eine Initialzündung: Luft und Wasser hätten im 18. Jh. eine neue Bedeutung erlangt. Zu Beginn des 18. Jh.s hätten sie noch zum

Revolution der hygienischen Verhältnisse im 18. Jh.?

medizinischen „Gefahrenkonzept“ gehört, dann seien sie mehr und mehr in das bürgerliche Reinlichkeitskonzept integriert worden [239: Bürger]. Ph. Sarasin hat dagegen in seiner „Geschichte des Körpers“ (1765–1914) vor einer Überschätzung gewarnt und bezweifelt eine bürgerliche Revolution des Sauberkeitsverhaltens: Er geht von einer neuen Wertschätzung des Wassers aus, deren Durchsetzung bis ins 20. Jh. reiche, nicht jedoch von einer Revolution [270: Reizbare Maschinen]. Die Entwicklung von Städtehygiene und Körperhygiene in einer längeren Perspektive ist ein spannendes, aber noch wenig bearbeitetes Forschungsfeld, zumal viele der vorliegenden Studien sich nur auf gedruckte Schriften beziehen. Ansätze dazu bietet z. B. M. Illi, der darauf hinweist, dass keine Gesellschaft bzw. Epoche gegenüber Schmutz und Exkrementen indifferent gewesen sei. Kot und Urin seien auch im Mittelalter als widerwärtig empfunden worden: Im 16. Jh. herrschte durchaus Besorgnis wegen „unflaat, wust und unsuberkeyt – dadurch die element lufft, wasser, unnd erdrich, was der mentsch geleben soll, verunreyniget werdent“ [399: Schissgruob]. Für die englischen Verhältnisse hat J. C. Riley darauf verwiesen, dass der langfristige Rückgang der Sterblichkeit auch eine Folge der „public health“-Aktionen in Bezug auf die Umwelt gewesen sei: Er kennzeichnet die Aktionen als „environmentalism“; sie hätten auf die Eindämmung der Epidemien gezielt, die im 18./19. Jh. (abgesehen von der Cholera) schließlich zurückgegangen seien. Die „environmentalists“ hätten zwar die Ursachen und die Übertragung von Krankheiten nicht erklären können, die Maßnahmen hätten jedoch einen (unbeabsichtigten) Effekt gehabt [265: Eighteenth-Century, 151–154].

Eine Revolution des Sauberkeitsverhaltens?

Empirische Forschungsansätze

## 4. Wald

Das Thema Wald in der Frühen Neuzeit war zunächst eine Domäne der Forstwissenschaftler, die eine Forstverwaltungs- und -nutzungsgeschichte verfolgten [43: V. Winiwarter/M. Knoll, Umweltgeschichte 154–161]. Heute kann es als ein Kernthema der Umweltgeschichte gelten: Die Beschäftigung mit dem Wald bzw. die Auseinandersetzung um die „Holznot“ stand an der „Wiege der Umweltgeschichte in Deutschland“ [469: N. Freytag, Deutsche Umweltgeschichte, 388]. Ausgangspunkt war die Diskussion um das Waldsterben, die zu Beginn der 1980er Jahre einsetzte. Der Wald galt als Verkörperung der Natur, und das „Waldsterben“ wurde als symptomatischer Ausdruck einer allgemeinen Umweltkrise begriffen, als Vorbote einer Weltkatastrophe:

Wald als Kernthema der Umweltgeschichte

Diskussion um das Waldsterben

„Nach den Bäumen stirbt der Mensch". Mit dem „Aktionsprogramm Rettet den Wald" entstand ein breites politisches Bündnis, doch das Engagement ermattete ab 1985 [291: K. Anders/F. Uekötter, Viel Lärm; 316: R. Schäfer/B. Metzger, Waldsterben], und das Thema „Waldsterben" sollte an Brisanz verlieren.

Ausgangspunkt historischer Studien: die Holznotdebatte

In der Umweltgeschichte entwickelte sich jedoch vor diesem Hintergrund ein zunehmendes Interesse am Wald und seiner Geschichte, die sich bald aus den unmittelbaren politischen Kontexten wie dem Waldsterben löste. Sie hat zwischenzeitlich zahlreiche historische Analysen insbes. Regionalstudien mit verschiedenen Schwerpunktsetzungen hervorgebracht, die vielfach die sog. Holznotdebatte (18./19. Jh.) als Ausgangspunkt nahmen. Aspekte wie Wald und Herrschaft, Forstwirtschaft und Forstwissenschaft, ökonomische, energetische und schließlich ökologische Aspekte sowie die enge Verbindung mit der Landwirtschaft haben eine Erweiterung der Waldgeschichte gebracht, die die Wälder im Spannungsfeld gesellschaftlicher Bedürfnisse, Konflikte und Projektionen sieht [315: W. Rösener/W. Trossbach, Waldgeschichte]. Eine Brücke von der oder zur Klimageschichte ist bisher allerdings nur in Ansätzen geschlagen worden.

Waldverwüstung und Holzmangel: das Ende des Kapitalismus?

Zunächst richtete sich das Interesse der Umweltgeschichte auf das Holz als Ressource in Verbindung mit der Energiegeschichte. Hier standen sich bald zwei Richtungen gegenüber: Einige Forscher schlossen sich der These des Nationalökonomen Werner Sombart an, dass der Holzmangel am Ende des 18. Jh.s die gewerbliche Entwicklung in eine Krise geführt und gar das Ende des Kapitalismus heraufbeschworen hätte, wenn Holz nicht durch den Energieträger Kohle ersetzt worden wäre [367: R. P. Sieferle, Wald]. Sie sahen seit der Mitte des 18. Jh.s parallel zum Bevölkerungswachstum eine Verschärfung des Drucks auf den Wald, der stark zusammengeschrumpft sei, wobei die Annahmen der älteren Forstgeschichte von einer „erschreckenden Verwüstung und Verödung der Forsten" übernommen wurden [302: R.-J. Gleitsmann, Wälder, 188f.]. Auch in der neueren deutschen Forstgeschichte wurde „Holznot" zu „einem lange Zeit selten hinterfragten Gemeinplatz" [303: B.-S. Grewe, Sehen und weinen, 34f.]. Sie bildete sogar den Gründungsmythos des Faches, denn die Bekämpfung der Holznot – so K. Mantel – habe die Forstwirtschaft geboren [310: Wald, 321].

Revisionistische Betrachtungen

Eine Gegenposition vertrat J. Radkau und stellte für die mitteleuropäischen Verhältnisse die frühneuzeitliche „Energiekrise" in Frage [360: Holzverknappung; 361: Energiekrise]: Die Rede von der Holznot habe mehr mit dem staatlichen Versuch, die Ressource Holz zu kontrollieren zu tun, denn mit dem Schutz der Wälder. Seine revisionistischen Betrachtungen über die Holznot und der gemeinsam mit I. Schäfer verfasste Band „Holz. Ein Naturstoff in der Technikgeschichte" [362] bildeten den Ausgangspunkt einer Kontroverse, die als ein Dauerbrenner der Umweltgeschichte betrachtet werden kann [Überblick bei 303: B.-S. Grewe, Sehen und weinen].

Die Holznotkontroverse: ein Dauerbrenner der Umweltgeschichte

Neben der Diskussion um das „Waldsterben" und der Energiedebatte lassen sich aber auch sozial- und verfassungsgeschichtliche Ansatzpunkte für die Erforschung des Themas „Wald" ausmachen: P. Blickle wirft angesichts der Konflikte zwischen den Bauern und der Obrigkeit in der Frühen Neuzeit die Frage auf: „Wem gehörte der Wald?" Noch im Spätmittelalter seien die Nutzungsrechte der Bauern wenig begrenzt gewesen, doch am Ausgang des Mittelalters zielten Forstordnungen auf eine Einschränkung: „Die Herren wollen die Bauern aus dem Wald haben" [294: 168]. Blickle ordnet die Auseinandersetzungen um den Wald in eine Entwicklung von der Nutzungsgesellschaft zur Eigentumsgesellschaft ein. Zudem betont er die Leistungsfähigkeit bäuerlicher Forstverwaltung: „Wo immer bäuerliche Gemeinden über eigene Gemeindewälder verfügten ... dass die tägliche Erfahrung der Knappheit aller Ressourcen zu einem ausgesprochen umsichtigen und vorsichtigen Umgang mit dem Rohstoff Holz führte" [294: 176]. In ähnlicher Perspektive hat auch der Holzdiebstahl als Form „sozialer Kriminalität" (Hobsbawm) bzw. als Form des „sozialen Protests" Interesse gefunden. Holzdiebstahl und verbotenes Weiden werden dabei als Konsequenz der Zurückdrängung alter Nutzungsrechte und der Not des Alltags interpretiert [311: J. Mooser, Furcht; 312: R. Prass, Verbotenes Weiden; s.a. 304: B.-S. Grewe, Wald].

Sozial- und verfassungsgeschichtliche Forschungen

Konflikte um die Nutzungsrechte

Holzdiebstahl

Seit dem Ende der 1980er Jahre sind dann mehrere Regionalstudien publiziert worden, durch die methodische Perspektiven auf die Waldgeschichte insgesamt erheblich an Tiefenschärfe gewonnen haben. Ihre jeweiligen inhaltlichen Schwerpunkte, die sich häufig aus regionenspezifischen historischen Nutzungsweisen ergeben, sollen im Folgenden kurz umrissen werden, um die Vielfalt der Fragestellungen an dieses Forschungsfeld zu verdeutlichen: J. Allmann geht es in seiner mentalitäts- und sozialgeschichtlichen Studie zu den Pfälzer Wäldern 1500 bis 1800 um den Zusammenhang von Lebensweise und Herrschaft. Er weist auf die über die Jahrhunderte monotonen Klagen über Waldfrevel hin. Die obrigkeitlichen Forstordnungen haben daher aus seiner Sicht „weniger mit Forst als mit Ordnung zu tun" [290: Wald, 346]. Klagen über „Holznot" und Verschwendungsvorwürfe ließen keine Rückschlüsse auf tatsächliche Verhältnisse zu. Allmann sieht einen

Regionalstudien

Mentalitätsgeschichtliche Ansätze

tiefgreifenden Mentalitätswandel der Elite, die im 18. Jh. auf die „Forstmäßigkeit" der Wälder drängte und die Schlagwirtschaft durchgesetzt habe.

„Landwirtschaftlicher Nährwald" und „neue Holzökonomie"

Mit dem südwestfälischen Sauerland hat B. SELTER im 18. und 19. Jh. eine Region mit wenig ertragreichem, extensivem Ackerbau in den Blick genommen. Ackerbau und Viehzucht griffen auf den Wald zu („landwirtschaftlicher Nährwald"). Mit der Ausweitung der Holzproduktion durch die kurkölnische Forstverwaltung zur Steigerung der landesherrlichen Einnahmen („neue Holzökonomie") setzten eine Einschränkung bäuerlicher Nutzungsrechte und ein Zugriff der Herrschaft auf den Wald ein, so dass sich eine tatsächliche Mangelsituation einstellte [320: Waldnutzung].

Historische Geographie und historische Kulturlandschaftsforschung

Zu landwirtschaftlichen Nebennutzungen des Waldes in Mainfranken und Nordhessen hat W. SCHENK [317: Waldnutzung] eine Studie vorgelegt, die er als Beitrag zur historischen Geographie und historischen Kulturlandschaftsforschung als Teil der allgemeinen historischen Umweltforschung versteht. Die Variablen der vorindustriellen Agrarlandschaft, das sog. Offenland (Ackerland, Grünland, Rebflächen, Brache) und den Wald, sieht er auf vielfältige Weise miteinander verbunden. Der Wald sei nie allein eine „Formation verholzter Pflanzen", daher bezieht er auch marginale Nutzungen wie Beerenpflücken, Laubstreuabgabe etc. ein. Schenk stützt sich wesentlich auf aus Forstrechnungen abgeleitete Datenreihen, die Forstordnungen, Operate und andere Quellen in ihrer historisch-ökologischen Aussagekraft objektivieren könnten. Auch Schenk stößt auf gut organisierte dörfliche Gemeinschaften, die vielfach eher in der Lage waren, den Wald entsprechend ihren Bedürfnissen zu erhalten als eine kapitalschwache Herrschaft. Doch auch die bäuerliche Nutzung ging an die Substanz der Wälder, allerdings blieb die bäuerliche Nachfrage vergleichsweise konstant. Was den Forstverwaltungen als „üble" Wälder erschienen, konnten unter dem Aspekt der Versorgungsvielfalt „gute" Wälder sein. Die Bewertungskriterien der Forstwirtschaft – und selbst „Nachhaltigkeit" als Bewertungsmaßstab – hält Schenk für problematisch, denn es gebe eine Vielzahl von bäuerlichen Waldnutzungssystemen, die dieses Prinzip längst praktizierten.

„Nebennutzungen"

„Gute" und „üble" Wälder: Nutzungsformen

Gottesgabe und Privateigentum

Unter dem Titel „Von der Gottesgabe zum Privateigentum" haben ST. BREIT und ST. BELOW zwei Einzelstudien vorgelegt: Breit behandelt einen Reichskammergerichtsprozess, der 1607 bis 1627 zwischen dem bayerischen Herzog, dem Jesuitenorden und Gemeinden des Pfleggerichts Schwaben um Nutzungs- und Besitzrechte an der „Ebersberger Gmain" geführt wurde, Below fokussiert den Prozess zwischen der Berner Landesherrschaft und den Bürener Gemeinden 1753 bis 1758 um das Eigentum an den Wäldern [293: Wald].

Wald und Hüttenwesen

Mit dem Westharz hat P. M. Steinsiek eine von Bergbau und Hüttenwesen geprägte Region von 1550 bis 1810 in den Blick genommen und fragt nach der Rolle des Staates, nach Instrumenten, Strategien und konkurrierenden Interessen bei der Waldnutzung. Die Rekonstruktion nimmt er auf Basis von Forstrechnungen vor. Insgesamt gebe es keine Hinweise auf deutliche Knappheit der Rohstoffe in den landesherrlichen Forsten, jedoch eine Zurückdrängung der privaten Nutzungskonkurrenz. Dies wertet Steinsiek als Ergebnis eines vielgestaltigen Regelungsprozesses: Man habe die Erschöpflichkeit der zentralen Ressource erkannt. Im Konzept einer Kommunionforstordnung (um 1654) stößt er auf frühe Belege für die Forderung, den Wald der „posterität“ (den Nachkommen) zu erhalten sowie auf den Begriff „nachhalten“ in rein forstlichem Sinne [321: Nachhaltigkeit, 77f.]. Neben dem Zugriff des Menschen hatten auch Windwurf und Windbruch (dem Jahre verminderten Holzzuwachses folgen), ebenso Schnee- und Eisbruch, klimatische Einflüsse, Waldbrände, Hüttenrauch (17. Jh.), Borkenkäfer und Verbissschäden auf den Wald eingewirkt. Ökologische Faktoren wie die Sturm- und Borkenkäferkalamitäten führten in den Forsten im 18. Jh. und ins 19. Jh. zu Schäden, deren Wirkungen die Grenzen der Nachhaltigkeit überschritten.

Konkurrierende Nutzungsformen

In einer sozialhistorischen Regionalstudie zu Hunsrück und Eifel stellt auch Ch. Ernst [299: Wald] die Frage nach der „Holznot“ und beschreibt verschiedene Nutzungsformen wie Holzproduktionswald, Landwirtschaftswald und Jagdwald. Die Ausweitung des Holzmarktes (z. B. durch Holzbedarf gewerblicher Großkunden und durch den Holländerholzhandel) führte im 18. Jh. zu nicht nachhaltiger Bewirtschaftung. Das Kurtrierer Forstgesetz von 1786 schrieb die Schlagwirtschaft fest: Der Wald wurde vermessen und in Parzellen (Schläge) eingeteilt, die man nacheinander abholzte und wieder aufforstete. Ernst sieht keine generelle Holznot im 18. Jh. Auf der Basis der Auswertung von Forstrechnungen unterstreicht er den hohen finanziellen Stellenwert der Einnahmen durch die Holzproduktion (und steigende Holzpreise) gegenüber anderen Nutzungen.

Stadtwald und antiurbane Gegenwelt

H. Walden thematisiert mit der „Grüngeschichte“ Hamburgs die Beziehung der Handelsstadt zu ihren Wäldern vom späten Mittelalter bis zur Gegenwart, die die Entstehung der Forstverwaltung und den städtischen Holzbedarf mit einschließt, wobei er zu der von der Forstgeschichte vertretenen Raubbau-These neigt [323: Stadt-Wald]. Die Studie ist jedoch nicht nur in die Reihe der Arbeiten über die Stadtwälder einzuordnen, denn sie behandelt auch den Wald als antiurbane Gegenwelt in seiner Funktion als Ort der Erholung für die städtische Bevölkerung. Dieser Prozess setze deutlich vor dem 19. Jh. ein und relativiere die romantische Waldverklärung. Der Wald spiele sowohl als Gestaltungselement in der barocken französischen Gartentheorie als auch im englischen Landschaftsgarten eine große Rolle. In Hamburg sei z. B. der Wandsbeker Schloss- und Waldpark schon im 18. Jh. angelegt worden. Auf den engen Zusammenhang zwischen der Gartenkunst und barocker Erschließung von Wäldern durch Schneisensysteme in Verbindung mit jagdlichen Erlebnislandschaften für die Höfe, die zugleich eine symbolische Durchdringung des Landes bedeuteten, hat M. Knoll hingewiesen [308: Dominanz].

Erlebnislandschaft für die Jagd

Mit seiner Studie über „das Ende der Wildnis" umreißt R. Beck [292: Ebersberg] am Beispiel des Ebersberger Forstes das agro-pastorale oder agro-forestale System, die Verflechtung von Landwirtschaft und Wald bes. durch die Waldweide sowie durch die Entnahme von Brenn- und Nutzholz, Bau-, Werk- und Zaunholz. Der Ebersberger Forst war in der Frühen Neuzeit keineswegs ein exklusiver Staatswald; ein Viertel der Fläche war immerhin Gemeindewald. Das Interesse an der Jagd oder dem herrschaftlichen Wildbann war dabei oft bedeutender als die holzwirtschaftlichen Belange [so auch 307: M. Knoll, Umwelt]. Doch wer sich der Produkte des Forstes bediente, der war auch zu Abgaben und Zahlungen verpflichtet. So gelangte Biomasse aus den peripheren Zonen in das Zentrum der bäuerlichen Ökonomie mit ihren Ställen und Äckern. Bedeutete dies nun Raubbau statt Schonung? Ohne Zweifel zeige die Natur erkennbare Spuren des Gebrauchs, doch betont Beck, dass auf dem Schlachtfeld der Begriffe einige Relativierungen nützlich sein könnten.

Verflechtung von Landwirtschaft und Wald

Das Unbehagen der praktischen Aufklärer am Zustand der Wälder führte jedenfalls zur Verurteilung der Waldweide. Dem wurde ein neues Konzept des Waldes entgegengesetzt, das sich deutlich vom bäuerlichen Nährwald (Selter) absetzte. Die Reformbemühungen in der von Beck untersuchten Region setzten Ende der 1790er Jahre ein, als die Landeskulturdeputation mit der Verteilung der Gemeindegründe und der Trockenlegung der Moore beauftragt wurde, da das Privateigentum die effektivste Nutzung der natürlichen Ressourcen zu gewährleisten schien. Einer der praktischen Aufklärer war der Geistliche Candid Huber, der 1788/89 mit der Herstellung der Ebersberger Holzbibliothek begann. Die Holzbibliotheken standen in der Tradition der seit dem 16. Jh. verbreiteten Herbare und Kräuterbücher; die Erforschung der Hölzer wurde schon in den Botanischen Gärten des 16. und bes. des

Der Wald und die praktische Aufklärung

Holzbibliotheken

17. Jh.s intensiv betrieben. Im 18. Jh. interessierte sich dann die Forstbotanik für die Eigenschaften und Nutzen der Holzpflanzen und orientierte sich nunmehr am Ordnungssystem und der Nomenklatur Linnés. Die Holzkabinette bestanden zunächst aus einer Sammlung von Holztafeln, ab 1780 wurden die getrockneten Pflanzen mit dem Holz in hölzernen Scheinbüchern in Holzbibliotheken (Xylotheken) vereinigt. Die Sammlung von Carl Schildbach in Kassel (1788) war noch ein Unikat, andere wie die Ebersberger Holzbibliothek oder Carl von Hinterlangs „Deutsche Holz-Bibliothek" (1798) mit bis zu 100 Bänden kamen in kleinen Serien auf den Markt und geben Zeugnis, wie „Wald und Bäume im damaligen kulturellen Umfeld wahrgenommen wurden" [301: A. Feuchter-Schawelka/W. Freitag/D. Grosser, Alte Holzsammlungen, 11].

„Nebennutzungen"

Die sog. Waldnebennutzungen werden in fast allen Waldstudien erwähnt, in mehreren neueren Studien werden sie explizit behandelt: Die gewerbliche Waldnebennutzung für die Produkte Pech, Teer, Pottasche, Rindenlohe, Holzkohle, Kalk und nicht zuletzt durch die Zeidlerei widersprach zwar der Vorstellung von einem modernen Wald, doch aufgrund der Unentbehrlichkeit der Produkte erwies sich z. B. in Altbayern die Verdrängung der „Nebennutzungen" als weitgehend undurchführbar [325: E. Weinberger, Waldnutzungen]. Am Beispiel des württembergischen Schönbuch betont R. J. Regnath [314: Schwein] die Bedeutung der Mast im Wald, auf die schon Karl Lamprecht hingewiesen hatte. Das Entgelt für die Schweinemast war ein andauernder Streitpunkt mit den Forstherren: ob und wie viele „Trogschweine" für den Eigenbedarf als Notdurft bzw. „Hausnotdurft" (R. Blickle) ohne Abgabe in den Wald eingetrieben werden durften, im Gegensatz zu den „Leihschweinen" oder jenen, die zum Verkauf gehalten wurden.

Schweinemast im Wald

Forstordnungen

Zur „Bayrische(n) Vorstordnung" von 1568 – der wichtigsten des Landes – hat W. Freitag [300: Landbevölkerung] eine kritische Analyse vorgelegt. Nachdem die Landbevölkerung die Absatzchancen von Holz an die wachsenden Marktorte und Städte genutzt und die Grund- und Feudalherren zunächst nur Interesse am Forstzins gehabt hätten, hätten die Grundherren den Holzverkauf in eigene Regie genommen. Den „Berechtigten" wollte man durch die Ordnungen das Holz nur noch für ihre Notdurft aber nicht zum Fürkauf (Weiterverkauf) gewähren. Die Ordnung von 1568 malte in der Präambel den Waldzustand bedrohlich aus: man habe übel in den Wäldern gehaust, und in kurzer Zeit werde ein merklicher und beschwerlicher Mangel an Holz eintreten; am schlimmsten stehe es mit den „gemain höltzer(n)". Seit der Mitte des 15. Jh.s hatte die Zahl der Kleinanwesen zugenommen, die auf Zuerwerb vom und im Wald – z. B. die Schweinezucht („Baiernsäue“) – angewiesen waren. Die Ordnung spiegelt durchweg konkurrierende Ziele wider, doch vor allem den Versuch der Balance, denn wer zwischen den Ansprüchen vermittelte, konnte eigene Interessen fördern und einen Machtgewinn erzielen. Doch auch dieser Ordnung gelang es nicht, das Neben- und Durcheinander von Zuständigkeiten zu regeln: An den eingefahrenen Gewohnheiten dürfte sich wenig geändert haben. Forstpersonal und Untertanen arrangierten sich: Im 17. Jh. wurde zwar geringer Sold eingeführt, doch waren mit diesen Positionen offenbar eher die damit verbundenen Bereicherungsmöglichkeiten interessant, und bis 1800 rissen auch die Klagen darüber nicht ab.

Wald und Ressourcenmanagement

Nach der Entwicklung von Staatlichkeit in Verbindung mit dem Wald und dem Management der Ressourcen fragt auch P. Warde [324: Ecology] am Beispiel des nordwestlich von Stuttgart gelegenen Forstamts Leonberg im Herzogtum Württemberg. Die Forstlagerbücher weisen auf Laubmischwälder hin, und trotz Bevölkerungswachstums wurden die Wälder nicht durch Getreideproduktion zurückgedrängt. Warde geht davon aus, dass spätestens in den 1540er Jahren die lokale Nachfrage die Produktivität der Wälder überschritten habe. Nach der Mitte des 16. Jh.s und dann wieder im frühen 18. Jh. seien Klagen der Bauern und Gemeinden über Holzmangel laut geworden. Holz spielte in den Ressourcenflüssen die zentrale Rolle. Warde expliziert das Forstwesen bzw. die Herausbildung der Forstverwaltung als Teil der Staatsbildung. Der Zustand des Waldes sei im 16. und 18. Jh. bedenklich gewesen. Wenngleich der jährliche Verbrauch an Holz im Vergleich mit anderen Regionen niedrig lag, waren Importe notwendig, so dass sich lokale und überregionale Ressourcenflüsse ergaben, weshalb Warde „two ecologies“, eine territoriale und eine sich wandelnde „transformationale“ Ökologie, unterscheidet.

Holznot im regionalen Vergleich: inszenierte, faktische und prognostizierte Knappheit

Mehrere neuere Studien haben erneut den Übergang vom 18. bis ins 19. Jh. in den Blick genommen: U. E. Schmidt hat mit einer historisch-politischen Analyse die Diskussion um die „Holznot“ nochmals zum Thema gemacht [319: Wald]. Am Beispiel der linksrheinischen Regionen Saar, Eifel, Hunsrück, Rheinhessen und Pfalz untersucht er für jede Region Nutzung, Zustand sowie Lösungsstrategien und Reaktionen. Er wendet sich gegen eine Einschätzung der Holznot als „rhetorische Figur“, denn auch Hinweise auf prognostizierte oder zukünftige Knappheit hätten die Handlungsweisen verändert. Die Waldressourcenknappheit habe daher drei Dimensionen: eine inszenierte, eine faktische und eine prognostizierte. In den Untersuchungsregionen sowie auch in den rechtsrheinischen Gebieten habe es jedoch eine deutlich zunehmende faktische Waldressourcenverknappung gegeben, während gewerbeferne und schwierig zu erschließende Waldgebiete von Übernutzungen verschont geblieben seien. Die Gefährdung der industriellen Entwicklung habe zu einem Krisenbewusstsein geführt, das Energieproblem habe jedoch – wie bereits Werner Sombart nahelegte – nur durch eine Verlagerungsstrategie, die Substitution von Holz durch Steinkohle, gelöst werden können.

Forstwirtschaftliche Konzeptionen im Kanton Bern

M. Stuber untersucht in seiner Dissertation „Wälder für Generationen" [322] forstwirtschaftliche Konzeptionen im Kanton Bern in der Zeit von 1750 bis 1880. Er fragt danach, welche Unzulänglichkeiten der Zentralressource Wald diagnostiziert werden und welche Perspektiven (Versorgung oder Erwerb, Knappheits- oder Wachstumsvorstellungen, Fortschritts- oder Dekadenztheorien) dahinter stehen, und welche forstwirtschaftlichen und politischen Instrumentarien vorgeschlagen und eingesetzt werden. Stuber geht von einer Verschärfung der Holzknappheit im Kanton Bern um 1750 aus, die zunächst eine ökonomisch-patriotische Konzeption der Nachhaltigkeit (ab 1760) stimulierte. Nachhaltigkeit beruhte noch mehr auf Zwang als auf Einsicht, und die Buchhaltung der Hofkammer sollte ein Gleichgewicht zwischen Produktion und Konsumtion gewährleisten. Die ökonomischen Patrioten hatten jedoch mit ihrem forstlichen Reformabsolutismus wenig Handlungsspielraum, und die Obrigkeit verfügte in der Landschaft nicht über die entsprechenden Machtbefugnisse. Andererseits waren Holzsparstrategien wie „Ziegel statt Schindeln" oder „Hecken statt Holzzäune" kaum anschlussfähig an bestehende Strukturen. Nach 1800 gewannen liberale Konzeptionen an Bedeutung und gingen von einer irrtümlich diagnostizierten Energiekrise aus. Nachhaltigkeit sollte sich durch die unsichtbare Hand des Marktes einstellen. Die Forstwirtschaft wurde zwar dereguliert, doch die Ausbildung von Forstfachleuten vernachlässigt, so dass es zu einer Übernutzung der Wälder bzw. zu einer Furcht vor der Holznot bzw. der Entwaldung der Gebirge und als Folge dessen zu Überschwemmungen im Flachland kam. Die neue Konzeption der Nachhaltigkeit orientierte sich an der Vorstellung vom Naturhaushalt. Diese „interventionistische" Strategie bediente sich dabei der Vorstellung von den Alpen als Schutzwald. Die Realisierung wurde durch den Ausbau der Eisenbahnverbindungen (Kohleimport) begünstigt, die langfristig den Nutzungsdruck vom Wald nahmen. Diese Strategie sieht Stuber als ökologische Erweiterung, da sie über den Wert- und Naturalertrag auch auf die Erhaltung der Schutzfunktion des Waldes zielt.

Nachhaltigkeit und Naturhaushalt

R. Hölzl zielt in seiner Studie „Umkämpfte Wälder" auf eine „durch die neuere Kultur- und Wissensgeschichte informierte Umweltgeschichte" [306] und fokussiert die „ökologische Reform" im Zeitraum von 1760 bis 1860. Er geht aus von der „Erfindung des modernen Waldes" (1760–1800) und der von der Forstwissenschaft prognostizierten Krise der Holzversorgung. Die Forstreform sollte im 19. Jh. in der Fläche durchgesetzt werden, doch die Bevölkerung hatte andere Vorstellungen (Prinzip der „Notdurft") von einer idealen Waldnutzung! Die Reform zielte zunächst auf den Staatswald, dann aber auch die Gemeinde- und Privatwälder. Hölzl nimmt zunächst die Gemeinden des Zellertals im Bayerischen Wald in den Blick, die den Staatswald als Reservefläche nutzten und ihre Wälder zyklisch bewirtschafteten. Die staatliche Forstverwaltung wollte die Forstrechte ablösen und das Feld vom Staatswald trennen. Bei den „eingeforsteten" Gemeinden des Hochspessarts war hingegen die Nutzung des Staatswaldes ein zentraler Bestandteil der klein- und unterbäuerlichen Existenz: Hier hatte die Forstreform ganz unmittelbare und eklatante Auswirkungen, denn die Bewohner konnten nicht mehr auf Missernten und Agrarkrisen mit einer verstärkten Nutzung der Ressourcen des Waldes reagieren. Die Implementierung der „ökologischen Reform" – über die Angemessenheit des Begriffs lässt sich streiten – beschreibt Hölzl als Aushandlungsprozess, der sich teilweise durchaus asymmetrisch darstellt, wenn die Waldnutzer als Handlungsoptionen kaum mehr als Verwaltungsbeschwerden und Forstfrevel entgegensetzen konnten. Die Konsequenz war jedenfalls, dass Forstrechte und agrarische Nutzungsrechte manchmal bis ins 20. Jh. erhalten blieben. Der Versorgungsdruck stieg mit wachsender Bevölkerung, liberale Ökonomen konstatierten eine mangelnde Kapitalrendite oder forderten die Privatisierung. Der finanzielle Ertrag galt ab den 1820er Jahren als Maßstab erfolgreicher Forstwirtschaft. Nachhaltig war nun, was finanzielle Rendite erbrachte. In der Folge wurde jedoch der enge Nachhaltigkeitsbegriff kritisiert: Mit der Orientierung am „stabilen" Naturhaushalt zeigt sich eine ähnliche Entwicklung wie im Kanton Bern. Man forderte Mischwälder statt Altersklassenwälder, auch die „reinigende Wirkung" der Wälder wurde betont – bis hin zu konservativen Utopien vom „deutschen Wald".

Forstreform und ideale Waldnutzung

Nutzungsrechte und Aushandlungsprozesse

Wissensgeschichte der Forstwissenschaft als Desiderat

Als ein Desiderat der Waldgeschichte sieht Hölzl eine Wissensgeschichte der deutschen Forstwissenschaft. Eine solche Wissensgeschichte hat auch eine europäische Dimension: Auf die „Wechselwirkungen" bzw. die Rezeption der französischen Forstwissenschaft in der Schweiz hat M. Stuber hingewiesen [322: Wälder für Generationen]. Die Bekämpfung der „montes" (mit wenigen Bäumen und mit Heidekraut und Gestrüpp bewachsenen Flächen) in Spanien orientierte sich ebenfalls an der deutschen Forstwissenschaft. Auch in Spanien prägten „ökologische Erzählungen" von Rückständigkeit, Unwissenheit und Fortschrittsfeindlichkeit die Auseinandersetzungen, in der die Bauern das gesamte Repertoire des Protests bis hin zu Brandstiftungen einsetzten [47: M. L. ALLEMEYER/M. JAKUBOWSKI-TIESSEN/S. RUS RUFINO, Gottesgabe]. Das wirtschaftshistorische Institut „Francesco Datini" in Prato hat 1995 einen Kongress „Uomo e la foresta" ausgerichtet, der das internationale Interesse am Thema spiegelt [296: S. CAVACIOCCHI]. In Frankreich hat A. CORVOL in „L'homme aux bois" eine klassische Studie zur Durchsetzung des Hochwaldes [297] vorgelegt, der ein Sammelband folgte, der die Debatten zum Waldsterben vom 17. Jh. an thematisiert [298: Forêt]. Zu England sind besonders die Arbeiten von O. RACKHAM zu nennen [313: Trees]. Der von M. AGNOLETTI und S. ANDERSON herausgegebene Kongressband ist zeitlich und räumlich übergreifend angelegt: Zur Frühen Neuzeit enthält er z. B. Beiträge zu den Vogesen, zur Toskana, zu Süditalien, Andalusien, zum Sherwood Forest oder zum Botanical Exchange [289: Forest History].

Waldgeschichte: ein europäisches Forschungsfeld

Die zahlreichen Fallstudien haben deutlich gemacht, dass die Waldgeschichte der Frühen Neuzeit nicht mit pauschalen Erklärungsansätzen – wie Garret Hardins „Tragedy of the Commons" (1968) – zu erklären ist. Ein besonderes Problem ist, dass hoch aggregierte quantitative Informationen zum mittelalterlich-neuzeitlichen Landnutzungswandel noch mit großen Unsicherheiten behaftet sind. Bisher vorliegende Rekonstruktionen bzw. Schätzungen für Deutschland weisen jedenfalls nicht auf einen dramatischen Wandel hin: Der Anteil des Waldes an der Gesamtfläche Deutschlands (in heutigen Grenzen) lag nach Schätzungen von H. BORK und anderen 1520/29 bei 34%, 1608/17 bei 30%, 1650/59 bei 32%, 1780/89 bei 30% – und 1870/79 bei 27% [295: Landschaftsentwicklung, 161]. So gilt weiterhin W. SCHENKS Plädoyer für den Aufbau und die Auswertung „langer Reihen" zur Erforschung von historischen Waldzuständen und Waldentwicklungen. Dabei seien komplexe Phänomene wie Waldzustände nicht aus den Besitzverhältnissen heraus zu erklären, Aspekte wie Nutzung, Lage, Einfluss von Fernmärkten, naturräumliche Ausstattung und andere seien im zeitlichen Wandel einzubeziehen [318: Aufbau, 3–22].

Plädoyer für den Aufbau „langer Reihen"

## 5. Energie

Basale Bedeutung der Energie

Die basale Bedeutung von Energie bzw. Energieressourcen ist in den 1970er Jahren mit der sog. Ölkrise bzw. dem Ölpreis-Schock 1973/79 ebenso bewusst geworden wie die Endlichkeit der nichtregenerativen Ressourcen, die bereits 1972 in den vom Club of Rome aufgezeigten „limits for growth" eine zentrale Rolle spielte [353: P. Kupper, 1970er Diagnose]. Die Verfügung über Energie war und ist für menschliche Gesellschaften von fundamentaler Bedeutung, daher wurden auch Perioden der Menschheitsgeschichte nach dominierenden Energieträgern gegliedert. 1934 hatte L. Mumford in „Technics and Civilisation" drei Phasen unterschieden, die durch spezifische Nutzung von Energie gekennzeichnet waren: Die eotechnische Phase (als Komplex von Wasserkraft und Holz) wurde durch eine paläotechnische Phase (als Komplex von Dampfkraft in Verbindung mit Kohle und Eisen) abgelöst, wobei die Zeit von 1000 bis 1750 als „dawn age" (Dämmerungsepoche) gesehen wird; die dritte „neotechnische" Phase definierte er als Komplex von Elektrizität und neuen Werkstoffen. Ebenfalls in einer universalgeschichtlichen Perspektive unterscheidet R. P. Sieferle das unmodellierte Solarenergiesystem der Jäger- und Sammlergesellschaften, das modellierte Energiesystem der Agrargesellschaften und das fossile Energiesystem der Industriegesellschaften, das das „Ende der Fläche" bedeute [367: Wald; 459: Ende]. P. Malanima hat eine Periodisierung vorgelegt, bei der er vom „ancient mediterranean system" ausgeht, das im späten Mittelalter durch ein neues System abgelöst wurde, welches nun auf dem Einsatz von Tieren (bes. Pferden) sowie der Nutzung von Wind- und Wasserkraft basierte [354: Energy]. In der zweiten Hälfte des 17. Jh.s habe sich ein neues System entwickelt, das partiell auf Kohle und Torf beruhte, besonders jedoch auf dem Zuwachs an Biomasse in der Landwirtschaft. Nach einer Stagnationsphase, die vom Ende des 18. Jh.s bis in die 1820er Jahre reiche, erfolgte dann der Übergang in das „age of coal", dem im 20. Jh. das „age of oil" folgen sollte. Dem Übergang zur Kohle – und damit zu einer nichtregenerativen Ressource – wird daher in den meisten Modellen große Bedeutung eingeräumt. Ch. Pfister sieht jedoch die 1950er Jahre als einen gravierenden Einschnitt bzw. eine umweltgeschichtliche Epochenschwelle: Der Verfall der relativen Energiepreise habe das sog. 1950er Syndrom bewirkt und mit der Konsum- und Wegwerfgesellschaft das Zeitalter der Kohlenwasserstoffe eingeleitet [29: 1950er Syndrom].

Periodisierung nach Energienutzung

Solare und fossile Energiesysteme

Periodisierung nach Malanima

Das 1950er Syndrom als Einschnitt

V. Smil betonte zunächst den „gap" zwischen traditionellen und industriellen Gesellschaften, da die moderne Zivilisation zu einer

Explosion des Energieverbrauches geführt habe [369: Energy]. Klare Unterscheidungen in spezifische Perioden hält Smil jedoch für unrealistisch, nicht nur aufgrund nationaler und regionaler Differenzen, sondern auch wegen der evolutionären Transition in der Energienutzung und dem Beharrungsvermögen etablierter Systeme [356: M. Melosi, Energy]. Zugtiere, Wasserkraft und Dampfmaschinen hätten im industrialisierten Europa ein Jahrhundert lang koexistiert. Die Energieeffizienz sei in vielen Bereichen zwar gestiegen, doch dieser klare historische Trend bedeute nicht, dass die Menschheit Energie in einer rationaleren Weise nutze. Trotz höherer Energieeffizienz sei der absolute Verbrauch gestiegen [369: V. Smil, Energy, 223–256].

Explosion des Energieverbrauches in der Moderne

Höhere Energieeffizienz – steigender absoluter Verbrauch

Vor allem seit Beginn der 1980er Jahre entstanden Studien zur historischen Dimension der gesellschaftlichen Nutzung von Energie. In Verbindung mit seiner Studie über die deutsche Atomwirtschaft (1983) legte J. Radkau zunächst mit J. Varchmin eine zeitlich und räumlich übergreifende Energiegeschichte vor [373: Kraft]. In seiner Studie „Der unterirdische Wald“ griff R. P. Sieferle auf die These Werner Sombarts zurück, dass der Holzmangel am Ende des 18. Jh.s die gewerbliche Entwicklung in eine Krise geführt und gar das Ende des Kapitalismus heraufbeschworen hätte, wenn nicht die Substitution durch die Kohle erfolgt wäre [367]. In England hatte M. W. Flinn [338: Timber] die These vom alarmierenden Holzmangel, der zahlreiche technische Innovationen der englischen Industrie des 17./18. Jh.s ausgelöst habe, als „commonplace“ der Wirtschafts- und Technikgeschichte bezeichnet: Die Substitution des Holzes hänge damit zusammen, dass Kohle in Großbritannien billiger als die Holzkohle gewesen sei, billiger nicht aufgrund von Verknappungen, sondern weil die Arbeit, die in Kohle investiert werden musste, weniger kostete als die, die zur Herstellung der Holzkohle notwendig war. E. A. Wrigley betonte dagegen das Dilemma der englischen Industrien im 16./17 Jh. aufgrund der Verknappungen [374: Supply].

Holz und Kohle

J. Radkau stellte für die mitteleuropäischen Verhältnisse die „Energiekrise“ in Frage [361: Energiekrise]: Die Rede von der Holznot habe mehr mit dem staatlichen Versuch, die Ressource Holz zu kontrollieren zu tun, denn mit dem Schutz der Wälder. Der Übergang zur Kohle sei im Übrigen erst nach 1850 erfolgt, als die Holznotklagen längst verstummt seien. Seine revisionistischen Betrachtungen über die Holznot bildeten den Ausgangspunkt einer andauernden Kontroverse. I. Schäfer konzentrierte sich in ihren Arbeiten vor allem auf die „Gewerbehierarchie“ [365] als Instrument der Brennstoffpolitik, bei der die „Holzmenagierung“, d.h. die territoriale Brennstoffversorgung, auf den

„Brennstoffpolitik“

„Hauptkommerz" ausgerichtet wurde, dem alle anderen Verbraucher untergeordnet oder auf Steinkohle [dazu auch 330: U. Betzhold, Rationalität], Torf und andere Ersatzstoffe verwiesen wurden. Ein kleines, aber waldreiches Territorium fokussierte I. Schäfer in ihrer Wald- und Technikgeschichte zu Lippe (1750–1850), bei der sie das „Gespenst der Holznot" [366] mit Blick auf die Metamorphose des Waldes vom Lebensraum zum Wirtschaftsgut verfolgt. Sie nimmt die vielfältige Waldnutzung bzw. die waldgebundenen und holzkonsumierenden Produktionsweisen (Holzkohle, Kalk- und Ziegelbrennerei, Glasproduktion etc.) in den Blick und interpretiert die „Holzexcesse" als Überlebenskampf ländlicher Unterschichten im Übergang von einer Nahrungsökonomie zur Marktökonomie.

Regenerierbare Energieträger

Neben übergreifenden Konzepten beschäftigten sich seit den 1980er Jahren Studien mit den in der Frühen Neuzeit genutzten Energiepotentialen, und damit ganz überwiegend den regenerierbaren Energieträgern. Die Gesellschaft basierte auf Solarenergie und Biomasse, von der die Primärenergieträger wiederum abhingen. Menschliche Arbeitskraft spielte eine große Rolle und war flexibel einsetzbar: Der Mensch fungierte als Motor z. B. beim Wasserheben mit der Kurbel an der Haspel im Bergbau oder auch im Tretrad, das meist von Frauen betrieben und im Baubetrieb sowie z. B. im Salzbergbau eingesetzt wurde; auch die Turmdrehkräne der Hafenstädte wurden so angetrieben.

Antrieb und Transport

Vor allem Ochsen und/oder Pferde dienten als Zugtiere in der Landwirtschaft oder zum Transport sowie beim Treideln bzw. Schiffziehen [92: M. Popplow, Europa] oder beim Göpel: Bereits im Spätmittelalter nutzte man die Bewegungsenergie von Pferden durch die „Rosskunst", indem man die Tiere im Kreis führte und über ein Getriebe verschiedene Arbeitsmaschinen antrieb. Die Handhaspel reichte im Bergbau bei zunehmender Teufe nicht mehr aus, und Pferdegöpel fanden seit dem 14. Jh. Verbreitung, wobei die mittelalterliche Form abgelöst bzw. optimiert wurde. Göpel kamen dort zum Einsatz, wo Wasserkraft nicht verfügbar war. Im erzgebirgischen Bergbau stellten große Göpel ihren Betrieb erst in den 1870er und 1880er Jahren ein, und trotz der Installation von Dampfmaschinen wurden sie beibehalten und bei Betriebsunterbrechungen eingesetzt [94: L. Suhling, Aufschließen]. In der Landwirtschaft fanden sie sogar erst in der zweiten Hälfte des 19. Jh.s zum Antrieb von Dreschmaschinen stärkere Verbreitung.

Wasserkraft und Wassermühlen

Die Bedeutung der Wasserkraft, d.h. des Wasserrades und der Wassermühle, die ja auch als „medieval machine" (Jean Gimpel) bezeichnet wird, ist unstrittig. Doch neben der Vertikalmühle wird die Horizontalmühle (Löffelrad, Turbinenmühle) in der Forschung neu bewertet: Während Marc Bloch sie 1935 noch als Beleg für „grobe Lebensformen" oder als archaische Mühlenform in „Kulturrückzugsgebieten" bezeichnete, bewertet R. Kreiner sie als einfache, weit verbreitete und angepasste Technologie, die das hohe Gefälle bescheidener Rinnsale nutzen konnte [352: Vorindustrielle Turbinenmühle].

Seit dem Ende des 14. Jh.s hatte die Vertikalmühle in verschiedenen gewerblichen Bereichen Anwendung gefunden. G. Bayerl legte einen Sammelband zu den regenerierbaren Energiequellen „Wind- und Wasserkraft" und damit Forschungen zur Mühle als „technologisches Kernsystem und Modernisierungsfeld der industriellen Evolution (15.–19. Jh.)" vor. Das Projekt war von der energiepolitischen Diskussion angeregt worden und zielte darauf, diese durch historische Erfahrung anzureichern und zu versachlichen. Der Energiegeschichte fehle eine historische Dimension, und Wind- und Wasserkraft seien unterschätzt worden. Diese hätten im Industrialisierungsprozess noch einen Aufschwung erlebt und sogar erst im letzten Drittel des 19. Jh.s ihren Höhepunkt erreicht [328: Wind- und Wasserkraft]. Die Bedeutung der Wasserkraft in der Industrialisierung dürfte in der klassischen Industrialisierungsgeschichte unterschätzt worden sein: Absolut ging der Beitrag der Wasserkraft zur Energieversorgung selbst in Großbritannien erst nach 1870 zurück [328: 342–358]. Wasserturbinen spielten zwar in Großbritannien keine Rolle, doch in Frankreich, in der Schweiz, in Skandinavien und den USA hielt man länger an der Wasserkraft fest, optimierte diese Technologien und legte zum Ausgleich saisonaler Schwankungen Reservoirs an.

Die Mühle: Kernstück einer industriellen Evolution?

Kontinuität der Nutzung von Wasserkraft in der Industrialisierung

G. Bayerl und U. Troitzsch verwiesen auch auf die Tendenz, besonders in den Gewerberegionen Arbeitsprozesse durch den Einsatz von Wasserkraft zu mechanisieren. Im Jahreszyklus und entsprechend den „Launen der Natur" war Wasser nicht immer verfügbar [329: Vorindustrielle Energienutzung]. Für den dauerhaften Betrieb – wie in Bergbau und Hüttenwesen – wurden daher Teiche und Stausysteme angelegt. So wurden die verzweigten Netze im Bergbau im Oberharz von 1560 bis 1860 immer weiter ausgebaut und brachten erhebliche Eingriffe in die Landschaft [327: Ch. Bartels, Wasserkraft-Netz]. Der Mühlentyp wurde den natürlichen Gegebenheiten angepasst: Günstige Verhältnisse bestanden meist in den Gebirgs- und Mittelgebirgslandschaften. Unterschlächtige Räder hängte man in den Fluss, so dass das fließende Wasser unterhalb der Nabe auf das Rad traf. Um 1550 kamen die sog. Pansterräder auf, bei denen die Radwelle dem Wasserstand angepasst

Landschaftsveränderung

Mühlentypen

oder auch aus dem Wasser genommen werden konnte [329: G. Bayerl/ U. Troitzsch, Energienutzung].

Beim oberschlächtigen Rad fließt das Wasser über ein Gerinne auf das Rad, setzt es durch sein Gewicht in Bewegung und erzielt daher einen höheren Wirkungsgrad, den John Smeaton im 18. Jh. durch Messungen belegte und damit die Ansichten einiger Mathematiker widerlegte [373: J. Varchmin/J. Radkau, Kraft, 50f.].

Auf dem Rhein bei Köln wurde während des Mittelalters und der Frühen Neuzeit der Löwenanteil des Getreides auf Schiffsmühlen gemahlen; Wind-, Ross- und Handmühlen spielten eine untergeordnete Rolle. Neben den ungünstigen topographischen Gegebenheiten dürfte auch die Rivalität zwischen Stadt und Erzbischof um die Wasserrechte zu dieser Lösung geführt haben [350: H. Kranz, Kölner Rheinmühlen]. Schiffsmühlen wurden auch an anderen Fließgewässern – wie z. B. an der Elbe – betrieben [328: G. Bayerl, Wind- und Wasserkraft, 245–266].

Windkraft

Das Thema Windkraft hat vor allem in der niederländischen Forschung Interesse gefunden: In den Niederlanden wurden seit Beginn des 15. Jh.s Windräder (poldermolens) zur Drainage genutzt, und 1615 bis 1640 koppelte man besonders im Norden der Niederlande die Windmühlen mit archimedischen Schrauben zur Wasserhebung [335: K. Davids, Successful and Failed Transitions]. Die seit dem frühen 16. Jh. entwickelte oktagonale Holländerwindmühle fand weite Verbreitung bis ins Baltikum oder nach Irland etc. Für den Harzer Bergbau projektierte Gottfried Wilhelm Leibniz eine „horizontale Maschine", eine Windturbine zum Heben des Grubenwassers: Mit dieser könne man „die Krafft des Windes spahren und gleichsam in vorrath legen … wenn man damit wasser in die teiche bringt" [373: J. Varchmin/J. Radkau, Kraft, 70–72]. Neueren Studien zur Nutzung der Windkraft im 20. Jh. stehen bisher keine vergleichbaren Arbeiten zur Frühen Neuzeit gegenüber.

Holz als Brennstoff

Holz war in der Frühen Neuzeit der wichtigste Brennstoff: Zum Hausbrand, zum Heizen, Kochen, Backen, Räuchern und Waschen wurden große Mengen an Brennholz benötigt, darüber hinaus Prozessenergie für hüttentechnische und gewerbliche Prozesse auf der Basis von Holz und Holzkohle. Holz war für die Betriebe der gewerblichen Großverbraucher daher auch standortbildend und förderte ein dezentrales Wachstum, wobei die Grenzen des Wachstums im „hölzernen Zeitalter" (Werner Sombart) sehr unterschiedlich eingeschätzt werden. Das Gespenst des Holzmangels sei schon im 16. Jh. bes. in den Salinenregionen erschienen, daher hätten die Salinen in ihrer Holzbeschaffung weit ausgegriffen. In den Salinen wurden dann auch Sparpotentiale ausgeschöpft und Innovationen wie Gradierwerke und Vorwärmpfannen zur Senkung des Holzverbrauchs implementiert; Versuche mit Torf und Kohle als Brennstoff folgten [359: P. Piasecki, Salinenwesen]. Der Bedarf des Bergbaus und der Salinen als Großverbraucher ist in einem Sammelband „Bergbau und Holz" [348: W. Ingenhaef/J. Bair] zeitlich übergreifend und für mehrere Reviere behandelt worden. Im Zuge der Großen Montankonjunktur ab 1450 griff der Bergbau in starkem Ausmaß auf den Wald zu. Die Nutzung rangierte hier deutlich vor Nachhaltigkeit, denn die Wald- und Forstwirtschaft war überall dem Montanwesen untergeordnet, wobei die Nutzung je nach Herrschaft, Besitz, Verfügbarkeit, Bedarf, Technik etc. unterschiedliche Formen annehmen konnte. Vielfältige Strategien werden deutlich: die Haubergswirtschaft (gekoppelt mit Import), die Verhüttung an den Rändern der Berggebiete, der Ausbau des Transportwesens durch ein System von Graben- und Flussverbauungen, Holztrift und Flößerei, Hüttenverlegungen, Vermeidung von Nutzerkonkurrenzen (Glashütten), Bildung von Schmelzkonsortien, verbesserte Verfahren, Zukauf, Substitution und andere.

Sparpotentiale und Innovationen in den Salinen

Holzbedarf im Bergbau

Holzsparmaßnahmen im Gewerbe lassen bis ins 18. Jh. einige Grundprinzipien erkennen: geschlossene, ummauerte Feuerung, rascher Abzug der Wärme wird verhindert, Nutzung der Abwärme zur Vorwärmung oder Trocknung, Kontinuität im Produktionsprozess [362: J. Radkau/I. Schäfer, Holz]. Auf die zahlreichen Erfinderprivilegien für holzsparende Technologien im 16. und frühen 17. Jh. hat R.-J. Gleitsmann hingewiesen [342: Erfinderprivilegien]. Die Holzsparliteratur entwickelte sich zu einer eigenen Gattung und Ratgeber wie Georg Andreas Böcklers „Furnologia oder Haushältliche Oefen-Kunst" (1666) hatten vor allem in der zweiten Hälfte des 18. Jh.s wieder Konjunktur. Der Schlüsselbegriff der Gattung war zunächst die „Holzsparkunst", die Johann Fischart Ende des 16. Jh.s noch als „Weibskunst" definierte. Im 18./19. Jh. wurde der Diskurs über Feuerungsanlagen und Geräte unter Männern geführt, die sich als Fachleute gerierten und anleiteten, wodurch die frühere personale „Kunst" nun mit der entsprechenden Geschlechterzuweisung in die Aura des allgemeingültigen Wissens gehoben wurde [346: K. Hausen, Häuslicher Herd]. Wieweit solche „Holzsparkünste" umgesetzt worden sind, ist noch ein Desiderat der Forschung, allerdings gibt es – möglicherweise evoziert durch die „Kleine Eiszeit" und den durch das Bevölkerungswachstum gestiegenen Verbrauch – zahlreiche Hinweise auf Öfen „nach der neuen Invention" (wie z. B. 1575 in Frankfurt) [371: I. Unger, Kölner Ofen-

Holzsparende Technologien

„Holzsparkünste"

kacheln, 10]. Der Überblick zur Entwicklungsgeschichte der häuslichen Heizung [336: A. Faber, Entwicklungsstufen] könnte mittlerweile um Fragestellungen und Ergebnisse der Klimarekonstruktion erweitert werden.

Veränderungen der Alltags- und Wohnkultur – wie z. B. die Verbreitung der Glasfenster – sind auch in diesem Zusammenhang zu sehen: Fensterglas kannte man zunächst nur in Kirchen und seit dem 12. Jh. in herrschaftlichen Bauten, im 13. bis 15. Jh. sprach man daher noch explizit von „glasevenster" [347: M. Henkel, Kachelofen, 48f.]. In Zürich kamen erst 1504 „die Schybenfenster in die gross Rathstuben, denn bishar warend sy nur tüchig gsin (aus Tuch gewesen)" [76: H. Kühnel, Alltag, 263]. Wo Holz nicht verfügbar war, griff man z. B. auf getrockneten Kuhdung, ausgelaugte Lohe der Gerber und in moorreichen Gebieten auf Torf zurück. Torf war in den Niederlanden auch Basismaterial der „steenbakkerij", die im 17. Jh. einen jährlichen Ausstoß von ca. 200 Mio. Backsteinen hatte. Zu Abbau und Nutzung von Torf in Verbindung mit der Nutzung von Wind und Steinkohle im „Dutch Golden Age" gibt es mehrere Forschungsbeiträge [z. B. 372: R. W. Unger, Energy Sources]. Eine Folge des Torfabbaus für die Städte war, dass ihr Umland absank und Probleme bei der Wasserver- und -entsorgung der Städte bereitete; die ökologischen Probleme haben bisher geringere Berücksichtigung gefunden [363: J. Renes, Urban Influences].

Torf und andere Substitute

Die Bedeutung des Torfstichs im Alten Reich – abgesehen vom nordwestdeutschen Raum [340: M. A. W. Gerding, Torfschifffahrt] – ist möglicherweise unterschätzt worden: Berlin und Potsdam bezogen z. B. seit 1791 über den Ruppiner Kanal aus Linnum und Hakenberg Torf, der um 1800 ca. 15 Prozent der Brennstoffversorgung der beiden Städte deckte [344: H. Harnisch, Energiekrise]. In der bayerischen Pfalz verdreifachte sich der Torfabbau von 1820 bis 1850 [304: B.-S. Grewe, Wald, 134–137]. Ähnliches gilt für die lange als „Turff" bezeichnete Braunkohle, die man in blumentopfähnlichen Formen zu sog. Klütten presste; größere Stücke Fossilholz, sog. Knabben, handelte man körbeweise.

Braunkohle

Der Einsatz der Holzkohle bei der Erzverhüttung konnte im Verlauf der Frühen Neuzeit zunehmend reduziert werden. Bei den steirischen Hochöfen wurde z. B. im 16./17. Jh. noch die zweieinhalbfache Gewichtsmenge des Erzes an Holzkohle benötigt, 1850 jedoch nur noch 80 bis 90 Prozent [358: F. Mittermüller, Holzkohle]. Gerade die Konkurrenz der Steinkohlen(koks)verfahren führte in den Regionen, in denen mit Holzkohle verhüttet wurde, zu einer Optimierung der Brenn-

Holzkohle: Optimierung der Brennstofföknomie

stoffökonomie, so dass die Holzkohletechnologien um 1850 auf ihrem Höhepunkt angelangt waren [339: R. FREMDLING, Innovation].

In England ging man zunächst vom Stammholz auf Knüppelholz über [338: M. W. FLINN, Timber], und der sog. Schlagwald erlangte gerade in diesem Kontext Bedeutung. Die Haubergswirtschaft des Siegerlandes beruhte auf einer solchen Einteilung in Schläge. Der Hauberg, ein mit Eichen und Birken bewachsener Mittelgebirgshang, dessen Bäume nicht älter als 18 bis 20 Jahre wurden, wurde als Niederwaldbetrieb auf genossenschaftlicher Grundlage betrieben. R.-J. GLEITSMANN beschreibt dies als regenerative Form der Ressourcennutzung. Das Siegerland sei daher ein erfolgreiches historisches Beispiel dafür, dass gewerbliches Wirtschaftswachstum nicht zwangsläufig oder naturgesetzlich mit Umweltzerstörung einhergehen müsse [341: Haubergswirtschaft]. R. FREMDLING betont, dass die Umstellung der Siegerländer Eisenindustrie auf Steinkohle nicht durch Holzknappheit verursacht wurde. Es habe einen säkularen Preisanstieg seit 1730 mit Beschleunigung im letzten Drittel des 18. Jh.s beim Holz gegeben, aber es spreche einiges dafür, dass Holz zu einem wirklich knappen und teuren Gut gemacht wurde, um erhöhte Einnahmen aus den Staatswaldungen zu erzielen [339: Innovation].

Steinkohle auf dem Kontinent

Steinkohle war auf dem Kontinent schon im Spätmittelalter in einigen Regionen bekannt. In Lüttich betrieb man vom 13. bis ins 15. Jh. oberflächennahen Abbau und verschiffte die Kohle über die Maas in brennstoffarme Gebiete. Seit dem 14. Jh. wurden auch Briketts aus Lehm, Wasser und Kohlenstaub – meist von Frauen – geformt und von armen Leuten aber auch in Klöstern verheizt. Auch die Umweltprobleme, insbes. der Dauerkonflikt zwischen Bergbau und Wasserversorgung bis ins 19. Jh. bzw. die Auswirkungen des Bergbaus auf den Wasserhaushalt der Region (Versiegen von Bächen) behandelt in einer neueren Studie H. KRANZ [351: Lütticher Steinkohlenbergbau].

Metallgewerbe und Salinen als Abnehmer

Für den märkischen Raum hat M. FESSNER die Bedeutung der Steinkohle „auf dem langen Weg zum industriellen Ruhrrevier" erforscht [337: Steinkohle]. Das Metallgewerbe habe Steinkohle früher und in größerem Ausmaß verwendet als bisher angenommen. Einzelne Steinkohlelieferungen („Esskohle") an Schmiede sind seit dem 14. Jh. belegt; im 15./16. Jh. galt der Steinkohlenbergbau bereits als wichtiger Gewerbezweig. Hinweise auf Raubbau finden sich nicht, eher schon auf systematischen Abbau; der Stollenbau war im 16. Jh. verbreitet. Zu Beginn des 17. Jh.s kamen die Salinen bei Unna als weiterer Abnehmer hinzu, denn sie übernahmen die seit den 1560er Jahren bereits in Sooden-Allendorf entwickelte Steinkohlenfeuerung; dort hatte der

Salinenmeister Johannes Rhenanus 1563 Steinkohle aus Lüttich verheizen und später Braunkohlevorkommen erschließen lassen. Stein- und Braunkohle wurde offenbar eingesetzt, wo dies technisch möglich und wo der Transport günstig war. Holz bzw. Holzkohle wurden seit dem 16. Jh. nur noch da eingesetzt, wo dies verfahrenstechnisch unbedingt notwendig war. Die Produktivität im Abbau der Kohle stieg zwar im 18. Jh. ständig an, doch ein Massengut wie Steinkohle hatte auf dem Landweg höhere Transportkosten als das Holz (zu Wasser). Die Vorräte führten daher nicht direkt zur Verfügbarkeit. Berliner Schmiede bezogen z. B. in den 1740er Jahren Steinkohle günstiger aus England (über Stettin) als über den Landweg aus Schlesien. Erst durch die Schiffbarmachung der Ruhr in den 1770er Jahren konnten weitere Absatzräume (z. B. für die holländische Nachfrage) erschlossen werden. Fessner zieht das Fazit, einen generellen Energiemangel habe es im 17./18. Jh. nicht gegeben, und Steinkohle sei bereits vielfach als Brennstoff genutzt worden. Die Verfahren, mit denen seit dem 16. Jh. Holzkohle substituiert worden sei, stellten noch „ein Desiderat der Forschung" dar, ebenso die Entwicklung in anderen Regionen.

Transport und Absatz

Entsprechend der wirtschaftlichen Bedeutung der Steinkohle war sie in Großbritannien ein wichtiges Forschungsthema [345: J. HATCHER, History]. London bezog im 16. Jh. über den Wasserweg schon große Mengen Steinkohle aus Mittel- und Nordengland, deren Verwendung zu einer Luftverschmutzung führte, die Zeitgenossen wie John Evelyn (1661) karikierten: London müsse „das prächtige Haupt in Wolken von Rauch und Schwefel, so voller Gestank und Finsternis hüllen". Die Luftverschmutzung hat auch in der Forschung ihren Niederschlag gefunden [370: W. H. TE BRAKE, Luftverschmutzung; 332: P. BRIMBLECOMB, Big Smoke].

Probleme der Nutzung von Steinkohle

In Mitteleuropa begann das fossile Zeitalter im Vergleich zu Großbritannien erst spät: 1693 verwies zwar Johann Philipp Bünting in „Sylva Subterranea" auf den unterirdischen Wald der Steinkohlen und verkündete, dass dank ihrer „destoweniger an ferneren guten Progressen mit Gottes Hülffe zu zweifeln sei" [367: R. P. SIEFERLE, Wald], doch auf dem Kontinent war dies ein langer Prozess. In der Schweiz hatte 1851 das Holz noch einen Anteil von 88 Prozent an der Primärenergiebilanz; Torf kam auf 9 Prozent, Kohle auf 3 Prozent. Bis weit in die zweite Hälfte des 19. Jh.s hinein blieb die früh industrialisierte Schweiz eine solare Gesellschaft [355: D. MAREK, Weg]. In Österreich lag z. B. in Wien erst in den 1880er Jahren der Anteil der Kohle (am gesamten Brennwert) höher als der des Holzes [364: R. SANDGRUBER,

Energieversorgung]. In Mitteleuropa wurde daher auch das Problem der „Rauchplage" – von gewerblichen Emissionen abgesehen – erst in der Hochindustrialisierung virulent [357: I. Mieck, Aerem corrumpere non licet; 41: F. Uekötter, Umweltgeschichte, 62–68].

Langsame Substitution des Holzes als Brennstoff

Energiegeschichte bzw. Energie als Bereich der Umweltgeschichte zeigt zum einen eine Nähe zur Technikgeschichte, sie rückt aber auch in die Nähe der Klimageschichte: So stellt sich z. B. die Frage nach der Bedeutung klimatischer Trends und bes. der „Kleinen Eiszeit" für die Entwicklung bzw. Gewinnung von Biomasse bzw. des Bedarfs und der Verfügbarkeit der Energieträger. Neuere Forschungen zeigen hinsichtlich der Nutzung regenerativer und fossiler Energieträger starke räumliche Unterschiede auf dem Kontinent mit der Tendenz zur Ausschöpfung aller Energiepotentiale. Verfügbarkeit und Transport sind ebenso zentrale Begriffe einer Energiegeschichte wie Verbrauch und Energieeffizienz sowie die eingeschlagenen regionalen bis nationalen Pfade (z. B. in der Nutzung von Wasser- und Windenergie oder in der Optimierung der Holzkohletechnologien). Die Frage, ob man von einem nachhaltigen Energieverbrauch in der Frühen Neuzeit sprechen kann, wird man jedoch nur in einer räumlich vergleichenden und langfristigen historischen Perspektive diskutieren können.

Nachhaltiger Energieverbrauch in der Frühen Neuzeit?

## 6. Stadt

In der umweltgeschichtlichen Forschung war – auch und gerade in den Vereinigten Staaten – die Stadt lange ein unterbelichtetes Segment [43: V. Winiwarter/M. Knoll, Umweltgeschichte, 177–206]. M. Knoll führt dies auf die Prägekraft von D. Worsters „agroecological approach" zurück, der das Interesse auf außerurbane Themenfelder gelenkt habe [427: Transformations]. In der Folge forderten M. Melosi [414: Place] sowie Ch. M. Rosen und J. Tarr [413: Importance] die Integration der Stadt als „second nature", als gebaute Umwelt, in die Umweltgeschichte ein: „Environmental history is about the role and place of the physical environment in human life" [414: M. Melosi, Place, 5]. In einem Forschungsüberblick zur deutschen Umweltgeschichte nennt N. Freytag die Umweltgeschichte der Stadt als eines der zentralen Themen: Dabei gelte das Augenmerk der „urban environmental history" bzw. der städtisch-industriellen Umweltverschmutzung . Die Umweltmedien Luft und Wasser und bes. das 19. Jh. würden in den Blick genommen; ein jüngst erkennbarer Akzent sei die

Beschäftigung mit Stadt und Katastrophen [469: Umweltgeschichte, 393–398].

Während sich für das Thema Stadt im 19./20. Jh. ein starkes umweltgeschichtliches Interesse abzeichnet [z. B. 35: D. Schott/B. Luckin/G. Massard-Guilbaud, Resources], hat die Frühe Neuzeit keine entsprechende Berücksichtigung gefunden. U. Rosseaux resümiert in seinem instruktiven Überblick über die Städte der Frühen Neuzeit, die städtische Umweltgeschichte der vorindustriellen Zeit befinde sich als systematisch betriebene Forschung noch in den Anfängen, betont aber vorliegende Erkenntnisse und das Potenzial des Forschungsfeldes [420: Städte, 103].

Potenzial des Forschungsfeldes

Die Ursachen für die deutsche Entwicklung gehen offenbar weiter zurück: H. Knittler formuliert den Eindruck, dass das bürgerlich-liberale Geschichtsdenken ein negatives Bild der frühneuzeitlichen Stadt geprägt habe [407: Europäische Stadt, 11], und H. Schilling betont, dass sich die Forschung dementsprechend auf die mittelalterliche Stadt konzentriert habe. Die ältere Frühneuzeitforschung habe die Städte stiefmütterlich behandelt [423: Stadt, 2]. Doch während die angelsächsische Forschung Urbanisierung in historischer Dimension als „history of the way Europe was urbanized“ verstanden habe, so sei in der deutschen Geschichtswissenschaft Urbanisierung meist als Teilprozess einer im 18. Jh. einsetzenden Modernisierung definiert worden. Erst mit dem umfassenden Paradigma „Urbanisierung“ sei eine neue Bewertung der frühneuzeitlichen Stadt möglich [423: 51–72]. Mehrere Studien belegen die fruchtbare Umsetzung dieses Konzeptes bzw. dieser Vorstellung von Urbanisierung und sind zugleich auch Bausteine für eine Umweltgeschichte der Stadt [z. B. 419: B. Roeck, Stadt; 387: G. Fouquet, Bauen].

Negatives Bild der frühneuzeitlichen Stadt

Fragen wir nach der Umweltgeschichte der frühneuzeitlichen Stadt, so waren die klassischen Positionen durchaus folgenreich, denn historisch angelegte Studien, die ökologische Aspekte behandelten, folgten der allgemeinen Meistererzählung, die G. Bayerl am Beispiel der Wasserversorgung dekonstruiert hat [378: Historische Wasserversorgung]. Entsprechende Studien konzentrierten sich vor allem auf die Antike und das 19./20 Jh. und vermuteten nach dem Zusammenbruch der römischen Herrschaft einen kulturellen Niedergang mit „primitivste(n) Versorgungstechniken“ und „fünfzehn Jahrhunderten Vernachlässigung“, auf die dann im 19. Jh. ein neuer Aufschwung folgte. Erst die Ingenieurleistungen des 19. Jh.s hätten daher den Anschluss an die Antike ermöglicht. Solche Fortschrittsgeschichten warben mit der Technik als Kulturfaktor und der Kulturleistung der

Master narratives: von der Antike ins 19. Jh.

Ingenieure um gesellschaftliche Anerkennung für die „Meisterwerke“ der Naturwissenschaften und der Technik. Sie thematisierten gerne die zentrale Wasserversorgung, erst in zweiter Linie die Entsorgung, die sich weniger für eine Erfolgsgeschichte eignete.

Das Mittelalter und die Frühe Neuzeit fanden in solchen Darstellungen daher kaum Platz, allenfalls als „Vorfluter“ oder als Negativfolie. Die Einpassung in das *master narrative* gelang in empirisch orientierten Studien nicht immer konfliktlos: M. Kromer ging zwar im ersten Teil seiner Studie von der römischen Wasserversorgung aus, die Quellen- und Brunnengeschichte der Stadt Ulm der Frühen Neuzeit führte jedoch zu einer Evaluation der „Leistungen“ der „Meister des Faches“, der Brunnenmeister, und zu einer äußerst anschaulichen und materialreichen Darstellung, die auf reichhaltiges Planmaterial zurückgreifen konnte: Auf den Ulmer „Fädelesplan“ von 1575 (die Hauptleitungen sind durch eingenähte Fäden dargestellt) folgten die Pläne von 1672, 1713 und 1761, in die auch die Abnehmer und die gekauften Wassermengen eingetragen sind und die die Weiterentwicklung des Netzes erkennen lassen [410: Wasser].

Kritik der Meistererzählung: kommunale Leistungen

1981 machte U. Dirlmeier die mit der städtischen Versorgung und Entsorgung verbundenen kommunalpolitischen Zuständigkeiten und Leistungen zum Thema [384]. Er setzte sich mit der älteren Forschung auseinander, die den Akteuren „Stumpfsinn“ und „Energielosigkeit“ bescheinigt hatte: Die Zeitgenossen hätten die „rühmlichen Bestrebungen und Einrichtungen“ des römischen Weltreiches bald wieder vergessen. So war auch von der „trübe(n) Zeit des Mittelalters“, von Stillstand – wenn nicht Rückschritt – die Rede; erst die wissenschaftlichen Erkenntnisse hätten die städtischen Verwaltungen aus ihrer Sorglosigkeit aufgerüttelt. Die Meistererzählung war folgenreich, denn Überblickswerke und Lexika übernahmen die Position, „die technischen Fähigkeiten sowie die hygienischen Erkenntnisse der Wasserqualität (seien) verlorengegangen“ (vgl. Brockhaus Bd. 20, 1974, 75). Dirlmeier betont dagegen die spätmittelalterlichen Ansätze theoretischer Beschäftigung mit der Wasserversorgung und der Abfallbeseitigung sowie die darauf gründenden Vorsorgemaßnahmen, wie sie z. B. in den Stadtrechten aufscheinen [vgl. dazu 424: B. Schneidmüller, Städtische Umweltgesetzgebung], wobei der Rat und seine Institutionen (Bau- und Brunnenmeister etc.) erst mit der Zeit eine unmittelbare Zuständigkeit bzw. Gesamtverantwortlichkeit erlangten. Auf die verschiedenen Träger der Leitungsnetze – wie Stadt, Hof, Universität oder Genossenschaften – ist in späteren Forschungen immer wieder

Stand der medizinischen Erkenntnisse

verwiesen worden. Dirlmeier bezog die Umweltprobleme auf den Stand der medizinischen Erkenntnisse, d.h. auf die Miasmentheorie, die die Entsorgung über die Fließgewässer nahe legte [385: Umweltprobleme, 191–205]. Der Schwerpunkt seiner Ausführungen liegt zwar im Spätmittelalter, doch er konnte zeigen, dass auch das 16. und 17. Jh. einen produktiven empirischen Ansatzpunkt für die Analyse der städtischen Ver- und Entsorgung bieten. Die Meistererzählung war nun nicht mehr tragfähig! Allerdings zollte noch einmal G. Garbrecht den antiken Wasserbaumeistern „Respekt und Hochachtung" und schloss mit dem „Tiefstand von eineinhalb Jahrtausenden", der erst mit den großen technischen und sozialen Leistungen des ausgehenden 19. Jh.s überwunden werden konnte, noch einmal an die Meistererzählung an [390: Wasserversorgung].

Dirlmeier: Frühe Neuzeit als ertragreiches Forschungsfeld

Zu Beginn der 1980er Jahre erschien die von alltagsgeschichtlichen Interessen geprägte Studie von E. Suter [426] zu Wasser und Brunnen im alten Zürich: Sie beschreibt die Quellwasserleitungen als „Rückgrat der Versorgung", verbunden mit dem Limmatwasser und dem Grundwasser. Neben der institutionellen Seite (Brunnen und Brunnenmacher) umreißt Suter mit Beschaffung und Verteilung die Wasserversorgung als „Lebensnerv" der Stadt: Die Bedeutung von „Wasser im Alltag" zeigt sich u. a. im personellen und zeitlichen Aufwand der Wasserbeschaffung, die in ihrer geschlechtsspezifischen Arbeitsteilung auch im Plan von Jos Murer von 1576 bildhaft zum Ausdruck kommt. Der Brunnen gewährte Zugang zum Wasser, er war jedoch auch ein kommunikatives Zentrum und ein Prestigesymbol; seine private Nutzung im Hof des Hauses führte im 17./18. Jh. zu einer Verhäuslichung von Tätigkeiten. Im 16. Jh. und nach 1760 war das Leitungs- und Brunnensystem stark erweitert worden. Neuansätze bzw. Überlegungen setzten im 19. Jh. ein, als die Cholera Zürich 1855 erfasste. Suter bringt zahlreiche Belege dafür, dass die Zeitgenossen die Qualität des Wassers zur Sprache brachten, wenn sie z. B. 1696 monierten, „dass das unsaubere Brunnenwasser leüthen und viehe leichtlich zu schaden gereichen kan" [426: Wasser und Brunnen, 84].

Wasser als Lebensnerv der Stadt

Alltags- und Sozialgeschichte

Qualität des Wassers

Auf der Basis dieser Studie hat R. Sablonier [421: Wasser] einen Kranz von Fragestellungen zu „Wasser in der städtischen Gesellschaft" entworfen und betont, dass zu Verteilung und Konsum von Wasser weitere Forschungsanstrengungen sinnvoll und Vergleiche lohnend seien, denn die Forschung stecke erst in den Anfängen. Der Zusammenhang zwischen Wasserverteilung und sozialer Topographie sei zu erforschen. Was heiße gut versorgt aus der Perspektive der Leute? Welche Kriterien (Quantität, Qualität, bequemer Zugang) und in welcher Kombination

Plädoyer für eine Ökonomie des Wassers

habe man angelegt? Auch über Verbrauch und Bedürfnisse habe man keine konkreten Angaben. Die Unterscheidungsfähigkeit dürfte eher besser oder jedenfalls adäquater gewesen sein als heute, die Mehrfachnutzung von Wasser müsse sehr viel verbreiteter gewesen sein. Doch eine Grammatik nach den Funktionen des Wassers genüge nicht, erstrebenswert sei eine eigentliche „Ökonomie des Wassers“ in der städtischen Gesellschaft, bei der analytische Begriffe wie Angebot und Nachfrage sowie Kosten und Gewinne durchaus nützlich seien. Ökologische Überlegungen wären hier einzuordnen, und schließlich sei das Wasser in der Hierarchie der materiellen Ressourcen in der Stadt zu sehen.

Die Studie von Th. Kluge und E. Schramm „Zur Geschichte des Trinkwassers“ war als Beitrag zur Sozial- und Umweltgeschichte konzipiert. Auf der Basis der Literatur und gedruckter Quellen wird die Frühe Neuzeit nur als Vorgeschichte behandelt [405: Wassernöte, 9–33], und nur die Frankfurter Verhältnisse werden intensiver beleuchtet. Hinsichtlich der „Wassergüte“ weisen die Autoren auf die Ansätze bzw. Strukturen einer Theorie zur Beurteilung des Wassers im Zuge der Aufklärung hin [405: 27–33]. Sie betonen auch, dass z. B. in Frankfurt (sowie in vielen anderen Städten) durch das Schleifen der Festung und das Zuschütten der Wassergräben im 19. Jh. der Grundwasserspiegel gesunken sei. Man habe dann die Brunnen tiefer gelegt und die Lehmschicht durchstoßen. Daher sei die Qualität des Wassers gesunken und die Gefahr der Kontamination gestiegen. Durch die rasante Bevölkerungszunahme sei zudem der Bedarf gestiegen [405: 34–36]. Zu Kanalisation und Hygiene in Frankfurt am Main hat Th. Bauer eine Studie vorgelegt, die vom 16. bis ins 19. Jh. reicht und Aktenbestände städtischer Behörden (Bauakten, Medicinalia) heranzieht. Er wendet sich ebenfalls gegen das Pauschalurteil einer Indifferenz gegenüber Schmutz und Gestank und behandelt u. a. die Tätigkeit von Stadtärzten wie Joachim Strupp (1530–1606), dessen „Consilium Medicvm Generale“ (1567/73) die Einzelverordnungen der Messestadt zu einem ersten Lehrbuch der öffentlichen Hygiene bündelte [377: Bauch].

Trinkwasser

Kanalisation und Hygiene

Ob der Problemdruck bei der innerstädtischen Wasserverschmutzung seit Beginn der Industrialisierung langfristig deutlich zurückging, steht zur Diskussion. M. Illi betont, dass eine großangelegte Gewässerverunreinigung bis zum Beginn der Industrialisierung nicht aufgetreten sei. Für das Mittelalter sei sie z. B. nur kleinräumig nachzuweisen, und die Fließgewässer hätten deshalb relativ über eine größere Selbstreinigungskraft als heute verfügt. Die hygienischen Notstände des 19. Jh.s hätten zu einer verzerrten Sicht auf das Mittelalter geführt [400: Was-

Dimensionen der Gewässerverunreinigung

serentsorgung, 228]. U. ROSSEAUX hat daher gegen bis heute gängige populäre Klischees resümiert, dass die durchaus effizienten und differenzierten Systeme der Entsorgung, „erst durch die Explosion der Einwohnerzahlen im Laufe des 19. Jh.s über den Rand ihrer Möglichkeiten hinausgetrieben und schließlich durch andere Methoden abgelöst wurden" [420: Städte, 110].

Gewerbe und Umweltbelastung

In den 1980er Jahren ergab sich eine starke Konvergenz umwelt- und technikhistorischer Forschungen auch zum Thema Wasser: G. BAYERL hat z. B. am Beispiel der Papiermacherei die Umweltbelastung durch vorindustrielle Gewerbe und besonders den Wasserbedarf und die Wasserverschmutzung fokussiert [51: Papiermühle, Bd. 1, 398–476]. Die technikhistorische Forschung konzentrierte sich in der Folge jedoch weitgehend auf das 19. und 20. Jh.

Mit der Studie „Tod in Hamburg" gelang R. EVANS [236] eine profunde historische Studie zur „Krise der städtischen Umwelt", die die soziale, politische und medizinische Dimension der Cholera (1830 bis 1910) freilegte. Wenngleich die Beziehung zwischen Seuchen und Wasser für die Frühe Neuzeit immer wieder thematisiert worden ist, liegt für die Frühe Neuzeit hierzu keine annähernd vergleichbare Studie vor.

Das Thema Wasser fand in den 1980er Jahren und besonders nach dem Fischsterben im Rhein nach dem Großbrand bei Sandoz 1986 Resonanz. Die „Kulturgeschichte des Wassers" war getragen von der Sorge um den verantwortlichen Umgang mit dem Wasser und setzte auf die Wiedergewinnung seiner Elementarität mit dem Ziel eines vollständigen Bildes des europäischen Denkens und der Imagologie des Wassers [380: H. BÖHME, 37]. Doch eine Kulturgeschichte des Wassers – so Böhme – liege noch vor uns. Das zeigt auch das Prolegomenon zu einer Kulturgeschichte „Das Wassertrinken", das einen für die Frühe Neuzeit wenig ergiebigen Überblick ohne Tiefgang bietet: „In der frühen Neuzeit blieb es hinsichtlich Trinkgewohnheiten und Wasserversorgung beim Alten. ... Das Wasser, das zu den Mahlzeiten gereicht wurde, war oftmals trübe und verseucht" [393: G. HIRSCHFELDER, 341].

Bausteine zu einer Kulturgeschichte des Wassers

Desiderate: Brunnen- und Wasserordnungen

Mehrfach wurde das Thema Wasserversorgung in der stadtgeschichtlichen Literatur und in Ausstellungen aufgegriffen: R. BUSCH legte z. B. einen Überblick zur Wasserver- und -entsorgung für norddeutsche und besonders niedersächsische Städte vor, in den er archäologische Forschungen einbeziehen konnte [383: Wasserversorgung]. Er vermerkte jedoch auch zahlreiche Desiderate wie z. B. eine kritische Quellensammlung der Brunnen- und Wasserordnungen. Eine Lokalstudie zu Innsbruck dokumentiert, dass die Stadt durch städtische und ärarische Leitungsnetze versorgt wurde. Die Hofbrunnenordnung von 1540 gibt z. B. Aufschluss „wie, wem und wohin dieselbigen Wasser gefuert und dieser Zeit gepraucht werden“ [398: F.-H. Hye, Geschichte, 179–228]. Mehrfach ist von der Wassergüte die Rede, wenn z. B. festgehalten wird, „dass solch Haus ains saubern Wassers zu Trincken, Kochen und Vischkaeltern beduerfftig“, oder „ain solch treffenlich Wasser“ erwähnt wird, aus dem man „vil Pruennen bey der Statt ausgeben (moecht), die dann auch ain gueten Zinß tragen wurden“ [398: 205]. Probleme, wie der Wasseraustritt bei nicht dicht gesteckten Rohren, durch den die erdige Straßenfläche aufgeweicht und kotig wurde, sind benannt. Sie brachten (1517) dem Stadtteil St. Nikolaus den Spitznamen „Katlachn“ (Kotlache) ein [398: 72]. Auch diese Studie zeigt die Überlieferung und Ergiebigkeit des Plan- und Kartenmaterials. G. Leidel und M. R. Franz präsentieren reiches Material zum Wasser in der Stadt, für die der Fluss ein gefährdendes und ein tragendes Element war. Neben der ökologischen Dimension und der Konkurrenz der verschiedenen Funktionskreise mit ihren gegensätzlichen Zurichtungen des Flusssystems geraten auch die verschiedenen Rechtskreise in den Blick: An der Donau musste z. B. die Reichsstadt Regensburg mit dem bayerischen Territorialstaat einen Ausgleich ihrer Interessen finden [79: Flusslandschaften, 116–124].

Organisation der Versorgung

Plan- und Kartenmaterial

Das Wasser als „lebenstragendes Medium“ [380: H. Böhme, Kulturgeschichte, 7] ist eine essenzielle Ressource und ein zentrales Element in der „Ökonomie der materiellen Ressourcen“ im sozialen System der Stadt. Doch sowohl Versorgung (Fließgewässer, Quellleitungen) als auch Entsorgung führen unmittelbar zu den Umlandbeziehungen der Stadt. Die Stadt ist keine Insel, „die sich aus einem anders gearteten Raum heraushob“ und kein autarkes Gebilde, wie noch Karl Büchers Modell der Stadtwirtschaft nahelegte [403: R. Kiessling, Stadt, 1]. Durch neuere Forschungen zur Migration in die Stadt und zur wirtschaftlichen Versorgung mit Grundnahrungsmitteln wie Getreide, Fleisch und Fisch (durch verschiedene Marktformen) ist die starke Einbindung der Stadt in die Region und darüber hinaus deutlich geworden. R. Kiessling hat am Beispiel Ostschwaben Umland und Hinterland als stadtbezogene Räume untersucht und die wirtschaftlichen und herrschaftlichen Stadt-Land-Beziehungen bis ins 16. Jh. verfolgt. F. Irsigler stellte 1991 ein Modell zur Bündelung von Energie in der mittelalterlichen Stadt analog den Thünenschen Ringen vor [402: Bündelung], das – ergänzt durch die Entsorgung – auch für die Umweltgeschichte der Frühen Neuzeit tragfähig ist. Denn Städte bündeln naturale Ressourcen und Energie und sind daher auch „Senken“. Für R. C. Hoffmann müssten die Forschungsergebnisse aus der

Umland-beziehungen der Stadt

Bündelung natürlicher Ressourcen in der Stadt

Wirtschaftsgeschichte und der historischen Geographie in „ecological terms“ übersetzt werden [397: Footprint, 295].

Stoffwechsel mit der Natur

In neueren umweltgeschichtlichen Ansätzen bildet daher die Annäherung an die Stadt durch den Stoffwechsel mit der Natur einen wichtigen Ansatzpunkt [43: V. Winiwarter/M. Knoll, Umweltgeschichte, 177–206]. Mit verschiedenen Konzepten, die man mit Begriffen wie Stoffströme (A. Adriaanse), Gateways (W. Cronon), ökologischer Fußabdruck (W. Rees) oder Metabolismus (St. Boyden, M. Fischer-Kowalski) umreißen kann, wird versucht, die Folgen der Nutzung von Ressourcen zu bilanzieren. In der konkreten Anwendung solcher Modelle auf das Spätmittelalter und die Frühe Neuzeit kommen sie jedoch schnell an ihre Grenzen [397: R. C. Hoffmann, Footprint]. Präzise Daten sind meist nicht zu erwarten, dennoch sind sie als Instrument zur historischen Analyse hilfreich; daher liegt der Fokus eher auf der Abschätzung der Dimensionen des städtischen Stoffwechsels. M. Knoll sieht die Potenziale der Stoffwechselperspektive für die Frühe Neuzeit denn auch in der qualitativen und quantitativen Identifizierung von Stoffströmen mit Blick auf die betreffenden Ökosysteme und Handlungsspielräume [408: Wald] analog zum „metabolic approach“, wie ihn S. Barles z. B. für Paris im 19./20. Jh. expliziert hat [376].

Potenzial des „metabolic approach“

Neben Wasser zählen auch Holz und Baustoffe (sowie im allgemeinen Sinne Nahrungsmittel) zu den essenziellen Ressourcen: Insbesondere die Versorgung mit Holz und vor allem Brennholz ist in der neueren Forschung (in Verbindung mit dem Thema Wald) zum Thema gemacht worden: J. Radkau hat darauf hingewiesen, dass die „Stadtwälder“ meist nur lokalgeschichtlich behandelt worden seien, doch die Holzversorgung sei ein Politikum und das Forschungsdefizit sei angesichts der Bedeutung der Brennholzversorgung geradezu paradox; zudem berühre es auch die Beziehungen der Stadt zum Umland [416: Rätsel]. J. Radkau löst das „Rätsel der städtischen Brennstoffversorgung“ auf: Der Waldbesitz der Städte oder zumindest die Möglichkeit von Trift und Flößerei waren Voraussetzungen der Versorgung, doch diese hing letztlich von der Beherrschung des Umlandes ab und war eine Machtfrage.

Holz und Baustoffe

Ein Sammelband vertiefte mit Beiträgen zu Bayern und Österreich in der Zeit von 1750 bis 1850 die Thematik der städtischen Holzversorgung, wobei verschiedene Problemkreise wie Staat und Stadt, die Bewältigung der Versorgung bei Bevölkerungswachstum, Holzmarkt und Holzhandel sowie der Umbruch in der Energieversorgung fokussiert wurden [368: W. Siemann/N. Freytag/W. Piereth, Holzversorgung]. Eine Fallstudie zu Passau zeigt z. B., dass der Holz-

Städtische Holzversorgung

verbrauch nicht das reiche Angebot sprengte, und dass seit dem ersten Drittel des 19. Jh.s durch Trift waldreiche Gebiete nördlich der Donau in die Versorgung einbezogen wurden [368: 9–38]. Die Stadt Würzburg hatte keinen eigenen Wald, doch sie lag am Main; allerdings konnte der Landesherr jederzeit den „Holzhebel" ansetzen [368: 155–172]. Auch Regensburg musste ohne eigenen Wald Mangelverwaltung betreiben und war den Restriktionen und der Monopolpolitik des missgünstigen bayerischen Kurfürsten ausgesetzt [368: 39–54, 408: M. Knoll, Wald].

M. Borgemeister [381: Stadt] hat zu den Wäldern der Städte Göttingen und Hannover – mittelgroße Handelsstädte mit unterschiedlichen naturräumlichen Bedingungen – eine vergleichende Studie vorgelegt. Die Stadtwälder waren kommunales Eigentum, wobei die hannoveraner Wälder auch gutes und starkes Bauholz lieferten. Beide Kommunen waren indes nicht autark. Bes. das Handwerk war über den Holzhandel auf weitere Versorgungsquellen angewiesen. Borgemeister zeichnet keine Geschichte der Waldverwüstung, aber auch nicht die eines dauerhaft pfleglichen Umgangs mit dem Wald. Übernutzungserfahrungen und daraus folgende Krisen hätten phasenweise eine Waldschutzpolitik erzwungen; der Waldschutz sei kein integraler Bestandteil ratsherrlicher Ressourcenpolitik gewesen.

Stadtwälder

Die städtische Versorgung legt wiederum die Frage nach dem „ecological footprint" nahe: Wie verändert die Stadt den Wald? Die Substitution durch Kohle erfolgte erst relativ spät: In Wien kam z. B. noch 1870 die Hälfte des gesamten Heizwertes aus dem Brennholz [459: R. P. Sieferle u. a., Ende, 211]. Der Prozess der Substitution selbst ist noch ein Desiderat der Forschung.

Ecological Footprint

Der Bedarf der Stadt an Baustoffen war gewaltig, bes. im Zuge großer Bauprojekte wie dem Festungsbau oder auch beim Wiederaufbau nach Zerstörungen und Bränden. Wo immer möglich, bezog man Bauholz, Stein, Kalk, Sand, Lehm und Ton aus der näheren Umgebung, doch der Bedarf konnte nicht nur durch das Umland gedeckt werden; auch hier wurde der Wasserweg präferiert, da sonst hohe Transportkosten anfielen. In der neueren Forschung ist dieser Stoffwechsel nur in wenigen Studien aufgegriffen worden. G. Fouquet hat ausgehend von kommunalen Baubetrieben (Basel, Marburg) das Bauen in der Stadt bis ins 16. Jh. zum Thema gemacht und darüber hinaus auch die Ausgestaltung des städtischen Lebensraumes, die Materialität des Bauens und die Gefahrenabwehr einbezogen. Die öffentliche Bautätigkeit sieht er als Part und Movens des in der zweiten Hälfte des 15. Jh.s spürbaren inneren Urbanisierungsprozesses, der sich seit Beginn des 16. Jh.s beschleunigte und der bis zum Ende des 17. Jh.s anhielt. Themenbereiche

Nachfrage nach Baustoffen

wie die städtische Wasserversorgung oder die Brandbekämpfung gehen weit in die Umweltgeschichte hinein [387: Bauen].

Aus stadtgeschichtlicher Perspektive hat A. SANDER-BERKE die Versorgung spätmittelalterlicher Städte Nordwestdeutschlands mit Ziegeln, Kalk, Ton, Brennmaterial etc. behandelt und die Bedeutung des Baumaterials für die städtischen Außenbeziehungen hervorgehoben [422: Baustoffversorgung, 197–219]. Für Zürich gibt das Baumeisterbuch aus dem 16. Jh. Einblick in den weit ausgreifenden Stoffwechsel. Durch große städtische Bauvorhaben (z. B. Befestigung) mit hohem Bedarf an Bruchstein, Kalk und Ziegeln entstanden durchaus Engpässe, und neue Bezugsquellen mussten erschlossen werden [391: F. GUEX, Bruchstein]. Auch für Reparaturen und Instandhaltung mussten laufend Baustoffe bereit gestellt werden, doch große Bauvorhaben veränderten das Gesicht der Stadt: Ab der Mitte des 16. Jh.s wurde in vielen Städten der Mauerring zu einer Wallanlage mit Bastionen und Grabensystemen ausgebaut und in eine geometrische Form gebracht (wobei eine erste Entfestigungswelle schon nach dem Siebenjährigen Krieg einsetzte) [420: U. ROSSEAUX, Städte, 96f.]. K. KRÜGER weist darauf hin, wie Albrecht Dürer und Daniel Speckle als Vertreter unterschiedlicher Konzeptionen die frühmoderne Stadtgestaltung in Theorie und Praxis beeinflusst haben. Dabei geht es nicht nur um die Umsetzung der Entwürfe für die Idealstadt, sondern auch um die Frage der Einbeziehung solcher Konzepte bei der Modernisierung und Erweiterung bestehender Städte [411: Albrecht Dürer]. E.-M. SENG schließt mit ihrer kunsthistorischen Untersuchung zur Stadtplanung im 16./17. Jh. eine Lücke und betont mit dem Vermessen der Territorien und Erfassen der Städte die aktive Planung, die z. B. in der Bauordnung des Herzogtums Württemberg von 1568 ihren Ausdruck fand, wobei auch bestehende Gemeinwesen von den urbanistischen Leitbildern der Zeit erfasst wurden. Architekten und Baumeister sahen sich einem neuen Anforderungsprofil ausgesetzt, indem die Architektur in der Anwendung der geometrischen Methode zunehmend als Bestandteil der Mathematik galt [425: Stadt]. Krüger und Seng betonen, dass auch bestehende Stadträume nach den Vorstellungen einer idealen *urbanitas* geplant und ausgerichtet wurden. Leitbilder und Fixsterne waren dabei z. B. Parks, öffentliche Lustplätze, repräsentative Brunnenanlagen, Wasserkünste, Abwasserkanäle, Rathäuser, Brücken, Märkte und Befestigungen.

Baumaterial: ein weit ausgreifender Stoffwechsel

Veränderung der Stadträume nach den Vorstellungen einer idealen *urbanitas*

Der humanistisch inspirierten urbanistischen Umgestaltung Augsburgs von 1590 bis 1630 hat B. ROECK eine Studie zum Augsburger Baumeister Elias Holl gewidmet, die Macht, Repräsentation und Materialität des Bauens einbezieht [418]. In Beiträgen von G. FOUQUET (1470–1600) und J. FRIEDHOFF (1600–1800) zur Geschichte des Wohnens werden die urbanen Lebensformen der Frühen Neuzeit abgehandelt. Besonders der erste Teil geht weit über das „Hausen, Wohnen, Residieren“ hinaus und berührt alle Aspekte einer städtischen Umweltgeschichte; er setzt daher mit einer systematischen und quellenreichen Darstellung Maßstäbe [388: G. FOUQUET, Annäherungen; 389: J. FRIEDHOFF, Magnificence].

Bauen und Wohnen als Felder der Umweltgeschichte

Zum Stoffwechsel der Stadt gehören nicht zuletzt die Nahrungsmittel. Hier bieten die Agrar-, Gewerbe- und Handelsgeschichte Ansatzpunkte. Hunger- und Versorgungskrisen sind seit der fundamentalen Studie von W. ABEL [46: Massenarmut] z. B. für das Köln des 16. Jh.s [386: D. EBELING, Versorgungskrisen] oder die Schweiz [256: M. MATTMÜLLER, Bevölkerungsgeschichte, Bd. 1, 261–307] untersucht worden. Getreide bildete den größten kontinuierlichen Strom in die urbanen Systeme. Dabei stellt sich auch die Frage, wo und unter welchen Bedingungen die Überschüsse erwirtschaftet wurden. Bei der Versorgung mit Fleisch waren mitunter größere Distanzen zu überbrücken, und die städtische Nachfrage hinterließ in den Herkunftsregionen einen starken „Fußabdruck“: TH. KJAERGAARD führt z. B. die Ursachen der ökologischen Krise des frühneuzeitlichen Dänemarks (Verlust an Fruchtbarkeit, Wanderdünen, Moorbildung) auf die Überweidung im Zuge des internationalen Ochsenhandels zurück [404: Danish Revolution]. Mit der Verschärfung der Fastengebote und durch das Bevölkerungswachstum stieg im 16. Jh. der Fischkonsum an, und neben Fischen aus den regionalen Fließgewässern wurden zunehmend auch Hering und Stockfisch (getrockneter Kabeljau) konsumiert: So drückten die Städter den aquatischen Ökosystemen ihren Fußabdruck auf. Hoffmann betont auch klare Anzeichen für die Überfischung von Fließgewässern [396: R. C. HOFFMANN, Frontier Foods]. Dazu gibt es in der Literatur zahlreiche Hinweise [79: G. LEIDEL/M. R. FRANZ, Altbayerische Flusslandschaften]; unter ökologischen Gesichtspunkten eröffnet sich hier ein weites Forschungsfeld. Städte waren physisch gesehen zwar klein, aber der Stoffwechsel der Stadt führte darüber hinaus, und der städtische Konsum beeinflusste auch die Landnutzung. HOFFMANN betont, dass schon im Mittelalter die Urbanisierung eine Haupttriebkraft für den Wandel der Umwelt war [397: Footprint Metaphor, 312].

Ernährung und Versorgungskrisen

Woher kommen die Überschüsse?

Ökologischer Fußabdruck des städtischen Konsums

Das Konzept des Stoffwechsels der Stadt (metabolic approach) schließt auch die bereits angesprochenen Probleme der Entsorgung ein: Die Forschung hat sich bisher stärker auf das Mittelalter konzentriert [z. B. 399: M. Illi, Schissgruob, 415: B. Padberg, Oase], die Frühe Neuzeit ist noch weitgehend *terra incognita*. Der Beitrag von S. B. Hanley zur Entsorgung in japanischen Großstädten in der Frühen Neuzeit bietet hier einen Ansatzpunkt, denn Hanley sieht die japanische Entwicklung in starkem Kontrast zum Westen (England und Frankreich): Die größte Differenz gebe es beim Umgang mit menschlichen Exkrementen, die in Japan einen hohen ökonomischen Wert hatten und die für die intensive Landwirtschaft im Umkreis von zehn Meilen herangezogen wurden. Die Entsorgung habe damit auch nicht zu einer Gewässerbelastung – und so insgesamt zu hygienischeren Verhältnissen geführt [392: Urban Sanitation].

Quantitäten und Qualitäten des Stoffwechsels?

Zukünftige Forschungen können sich hier an den von R. C. Hoffmann formulierten Fragen nach Quantitäten und Qualitäten des Stoffwechsels orientieren: Hatten die Abfallprodukte in Mittelalter und Früher Neuzeit geringere Umwelteffekte als heute, da die vorindustriellen Technologien meist auf organischen Materialien beruhten? Welche Rolle spielen Wiederverwendung und Recycling? Wie weit wurden die Probleme der Stadt ins Umland verlagert – und wie weit und in welchem Ausmaß wurden Ökosysteme durch den städtischen Metabolismus verschmutzt [397: Footprint Metaphor, 310–312]? Bisher vorliegende Studien deuten weniger auf Quellenprobleme, denn auf eine bisher kaum erschlossene Quellenvielfalt hin. Darüber hinaus kann ein großer Fundus an bildlichen Quellen – in Verbindung mit quellenkritischer Auseinandersetzung – in eine Umweltgeschichte der Stadt einbezogen werden [379: W. Behringer/B. Roeck, Bild, 382: K. Brunner/P. Schneider, Umwelt]. Bild- und Planmaterial bilden auch in der Lehre und im Unterricht gute Ansatzpunkte [395: Historischer Umweltatlas Münster].

Quellenvielfalt

## 7. Nachhaltigkeit und naturale Ressourcen

Der Umgang mit naturalen Ressourcen ist ein zentrales Thema der Umweltgeschichte: Wie hat der Mensch die Ressourcen in der Vergangenheit genutzt? Bei der Frage nach der historischen Dimension gegenwärtiger Problemlagen sehen die einen Umweltprobleme als neue Phänomene, andere erklären sie wiederum pauschal als menschliche Erbsünde.

Die Diskussion mit Blick auf die Frühe Neuzeit ist vor allem am Beispiel Wald geführt worden, sie bewegt sich zwischen den Polen

Nachhaltigkeit als zentraler Begriff der Umweltpolitik

Raubbau und Nachhaltigkeit. Nachhaltigkeit ist ein zentraler Begriff in der gegenwärtigen Umweltdiskussion, ein „umweltpolitischer Schlüsselbegriff": Seit dem Brundtland-Bericht von 1987 ist er *en vogue* und man versteht darunter einen Umgang der Menschen mit natürlichen Ressourcen, der den Bedürfnissen der heutigen Generation entspricht, ohne die Möglichkeiten künftiger Generationen zu gefährden, die eigenen Bedürfnisse zu befriedigen. 1992 schrieb die UNO „sustainable development" bzw. nachhaltige Entwicklung als gesellschaftliches Leitbild in der Agenda 21 fest. Doch die Konzepte, wie Nachhaltigkeit zu erreichen sei, sind vielfältig und reichen von der Kritik des Wachstumsparadigmas und von der Umwelt- und Ressourcenökonomie bis hin zur ökologischen Ökonomie.

Begriffsgeschichte

Der Begriff selbst hat eine längere Tradition, und begriffsgeschichtliche Studien sehen seine historischen Wurzeln in der europäischen Forstwirtschaft der Frühen Neuzeit. Sinngemäß findet man ihn schon in den Wald- und Forstordnungen des 16. und 17. Jh.s [441: N. C. Karafyllis, Holz, 252] wie z. B. in der Reichenhaller Forstordnung von 1661, die der Saline die Holzreserven sichern sollte: „also soll der Mensch es halten: ehe der alte (Wald) ausgehet, der junge bereits wieder zum Verhacken hergewachsen ist" [333: G. v. Bülow, Sudwälder; 362: J. Radkau/I. Schäfer, Holz]. 1664 formulierte auch John Evelyn (1620–1706) in „Sylva or a Discourse of Forest Trees" eine Ethik der Vorsorge („posterity"), die allerdings von der Sorge um das „hölzerne Bollwerk der Nation" (die Flotte) getragen war [435: U. Grober, Entdeckung, 87–98]. Zu Beginn des 18. Jh.s warnte der sächsische Oberberghauptmann Hannß Carl von Carlowitz in „Sylvicultura oeconomica" (1713), dass binnen weniger Jahre in Europa „mehr Holz abgetrieben worden / als in etlichen seculis erwachsen". Er forderte, dass „man mit dem Holtz pfleglich umgehe", denn auch der „lieben Posterität", den Nachkommen, stehe die Nutzung zu, und er forderte „eine continuirliche beständige und nachhaltende Nutzung". Sein Werk hatte eine große Tiefenwirkung: Wilhelm Gottfried Moser (1729–1793) modifizierte in „Grundsätze der Forst-Oeconomie" (1757) „nachhaltend" schließlich zu „nachhaltig" [435: 111–123]. Seit dem 18. Jh. galt Nachhaltigkeit als Leitziel aufgeklärter Waldwirtschaft, wobei sie zunächst auf die Holzerträge im Sinne „rationeller Bewirtschaftung" zielte. Der Wald galt nun als Ort planmäßiger, systematischer Holzproduktion, der nur noch wertvolles Holz liefern sollte. Doch die Forstreformen führten vielfach zu instabilen Waldformationen, und Mitte des 19. Jh.s wurde die Forderung eines naturnahen Waldbaues laut, denn ökonomische bedeutete eben nicht unbedingt ökologische

Nachhaltigkeit als historischer Begriff in der Forstwirtschaft

Nachhaltigkeit. Für die Frühe Neuzeit ist das Konzept Nachhaltigkeit kaum über den Blick auf den Wald hinaus thematisiert worden. Auch für die Zeitgenossen machte der lange Zeithorizont des Holzwachstums in Verbindung mit seiner begrenzten Transportfähigkeit über Land generationenübergreifende Ressourcenprobleme am ehesten in diesem Wirtschaftszweig erkennbar.

Nachhaltigkeit als analytischer Begriff

Was Nachhaltigkeit als Konzept der historischen Analyse angeht, zeigt das Ziel der Holzversorgung für den Schiffbau und die Hüttenwerke für J. Radkau den politischen Kern des Begriffes. Nachhaltigkeit sei kein unschuldiger Begriff, sondern ein Begriff der Macht, und deshalb könne man Umweltgeschichte damit schreiben [451: Nachhaltigkeit]. D. Worster hat hingegen Vorbehalte gegen das „Schlagwort" geltend gemacht, denn es zwinge uns eine ökonomisch definierte Sprache und Weltsicht auf. Das Gedankengut der Nachhaltigkeit, das „Verfahren des sicheren Optimismus", beruhe auf einer traditionellen Weltsicht des progressiven, profanen Materialismus. Er präferiere ein dagegen Umweltbewusstsein, das sich mehr mit den ethischen und ästhetischen Fragen der Erde beschäftige als mit Ressourcen und Wirtschaftsbeziehungen [467: Auf schwankendem Boden]. Wenngleich Worsters Vorbehalte gegen bestimmte Begrifflichkeiten durchaus nachvollziehbar sind, so kommen wir nicht umhin, die physische Dimension einzubeziehen.

Dogmengeschichtliche Ansätze

H. Immler hat auf der Basis seiner dogmengeschichtlichen Untersuchungen zu Natur als Produktionsfaktor die These vertreten, die praktische und die theoretische Ökonomie hätten den Zusammenhang von Natur und Wirtschaft aus den Augen verloren, obwohl es sich bei allen wirtschaftlichen Prozessen (Produktion, Konsum etc.) um Transformationsvorgänge von Materie handle. Natur selbst sei der zentrale Produktionsfaktor, denn schließlich sei die Industrialisierung ein großangelegter Abschöpfungsprozess von physischem Reichtum und der menschliche Anteil bei der Herstellung von Produkten gering. Die Physiokraten hätten zwar noch einen radikalen naturwerttheoretischen Ansatz verfolgt, doch in der Folge seien Kapital und Arbeit überbewertet worden, und die industrielle Ökonomie betrachte die Natur nur als Rohstofflieferant und Materiallager [439: Natur; 440: Natur].

Natur als Produktionsfaktor

R. P. Sieferle hat in seiner Studie über „Bevölkerungswachstum und Naturhaushalt" [458: Bevölkerungswachstum] die Naturtheorie der klassischen Ökonomie rekonstruiert. Explizite Aussagen dazu fehlen weitgehend, doch lassen sich implizite paradigmatische Annahmen über die Beschaffenheit der Natur rekonstruieren. Adam Smith habe sich im symbolischen Feld der *oeconomia naturae* bewegt. Diese Denkfigur

Natur in der klassischen Ökonomie

habe sich seit dem Ende des 17. Jh.s als Alternative zur *natura lapsa* (die einst harmonische Natur ist durch den Sündenfall korrumpiert worden) formiert, wobei beide Denkfiguren in die Antike zurückreichen. Da die *oeconomia naturae* entsprechend der göttlichen Ordnung die Natur gut und harmonisch sah, war für Smith ein prinzipieller Konflikt zwischen Ökonomie und Naturhaushalt nicht denkbar. Das Nachdenken über das Verhältnis zur Ressourcenbasis sei von einer „grundsätzlichen Harmonievermutung" geprägt gewesen. Erst in der Malthusdebatte des frühen 19. Jh.s habe sich die Natur als objektive Ressourcenschranke dem Fortschritt in den Weg gestellt, wobei der malthusianische Einwand konzeptionell durch den liberalen Rückgriff auf die Selbstordnung von Natur und Gesellschaft geglättet worden sei. Die *oeconomia naturae* schloss daher die Möglichkeit einer durch den Menschen verursachten Naturkrise aus, denn Gott habe die Natur harmonisch geschaffen und sie mit einer unveränderlichen Varianz der Arten und einem nie erschöpfenden Dargebot erhalten. Die Ressourcen schienen in dieser Sicht unerschöpflich.

*oeconomia naturae*: unerschöpfliche Ressourcen

Ganz andere Textsorten, nämlich solche, die zur Ausformung der Warenkunde und der Technologie beitragen, sind für G. Bayerl Beleg für eine Veränderung der Naturauffassung im 18. Jh., die er als „Sattelzeit" sieht: Natur sei zunehmend nur noch in ihrem Nutzen für das ökonomische Wohlergehen des Menschen betrachtet worden, und zwischen dem „technisch-ökonomische Blick", der Natur nur noch als Warenhaus gesehen habe, und der Durchsetzung der „Großen Industrie" bestehe daher ein „notwendiger Konnex" [429: Prolegomenon, 27–56; 430: Natur, 33–52]. T. Meyer [445: Natur] hat kameralistische Diskurse rekonstruiert und vertritt die These, angesichts der auf die materielle „Glückseligkeit" breiter Schichten zielenden Wachstumsbestrebungen sei das Risiko der Ressourcenknappheit absehbar gewesen. Die Naturgeschichte habe durch die systematische Erfassung scheinbar oder tatsächlich knapper Ressourcen und ihre gewerblichen Nutzungspotentiale dem Risiko der Ressourcenknappheit konkrete Sicherheitsversprechen entgegengesetzt. Gerade in praxisnahen Texten trete die Beschreibung der Naturalien gegenüber der Darstellung der Verwertungsmöglichkeiten zurück, Kehrseite der Betonung der Nützlichkeit ist daher auch die Diskussion über die „Schädlinge" [446: T. Meyer/M. Popplow, Nature's Products]. T. Meyer sieht bes. Johann Beckmanns Technologie als „administrative Erfindungstheorie" in diesem Kontext, denn sie sei als Beitrag zur „Glückseligkeit" interpretiert worden und habe der Ressourcenknappheit säkulare Sicherheiten entgegengesetzt [445: Natur].

Der technisch-ökonomische Blick auf die Natur

Risiko der Ressourcenknappheit und Sicherheitsversprechen

Wirtschaftsgeschichtliche Arbeiten haben die Forderung der Umweltökonomie, die Ressourcen und ihre Endlichkeit in theoretische Konzepte einzubeziehen [434: B. S. Frey, Umweltökonomie] bisher kaum aufgenommen, wenngleich man sich – so J. Radkau – mit der „Verknappung der Ressourcen“ in einem Kernbereich der Wirtschaftsgeschichte befinde, da der Umgang mit der Knappheit der Güter seit eh und je das Leitmotiv der Verteilungssysteme gewesen sei [450: Technik, 126f.; 454: R. Reith, Internalisierung].

Der konkrete Umgang mit Ressourcen bzw. die „Ressourcennutzung“ in der Frühen Neuzeit [EDN 11, 122–134] ist zunächst vor allem in Studien zum Wandel der energetischen Basis durch den Übergang von organischem zu anorganischem Material und von vegetabilem zu mineralischem bzw. fossilem Material thematisiert worden. Auf dem Kontinent vollzog sich der Übergang zur Nutzung nichtregenerierbarer Ressourcen und damit der Schritt ins Zeitalter der Kohle jedoch erst in der zweiten Hälfte des 19. Jh.s. Dennoch können wir auch schon im Laufe der Frühen Neuzeit einen intensivierten Zugriff auf essentielle (erschöpfbare) Ressourcen wie z. B. Erze durch den Bergbau auf Edel- und Buntmetalle sowie auf Eisen und über das Montanwesen hinaus – z. B. durch intensivierte Handelsbeziehungen – beobachten [444: A. Maczak/W. N. Parker, Natural Resources].

Regenerierbare und nichtregenerierbare Ressourcen

Eine globale Perspektive

J. F. Richards [33: Unending Frontier] hat in globaler Perspektive betont, dass die zunehmende Produktivität in der frühmodernen Welt eng mit den bisher nicht bekannten und genutzten Ressourcen zusammenhing, die nun in einer Weltökonomie verfügbar wurden. Die Nachfrage stieg durch die Verdoppelung der Weltbevölkerung an und führte zu neuem Druck auf die Natur. Ressourcen, die in einigen Regionen schon erschöpft oder knapp waren, waren in anderen noch in Fülle verfügbar. Die Siedler hätten die Ressourcenknappheit der Heimat hinter sich gelassen und Ackerland, Fauna und Bodenschätze vorgefunden, wobei die Ressourcen (z. B. Wildtiere) anfangs unerschöpflich erschienen und dies zunächst kein ökologisches Verständnis der neuen Umwelt prägte. Dagegen hätten Knappheitserfahrungen das Eigentumsrecht langfristig zu „nachhaltigem” Ressourcenmanagement geführt.

In Europa waren in vielen Regionen Ressourcen vergleichsweise knapp: Ein sorgloser bzw. verschwenderischer Umgang lässt sich dort beobachten, wo z. B. die Landesherrschaft Ressourcen wie Holz in Form von Widmungen gewährte (vgl. Energie). Knappe Ressourcen zwangen dagegen zu (nachhaltigem) Ressourcenmanagement. Dazu gibt es aus wirtschafts- und umweltgeschichtlicher Perspektive bislang nur erste Überlegungen: Da die Kosten für naturale Ressourcen hoch waren, Arbeit dagegen vergleichsweise billig, zwang dieses Regime der

Ressourcenmanagement

Knappheit bzw. der relativen Preise zu einem geringen Verbrauch bzw. einem rohstoffsparenden Umgang mit naturalen Ressourcen [453: R. Reith, Umgang].

Diese These lässt sich insbesondere anhand von Betrachtungen zum Thema Wiederverwertung verifizieren. L. Kuchenbuch hat mit seiner stichwortgeschichtlichen Erkundung zum „Abfall“ auf seine intensive Nutzung hingewiesen [443]. Strategien der Verlängerung der Nutzungsdauer, der „Reparatur“ [EDN 11, 58–61] von Gebrauchsgütern bzw. der Weiterverwendung in Landwirtschaft, Gewerbe und Haushalt waren weit verbreitet, sind jedoch erst in Ansätzen erforscht. Bereits Karl Bücher hatte 1914 auf den hohen „Stoffwert" der Dinge verwiesen und die Rolle des „entwickelten Reparaturgewerbes“ hervorgehoben. Doch Überlegungen zum „Stoffwechsel der Ausrüstungen" für das späte Mittelalter und die Frühe Neuzeit haben nur in wenigen Studien systematische Berücksichtigung gefunden [436: V. Groebner, Ökonomie]. D. Woodward hat für das vorindustrielle England die Bedeutung von Recycling am Beispiel von Kleidung und Textilien, Bauten und Baumaterial, Metallen und Papier aufgezeigt. Das Sammeln und Handeln war sowohl eine gewerbliche Tätigkeit, doch geraten die Strategien der privaten Haushalte in den Blick, für die das Sammeln von Altmaterial auch Überlebensstrategie im Rahmen einer „economy of makeshifts“ (Hufton) war [465: Swords; für den zentraleuropäischen Raum s. 455: R. Reith, Recycling]. Woodward vermutet, dass die Recycling-Levels im 18. und 19. Jh. dann geringer waren. Auf jeden Fall führten Weitergabe und Verkauf von gebrauchten Waren zur Bildung von „second hand markets": G. Stöger zeigt am Beispiel von Salzburg und Wien, dass der Umfang dieser Stoffkreisläufe in der Forschung völlig unterschätzt wurde [461: Sekundäre Märkte]. Ch. Pfister sieht die Ablösung der Recycling-Mentalität nach dem Zweiten Weltkrieg in einem direkten Zusammenhang mit der Wegwerfgesellschaft, die auf dem dramatischen Verfall der Realpreise der Rohstoffe basiere [29: 1950er Syndrom]. D. Woodward kontrastiert diese Konstellation wiederum mit den frühneuzeitlichen Verhältnissen, in „a world in which almost every natural material was put to some practical use": Dazu gehört das Sammeln wilder Pflanzen und Kräuter zur Ernährung, als Medizin oder Tierfutter, das Sammeln von Brennstoffen wie Torf, Stechginster oder auch getrocknetem Kuhdung als Alternative zum Holz, die Nutzung von Stroh, Riedgras und Moos zur Bedachung, die Gewinnung von Pottasche aus verschiedenen Pflanzen oder auch die Sammlung von Urin für Gerb- und Bleichprozesse sowie das Abkratzen

Strategien der Ressourcennutzung

Recycling und „second hand markets“

von Salpeter an Stallwänden. WOODWARD betont eine „extraordinary ingenuity … in the exploitation of the material world" [466: Straw].

Knappheit von Ressourcen und Substitution

Die Substitution von Ressourcen aufgrund von Verknappungen ist bisher nur in einzelnen Fällen erforscht, so z. B. der Ersatz des Pelzes des nahezu ausgerotteten Bibers [33: J. F. RICHARDS, Unending Frontier, 453–516] durch Hasen- und Kaninchenhaar (mittels Quecksilberbeize) in der Hutproduktion, der Ersatz der Lohe (Eichenrinde) durch systematische Suche nach weiteren Gerbpflanzen in der zweiten Hälfte des 18. Jh.s, wobei sich die Industrialisierung der Lederproduktion schließlich auf der Basis von Extrakten gerbstoffreicher kolonialer Pflanzen vollzog [445: T. MEYER, Natur, 165–178]. Lumpen bzw. Hadern als Grundstoff für die Papierproduktion waren ein gefragtes Gut, das weiträumig beschafft werden musste. G. BAYERL hat in seiner Studie zur Papiermühle, die gewerbe- und umweltgeschichtliche Ansätze verbindet, die Bedeutung dieses Rohstoffes und seiner Beschaffung durch die Lumpensammler – vielfach Frauen – betont. Der Export von Lumpen ging sogar über die Territorien des alten Reiches hinaus. Engpässe in der Papierproduktion führten seit der Mitte des 18. Jh.s zur Suche nach Surrogaten aus alternativen Rohstoffen wie Pappelwolle oder Hopfenranken [51: Papiermühle, Bd. 1, 383–391].

Handelsbeziehungen und Columbian Exchange

Pflanzentransfer

Zahlreiche Substitutionen beruhten in der Frühen Neuzeit jedoch auf der Ausweitung des Rohstoffbezuges und gründeten auf der Ausdehnung von Handelsbeziehungen z. B. durch den Columbian Exchange (Indigo, Häute) oder auch durch den Ost-West-Handel (Pottasche, Pelze, Häute) [z. B. 432: M. BOGUCKA, North European Commerce, 9–42; 437: E. HARDER-GERSDORFF, Leinsaat]. Dem Pflanzentransfer wird in der neueren Forschung große Bedeutung beigemessen [456: P. SCHMIDT, Anbau; 464: R. WENDT, Globalisierung; 431: W. BEINART/K. MIDDLETON, Plant Transfers; 442: M. KLEMUN, Globaler Pflanzentransfer], und die „Colonial Botany" wird als „big-business" der Frühen Neuzeit gesehen, da sie Kolonialismus und Fernhandel angeregt und zugleich davon profitiert habe [457: L. SCHIEBINGER/C. SWAN, Colonial Botany]. Der Flächengewinn, der aus dem Import kolonialer Produkte und dem Anbau neuer Pflanzen erzielt wurde, ist bisher nur für England – kontrovers – diskutiert worden, und bes. für die deutschen Territorien ist dies ein Desiderat der Forschung [447: K. POMERANZ, Great Divergence; 463: P. H. H. VRIES, Coal].

Flächengewinn als Desiderat der Forschung

A. COOPER betont, dass durch den Kontakt mit „exotischen" Produkten schon im 16. Jh. über das Interesse an den „merkwürdigen" Erscheinungen hinaus auch „gewöhnliche" Pflanzen und Mineralien sowie die lokale bzw. heimische Natur in den Fokus der Erkundungen geraten seien. Mediziner und Botaniker wandten sich auch der Erforschung heimischer Ressourcen zu, besonders in deutschen Regionen, die aufgrund ihrer kontinentalen Lage nur aus zweiter Hand an den kolonialen Handels- und Verkehrsströmen teilnehmen konnten [433: Inventing the Indigenous]. Seit dem 17. Jh. konzentrierte sich diese Form der naturgeschichtlichen Erkundung auf ganze Territorien und fand in der „Staatsbeschreibung" des 18. Jh.s eine konsequente Weiterführung [452: M. RASSEM/J. STAGL, Statistik, 460: J. STAGL, Sammelnde Wissenschaft].

Zu den Aktivitäten der Ökonomischen Gesellschaften, Akademien und Sozietäten, die sich in der zweiten Hälfte des 18. Jh.s intensiv mit der Erkundung und Optimierung der Ressourcen beschäftigten, liegen neuere Studien vor. Unter der Perspektive „Nützliche Wissenschaft und Ökonomie", die allgemeine Aspekte der Generierung nützlichen Wissens berührt, jedoch auch die Anlegung systematischer Verzeichnisse von Wild- und Kulturpflanzen, hat bes. die Oekonomische Gesellschaft Bern Interesse gefunden [z. B. 438: A. HOLENSTEIN/M. STUBER/G. GERBER-VISSER, Nützliche Wissenschaft; 462: M. STUBER/L. LIENHARD, Nützliche Pflanzen]. In Anlehnung an den von Joel Mokyr für gewerbliche und technische Zusammenhänge geprägten Begriff „industrial enlightment" fokussiert ein weiterer Sammelband die „Ökonomische Aufklärung" als Innovationskultur zur optimierten Nutzung vornehmlich agrarischer Ressourcen. Sie trieb die Popularisierung praxiserprobten Expertenwissens voran und richtete sich an die Landbevölkerung sowie auch die Entscheidungsträger in den Territorialverwaltungen, wobei der Schwerpunkt auf einer optimierten Nutzung pflanzlicher und tierischer Rohstoffe lag [449: M. POPPLOW, Landschaften].

Nützliche Wissenschaft: Erkundung von Ressourcen

Ökonomische Aufklärung

Stoffströme

Versuchen wir die Frage nach Nachhaltigkeit in eine lange historische Linie einzuordnen, so ist es naheliegend, den Blick sowohl in die Vergangenheit als auch auf die Stoffströme der Gegenwart zu richten: Der Stoffwechsel der Industriegesellschaften ist durch ein hohes Verbrauchsniveau, durch einen materialintensiven Lebensstil, einen hohen Anteil an nicht erneuerbaren Ressourcen und ein geringes Wiederverwertungspotential gekennzeichnet [29: CH. PFISTER, 1950er Syndrom; 428: A. ADRIAANSE u. a., Stoffströme]. Wir können einen deutlichen Kontrast zur Frühen Neuzeit erkennen: Zwar wurde auch in der Frühen Neuzeit der Zugriff auf die naturalen Ressourcen intensiviert und es kam im lokalen oder regionalen Rahmen zur Erschöpfung von Ressourcen und schließlich auch zum Übergang zur (noch bescheidenen) Nutzung nichtregenerierbarer Ressourcen. Andererseits lassen sich angesichts der hohen Rohstoffpreise, der eingeschränkten Verfügbarkeit und der schwankenden Naturproduktivität in der Frühen Neuzeit Strategien der Ressourcennutzung erkennen, die als Merkmale nachhaltigen Wirtschaftens gelten können. Weitere Forschungen werden z. B. die Frage nach Wandel und Konstanz der Preisrelationen verfolgen – und ihre Bedeutung für das konkrete Handeln der Menschen in ihren historischen Kontexten vertiefen und eine längere historische Perspektive entwickeln müssen. Die Frage, ob Nachhaltigkeit ein prägendes Merkmal der Epoche der Frühen Neuzeit darstellt, steht derzeit im noch abzuarbeitenden Katalog „Unausdiskutiertes in der Umweltgeschichte" (J. Radkau).

Nachhaltigkeit in der Frühen Neuzeit?

## 8. Perspektiven

Umweltgeschichte und Geschichtswissenschaft

In der 2007 erschienenen „Umweltgeschichte im 19. und 20. Jahrhundert" hat F. Uekötter zu den Zukunftsaussichten der Umweltgeschichte festgestellt, dass die Öffnung der allgemeinen Geschichtswissenschaft für umwelthistorische Themen „ganz ohne Zweifel eines der erfreulichsten Phänomene der Forschungsentwicklung" sei [41: Umweltgeschichte, 92]. W. Siemann hat bereits 2003 Umwelt als geschichtswissenschaftliche Grundkategorie reklamiert, denn menschliches Handeln sei substantiell von der den Menschen umgebenden Umwelt abhängig. Auch durch die Verflechtung mit Politik bzw. Herrschaft (und ihrem Aufstieg zum Politikum), mit der Wirtschaft (bes. Energie) und der Kultur sei Umwelt eine Zentralachse historischer Sachverhalte [38: Umweltgeschichte, 13]. N. Freytag sieht die Umweltgeschichte nach „pubertärer Identitätssuche" in den 1980er Jahren sogar auf dem Weg ins Zentrum der Geschichtswissenschaft und sie befinde sich in einer kulturgeschichtlichen Erweiterung [469: Deutsche Umweltgeschichte, 406].

Umwelt als geschichtswissenschaftliche Grundkategorie

Dazu hat sicher beigetragen, dass sich die Umweltgeschichte auch in einer chronologischen Erweiterung befindet, denn nach einer anfänglichen starken zeithistorischen Orientierung, die allenfalls noch die Zeit nach der „Great Transformation" in den Blick nahm, sind nun auch das Mittelalter und besonders die Frühe Neuzeit als Experimentierfelder umwelthistorischer Forschung zu erkennen. Das mag auch damit zu tun haben, dass das Interesse an der Erforschung der Frühen Neuzeit gestiegen ist, da die Erklärungskraft modernisierungstheoretischer Konzepte, die in der Frühen Neuzeit keine Epoche des Wandels sahen, nicht mehr ausreichte. Umwelthistorische Perspektiven lassen jedenfalls eine Epoche des Wandels erkennen, ob man nun den Blick auf die Einwirkungen der (sich wandelnden) Natur auf den Menschen richtet, oder ob man die Auseinandersetzung des Menschen mit der Natur fokussiert. Es ist nicht zuletzt die umweltgeschichtliche Perspektive, die das Bild der Frühen Neuzeit verändert hat: Mit der Diskussion um die „Kleine Eiszeit" sind Wandel und Historizität des Klimas bewusst geworden, und neuere Forschungen zur Seuchengeschichte betonen den Wandel der Krankheitsbilder und sehen Epidemien als ökologische und historische Phänomene. Auch hinsichtlich der Nutzung, Deutung, Darstellung, Erkundung, Bewältigung und Beherrschung der Natur lässt die neuere Forschung einen tiefgreifenden Wandel erkennen.

Frühe Neuzeit als Epoche des Wandels

Diesem Wandel des Mensch-Natur-Verhältnisses widmen sich ganz verschiedene Disziplinen mit eigenen Fragestellungen, Methoden und Traditionen, und die Integration der „Natur" in die Geschichtswissenschaft stellt neue Anforderungen. Anstöße sind aus ganz verschiedenen Disziplinen und Subdisziplinen gekommen. Vor allem die Diagnose von „Umweltproblemen" – wie z. B. das Waldsterben – haben seit den 1970er Jahren zu einer historischen Orientierung geführt, die dann auch historisch weiter ausgreifend ältere Positionen z. B. aus der Forstwissenschaft und Forstgeschichte in Frage gestellt haben. G. J. Schenk hat für die mediävistische Annäherung an die Umweltgeschichte betont, dass ältere Studien aus der Kulturraum- und Siedlungsforschung, der historischen Demographie und der Epidemiologie, die Natur-Mensch-Beziehung zwar thematisiert haben, dass der Rückbezug auf diese Arbeiten jedoch problematisch und nicht ohne weiteres möglich sei. Fragestellungen, Methoden und Begriffe seien zeitgebunden, und ein schlichtes Anknüpfen an die Volks- und Strukturgeschichte sei nicht möglich [476: Mensch].

Disziplinäre Zusammenhänge

Die Umweltgeschichte hat in ihrem Formierungsprozess selbst einen starken Wandel erfahren, wobei das Interesse an der historischen Dimension durchaus unterschiedlich ausgeprägt ist: Für die historische Analyse von Klima und Naturkatastrophen wurden historische Ansätze zunächst eher in der Rolle der Hilfswissenschaft gesehen, denn sie sollten zur Bildung langer Datenreihen beitragen. Die historische Forschung hat sich in vieler Hinsicht davon befreit und deutlich gemacht, dass Rekonstruktion nur in Kenntnis der historischen gesellschaftlichen Zusammenhänge möglich ist [472: F. Mauelshagen, Keine Geschichte]. Die Umweltgeschichte ist heute ein Feld, auf dem sich ganz verschiedene Ansätze bewähren können: Sie reichen von der Religions- und Frömmigkeitsgeschichte, der Wissensgeschich-

Wandel der Umweltgeschichte

Vielfalt der Ansätze

te, der Erfahrungsgeschichte, der Kulturgeschichte [vgl. 477: S. S. Tschopp, Unsichtbare] bis zu agrarökologischen Forschungen [478: V. Winiwarter, Sozialökologische Perspektiven] oder der Analyse von Stoffströmen [475: R. Reith, Umweltgeschichte], wobei damit nur einige wenige Ansätze genannt sind. C. Merchant hat vorgeschlagen, das Konzept von D. Worster [427: Transformations] um eine gender-Perspektive zu erweitern: Worsters Grundkategorien (levels of ecology, production, cognition) seien zwar jeweils einer gender-Analyse zugänglich, doch die Umweltgeschichte brauche ein viertes analytisches Level, die Reproduktion. Männer und Frauen hätten in der Geschichte – und bes. im Umgang mit der Natur – differente Rollen eingenommen. Auf diese Weise könne ein „more balanced and complete picture" entstehen, das zu einer „more holistic history" beitrage [473: C. Merchant, Gender].

Kooperation und Vermittlung

Nimmt man die Forderung, Umwelt als Zentralachse historischer Sachverhalte zu betrachten, ernst, dann ergibt sich durch die der ökologischen Komplexität folgende thematische Erweiterung sowie die trans- und interdisziplinäre Kooperation auch das Problem der Vermittlung und Darstellung der unterschiedlichen Methoden und Formate, zumal die verschiedenen Gebiete ihre Perspektive nicht immer auf einen Gesamtzusammenhang Umweltgeschichte (oder auch auf die Geschichtswissenschaft) richten.

Periodisierungsvorschläge

Aus den verschiedenen Forschungsfeldern lassen sich daher auch unterschiedliche Periodisierungsvorschläge ableiten: Durch Prozesse wie die „Kleine Eiszeit", den „Columbian Exchange" und die Ausdehnung der Ressourcenbasis, die „Große Montankonjunktur" (Nutzung der Metallerze) und den herrschaftlichen Zugriff auf den Wald kann mit dem Beginn der Frühen Neuzeit zwar keine Zäsur, doch ein Ansatzpunkt zu einer umwelthistorischen Epoche konstatiert werden. Auch den Vorschlag von R. Vierhaus, Frühe Neuzeit und Vormoderne zu unterscheiden, könnte die Umweltgeschichte durchaus mit einigen Argumenten stützen: Mit dem frühen 18. Jh. war die Pest in Mitteleuropa weitgehend überwunden, wenngleich für die Seuchen allgemein kein Einschnitt festgestellt werden kann, denn im 18. Jh. wurden die Pocken virulent und die Cholera breitete sich im 19. Jh. aus. Für eine solche Periodisierung könnten ebenfalls Ansätze sprechen, die das Ende der „Kleinen Eiszeit" bereits zu diesem Zeitpunkt festmachen und eine langfristige Erwärmung und einen Übergang hin zum modernen Klimaoptimum schon für das 18. Jh. annehmen. Auch der Aufbau systematischer Wissensbestände zur Nutzung natürlicher Ressourcen – sowie das Streben nach maximaler Nutzung regenerativer Ressourcen sind als Argument für einen Umbruch im 18. Jh. genannt worden. Andererseits gibt es gute Argumente, eine Zäsur erst um bzw. nach 1850 zu setzen: Der Zugriff auf die Kohle als nicht regenerierbare Ressource setzte auf dem Kontinent im großen Stil erst nach der Jahrhunderthälfte ein, die Modernisierung der Wasserversorgung (und der Rückgang der Sterblichkeit) erfolgte meist erst seit den 1870er Jahren, Konzepte der Entsorgung folgten vielfach erst später. Spezifische Umweltprobleme wie Gewässerbelastung und Emissionen (wie die „Rauchplage“), die in der Frühen Neuzeit keineswegs unbekannt waren, nahmen in der Hochindustrialisierung bisher unbekannte Dimensionen an; dies gilt ebenfalls für die Eingriffe in die Landschaften und Fließgewässer (z. B. die Rheinregulierung). Klassische Periodisierungsvorschläge wie die „Wissenschaftliche Revolution“ oder die „Great Transformation“ (Polanyi) haben sich für die Umweltgeschichte eher als Stolpersteine bzw. Denkanstöße zur Entwicklung von neuen Ansätzen [468: L. Daston, Early Modern History] bewährt. Nun ist durch solche Periodisierungen auch keine temporale Ordnung beabsichtigt, zumal sie Zyklen, Trendwenden und Gegenkräfte kaum repräsentieren können [474: J. Radkau, Umweltprobleme]. Doch die verschiedenen Vorschläge zur Periodisierung zeigen jedenfalls, dass jenseits großer Zäsuren nun auch die Entwicklungen in der Frühen Neuzeit stärker in den Blick geraten sind und ihr aus umweltgeschichtlicher Perspektive eigene Konturen verleihen.

Umweltgeschichtliche Konturen der Frühen Neuzeit

Fragt man nach der Einheit der Umweltgeschichte, so kann man feststellen, dass ältere Utopien – z. B. einer humanökologischen *histoire totale* – zurückhaltender diskutiert werden, wenngleich am inhaltlichen Zusammenhang des Feldes intensiv gearbeitet werden muss, denn zu zentralen Fragen und Begriffen einer interdisziplinären Umweltgeschichte (wie Biodiversität, Nachhaltigkeit, Tragekapazität etc.) sind vielfach erst die Bausteine zusammen getragen worden [471: U. Luebken, Undiszipliniert]. Hier liegen (wie Schenk für die Mediävistik betont hat) vor den umwelthistorischen Gipfeln noch die „Mühen der Ebenen“ [476: G. J. Schenk, Mensch, 51]. Auf die Frage, ob die Mission der Umweltgeschichte nach der Öffnung der Geschichtswissenschaft (und der stärkeren historischen Orientierung der Umweltgeschichte) nun erfüllt sei, hat F. Uekötter zu bedenken gegeben, dass diese Öffnung die Subdisziplin ja auch voraussetze, die die Integration solcher Perspektiven anmahne! Angesichts der Tatsache, dass kaum ein Forschungsgebiet der Geschichtswissenschaft in den letzten beiden Jahrzehnten ein vergleichbares Interesse gefunden hat wie die Umweltgeschichte, scheint es nicht überzogen, von einer

Bausteine zu einer interdisziplinären Umweltgeschichte

historischen Subdisziplin zu sprechen [41: Umweltgeschichte, 92]. Ein geschlossenes Konzept gibt es nicht, denn diese „Subdisziplin" verbindet zahlreiche Felder und Methoden (wie in anderen Subdisziplinen auch). Mehr noch: Die Offenheit des Experimentierfeldes hat ihren Preis, doch sie ist auch ein Vorteil gegenüber einer strengen disziplinären Ausrichtung. Eberhard Gothein hat 1889 in „Die Aufgaben der Kulturgeschichte" formuliert: „Aufstrebende Wissenschaften bedürfen und begehren keine ängstliche Abgrenzung ihres Arbeitsgebietes. Ihre Kraft beruht eben darauf, daß sie die engste Beziehung zu allen benachbarten Wissenschaften bewahren ... ihr Wert besteht darin, daß sie den einzelnen Bestrebungen, die von diesen gepflegt werden, eine neue allgemeine Bedeutung verleihen; ihre Aufgabe ist es, althergebrachte Abgrenzungen zu zerstören und durch bessere Kombinationen an die ursprüngliche Zusammengehörigkeit und Einheit aller Wissenschaften zu erinnern."

Offenheit des Experimentierfeldes

# III. Quellen und Literatur

Falls nicht anders angegeben, entsprechen die Abkürzungen den Sigeln der HZ.

| | |
|---|---|
| BerWG | Berichte zur Wissenschaftsgeschichte |
| CCh | Climatic Change |
| E&H | Environment and History |
| EH | Environmental History |
| EHN | Environmental History Newsletter |
| JUH | Journal of Urban History |
| ÖZG | Österreichische Zeitschrift für Geschichtswissenschaften |
| SM | Scripta Mercaturae. Zeitschrift für Wirtschafts- und Sozialgeschichte |
| TG | Technikgeschichte |

## 1. Lexika

Encyclopedia of World Environmental History, hrsg. von SH. KRECH, J.R. MCNEILL u. C. MERCHANT, 3 Bde., New York u. London 2004.

Enzyklopädie der Neuzeit, hrsg. von F. JAEGER, 15 Bde., Stuttgart u. Weimar 2005–2012 (zit. EDN).

The Oxford Encyclopedia of Economic History, hrsg. von J. MOKYR, 5 Bde., Oxford 2003.

## 2. Übergreifende Darstellungen und Sammelbände

1. W. ABELSHAUSER (Hrsg.), Umweltgeschichte. Umweltverträgliches Wirtschaften in historischer Perspektive. Göttingen 1994.
2. G. BAYERL/N. FUCHSLOCH/T. MEYER (Hrsg.), Umweltgeschichte. Methoden, Themen, Potentiale. Münster u. a. 1996.

3. G. Bayerl/U. Troitzsch, Quellentexte zur Geschichte der Umwelt von der Antike bis heute. Göttingen u. Zürich 1998.
4. P. Brimblecomb/Ch. Pfister (Hrsg.), The Silent Countdown. Essays in European Environmental History. Berlin 1990.
5. J. Calliess/J. Rüsen/M. Striegnitz (Hrsg.), Mensch und Umwelt in der Geschichte. Göttingen u. Zürich 1989.
6. W. Cronon (Hrsg.), Uncommon Ground. Rethinking the Human Place in Nature. London u. New York 1996.
7. A. W. Crosby, The Columbian Exchange. Biological and Cultural Consequences of 1492. Westport 1972.
8. A. W. Crosby, Die Früchte des weißen Mannes. Ökologischer Imperialismus 900–1900. Frankfurt/M. 1991 (engl. 1986).
9. J. Diamond, Arm und Reich. Die Schicksale menschlicher Gesellschaften. Frankfurt/M. 1998 (engl. 1997).
10. Ch. Dipper, Deutsche Geschichte 1648–1789. Frankfurt/M. 1991.
11. F. Duceppe-Lamarre/J. I. Engels (Hrsg.), Umwelt und Herrschaft in der Geschichte. München 2008.
12. C. Glacken, Traces on the Rhodian Shore. Nature and Culture in the Western Thought from Ancient Times to the End of the 18th Century. Berkeley u. Los Angeles 1967.
13. S. Hahn/R. Reith (Hrsg.), Umwelt-Geschichte. Arbeitsfelder, Forschungsansätze, Perspektiven. Wien u. München 2001.
14. B. Herrmann (Hrsg.), Beiträge zum Göttinger Umwelthistorischen Kolloquium 2004–2006. Göttingen 2007.
15. B. Herrmann/Ch. Dahlke (Hrsg.), Schauplätze der Umweltgeschichte. Göttingen 2008.
16. H. Jäger, Einführung in die Umweltgeschichte. Darmstadt 1994.
17. G. Jaritz/V. Winiwarter (Hrsg.), Umweltbewältigung. Die historische Perspektive. Bielefeld 1994.
18. H. Kellenbenz (Hrsg.), Wirtschaftsentwicklung und Umweltbeeinflussung (14.–20. Jh.). Wiesbaden 1982.
19. A. Kirchhofer/D. Krämer/Ch. M. Merki (Hrsg.), Nachhaltige Geschichte. Fschr. für Ch. Pfister. Zürich 2009.
20. L. Kreye/C. Stühring/T. Zwingelberg (Hrsg.), Natur als Grenzerfahrung. Europäische Perspektiven der Mensch-Natur-Beziehung in Mittelalter und Neuzeit. Göttingen 2009.
21. B. Marquard, Umwelt und Recht in Mitteleuropa. Von den großen Rodungen des Hochmittelalters bis ins 21. Jh. Zürich u. a. 2003.
22. P. Masius/O. Sparenberg/J. Sprenger (Hrsg.), Umweltgeschichte und Umweltzukunft. Zur gesellschaftlichen Relevanz einer jungen Disziplin. Göttingen 2009.

23. Ch. Mauch, Nature in German History. Oxford 2004.
24. J. R. McNeill, Observations on the Nature and Culture of Environmental History, in: H&T 42.4 (2003) 5–43.
25. J. R. McNeill, Blue Planet. Die Geschichte der Umwelt im 20. Jh. Frankfurt/M. 2003.
26. C. Merchant, Der Tod der Natur. Ökologie, Frauen und neuzeitliche Naturwissenschaft. München 1987 (engl. 1980).
27. P. Münch, Lebensformen in der Frühen Neuzeit. Frankfurt/M. 1992.
28. P. Münch (Hrsg.), „Erfahrung" als Kategorie in der Frühneuzeitgeschichte. München 2001.
29. Ch. Pfister (Hrsg.), Das 1950er Syndrom. Der Weg in die Konsumgesellschaft. Bern u. a. 1996.
30. R. Porter/M. Teich/B. Gustaffson (Hrsg.), Nature and Society in Historical Context. Cambridge 1997.
31. J. Radkau, Natur und Macht. Eine Weltgeschichte der Umwelt. München 2000.
32. W. Reinhard, Lebensformen Europas. Eine historische Kulturanthropologie. München 2004.
33. J. F. Richards, The Unending Frontier. An Environmental History of the Early Modern World. Berkely u. a. 2003.
34. S. Ruppel/A. Steinbrecher (Hrsg.), „Die Natur ist überall bey uns". Mensch und Natur in der Frühen Neuzeit. Zürich 2009.
35. D. Schott/B. Luckin/G. Massard-Guilbaud (Hrsg.), Resources of the City. Contributions to an Environmental History of Modern Europe. Aldershot 2005.
36. R. P. Sieferle, Rückblick auf die Natur. Eine Geschichte des Menschen und seiner Umwelt. München 1997.
37. R. P. Sieferle, Fortschritte der Naturzerstörung. Frankfurt/M. 1988.
38. W. Siemann (Hrsg.), Umweltgeschichte. Themen und Perspektiven. München 2003.
39. Ch. Simon (Hrsg.), Umweltgeschichte heute: Neue Themen und Ansätze der Geschichtswissenschaft – Beiträge für die Umwelt-Wissenschaft (EHN, Special Issue 1). Mannheim 1993.
40. L. Trepl, Geschichte der Ökologie vom 17. Jh. bis zur Gegenwart. Frankfurt/M. 1994.
41. F. Uekötter, Umweltgeschichte im 19. und 20. Jh. München 2007.
42. F. Uekötter/J. Hohensee (Hrsg.), Wird Kassandra heiser? Die Geschichte falscher Öko-Alarme. Stuttgart 2004.

43. V. Winiwarter /M. Knoll, Umweltgeschichte. Eine Einführung. Köln u. a. 2007.
44. D. Worster, Nature's Economy. A History of Ecological Ideas. Cambridge u. New York 1977.
45. G. Zirnstein, Ökologie und Umwelt in der Geschichte. Marburg 1994.

## 3. Natürliche und anthropogene Umwelten

46. W. Abel, Massenarmut und Hungerkrisen im vorindustriellen Europa. Versuch einer Synopsis. Hamburg u. Berlin 1974.
47. M. L. Allemeyer/M. Jakubowski-Tiessen/S. Rus Rufino (Hrsg.), Von der Gottesgabe zur Ressource. Konflikte um Wald, Wasser und Land in Spanien und Deutschland seit der Frühen Neuzeit. Essen 2007.
48. W. Bätzing, Die Alpen. Naturbearbeitung und Umweltzerstörung. Eine ökologisch-geographische Untersuchung. Frankfurt/M. 1985.
49. Ch. Bartels, Montani und Silvani im Harz. Mittelalterlicher und frühneuzeitlicher Bergbau und seine Einflüsse auf die Umwelt, in: 73: 112–127.
50. Ch. Bartels, Das Wasserkraft-Netz des historischen Erzbergbaus im Oberharz. Seine Schaffung und Verdichtung zu großtechnischen Systemen als Voraussetzung der Industrialisierung, in: TG 56 (1988) 177–192.
51. G. Bayerl, Die Papiermühle. Vorindustrielle Papiermacherei auf dem Gebiet des alten deutschen Reiches. Technologie, Arbeitsverhältnisse, Umwelt, 2 Bde., Frankfurt/M. 1987.
52. G. Bayerl/T. Meyer (Hrsg.), Die Veränderung der Kulturlandschaft. Nutzungen – Sichtweisen – Planungen. Münster 2003.
53. M. R. Berenbaum, Blutsauger, Staatsgründer, Seidenfabrikanten. Die zwiespältige Beziehung von Mensch und Insekt. Heidelberg 1997 (engl. 1995).
54. D. Blackbourn, Die Eroberung der Natur. Eine Geschichte der deutschen Landschaft. München 2007 (engl. 2006).
55. P. Blickle, Die Revolution von 1525. 4. Aufl. München 2004.
56. R. Beck, Naturale Ökonomie. Unterfinning: Bäuerliche Wirtschaft in einem oberbayerischen Dorf des frühen 18. Jh.s. München u. Berlin 1986.

57. K. Bräuer (Hrsg.), Studien zur Geschichte der Lebenshaltung in Frankfurt a.M. während des 17. und 18. Jh.s, 2 Bde., Frankfurt/M. 1915.
58. H. Bredekamp, Der Mensch als Mörder der Natur. Das „Iudicium Iovis" von Paul Niavis und die Leibmetaphorik, in: H. Reinitzer (Hrsg.), All Geschöpf ist Zung' und Mund. Hamburg 1984, 261–283.
59. M. Cioc, The Rhine. An Eco-Biography, 1815–2000. Washington 2002.
60. S. Ciriacono, Building on Water. Venice, Holland and the Construction of the European Landscape in Early Modern Times. New York u. Oxford 2006.
61. R. Delort, Der Elefant, die Biene und der heilige Wolf. Die wahre Geschichte der Tiere. München u. Wien 1987.
62. D. Denecke, Interdisziplinäre historisch-geographische Umweltforschung. Klima, Gewässer und Böden im Mittelalter und in der Frühen Neuzeit, in: Siedlungsforschung 12 (1999) 235–263.
63. A. Dix, Vorindustrielle Kulturlandschaften. Leitlinien ihrer historischen Entwicklung, in: 52: 11–31.
64. H. Düselder/O. Weckenbrock/S. Westphal (Hrsg.), Adel und Umwelt. Horizonte adeliger Existenz in der Frühen Neuzeit. Köln 2008.
65. K. Engelken/D. Hünniger/St. Windelen (Hrsg.), Zur Viehseuchen- und Schädlingsbekämpfung in der Frühen Neuzeit. Göttingen 2007.
66. Ch. Gasser, Vogelschutz zwischen Ökonomie und Ökologie. Das Beispiel der Sperlingsverfolgungen (17.–20. Jh.), in: S. Becker/A. C. Bimmer (Hrsg.), Mensch und Tier. Kulturwissenschaftliche Aspekte einer Sozialbeziehung. Marburg 1991, 41–60.
67. B. Herrmann, „Nun blüht es von End' zu End' all überall". Die Eindeichung des Nieder-Oderbruches 1747–1753. Münster u. a. 1997.
68. B. Herrmann, Die Entvölkerung der Landschaft. Der Kampf gegen „culturschädliche Thiere" in Brandenburg im 18. Jahrhundert, in: 52: 33–59.
69. B. Herrmann, „Auf keinen Fall mehr als dreimal wöchentlich Krebse, Lachse oder Hasenbraten essen müssen!" Einige vernachlässigte Probleme der „historischen Biodiversität", in: H.-P. Baum/R. Leng/J. Schneider (Hrsg.), Wirtschaft – Gesellschaft – Mentalitäten im Mittelalter. Stuttgart 2006, 179–207.

70. K. Herrmann, Pflügen, Säen, Ernten. Landarbeit und Landtechnik in der Geschichte. Reinbek bei Hamburg 1985.
71. K. F. Hünemörder, Zwischen ‚abergläubischem Abwehrzauber' und der ‚Inokulation der Hornviehseuche'. Entwicklungslinien der Rinderpestbekämpfung im 18. Jh., in: 65: 21–56.
72. A. Ineichen, Innovative Bauern. Einhegungen, Bewässerung und Waldteilungen im Kanton Luzern im 16. und 17. Jh. Luzern u. Stuttgart 1996.
73. A. Jockenhövel (Hrsg.), Bergbau, Verhüttung und Waldnutzung im Mittelalter. Auswirkungen auf Mensch und Umwelt. Stuttgart 1996.
74. K. Jüngel, Die Elbe. Geschichte um einen Fluß. Böblingen 1993.
75. H. Knittler, Machten die Teiche reich? Überlegungen zur Teichwirtschaft in Niederösterreich und ihrer Stellung im feudalen Herrschaftsgefüge, in: Ders., Nutzen, Renten, Erträge. Wien 1989, 146–181.
76. H. Kühnel (Hrsg.), Alltag im Mittelalter. Darmstadt 1986.
77. H. Küster, Geschichte der Landschaft in Mitteleuropa. Von der Eiszeit bis zur Gegenwart. München 1999.
78. H. Lackner, „Es ist die Bestimmung der Menschen, dass sie die Berge durchwühlen". Bergbau und Umwelt, in: 13: 77–98.
79. G. Leidel/M. R. Franz, Altbayerische Flusslandschaften an Donau, Lech, Isar und Inn. Handgezeichnete Karten des 16. bis 18. Jh.s aus dem Bayerischen Hauptstaatsarchiv. Weißenhorn 1998.
80. S. Lorenz/P. Rückert (Hrsg.), Landnutzung und Landschaftsentwicklung im deutschen Südwesten. Zur Umweltgeschichte im späten Mittelalter und in der Frühen Neuzeit. Stuttgart 2009.
81. H. Makowski/B. Buderath, Die Natur dem Menschen untertan. Ökologie im Spiegel der Landschaftsmalerei. München 1983.
82. J. Mathieu, Geschichte der Alpen 1500–1900. Umwelt, Entwicklung, Gesellschaft. Wien u. a. 1998.
83. M. Mende, Gräben und Teiche für Bergwerke und Hütten: Die Wasserwirtschaft im Oberharz, in: 52: 85–101.
84. H. Meyer, Frühe Neuzeit, in: P. Dinzelbacher (Hrsg.), Mensch und Tier in der Geschichte Europas. Stuttgart 2000, 293–403.
85. T. Meyer, Von der begrenzten zur unbegrenzten Ausrottung. ‚Schädlinge' als ‚natürliches Risiko' im 18. Jahrhundert, in: 52: 61–73.
86. M. Montanari, Der Hunger und der Überfluß. Kulturgeschichte der Ernährung in Europa. München 1993.

87. P. MÜNCH (Hrsg.), Tiere und Menschen. Geschichte und Aktualität eines prekären Verhältnisses. Paderborn 1999 (1. Aufl. 1998).
88. J. NOWOSADTKO, Zwischen Ausbeutung und Tabu. Nutztiere in der Frühen Neuzeit, in: 87: 247–273.
89. J. NOWOSADTKO, Milzbrand, Tollwut, Wölfe, Spatzen und Maikäfer. Die gesellschaftliche Verteilung von Zuständigkeiten bei der Bekämpfung von Viehseuchen und schädlichen Tieren in der Frühen Neuzeit, in: 65: 81–100.
90. N. ORTMAYR, Bevölkerung und Landnutzung, in: W. DEMEL (Hrsg.), WBG Welt-Geschichte Bd. 4: Entdeckungen und neue Ordnungen 1200 bis 1800. Darmstadt 2010, 11–28.
91. G. PFEISINGER, Die Zerstörung des irdischen Paradieses. Umweltgeschichtliche Anmerkungen zur Entstehung der Weltökonomie, in: 13: 53–76.
92. M. POPPLOW, Europa auf Achse. Innovationen des Landtransports im Vorfeld der Industrialisierung, in: R. P. SIEFERLE/H. BREUNINGER (Hrsg.), Transportgeschichte im internationalen Vergleich. Stuttgart 2004, 87–154.
93. E. ROSNER, Die Schrift des Paracelsus über die Erkrankungen im Bergbau und ihre Bedeutung in der Geschichte der Medizin, in: H. DOPSCH/P. F. KRAMML (Hrsg.), Paracelsus und Salzburg. Salzburg 1994, 445–460.
94. L. SUHLING, Aufschließen, Gewinnen und Fördern. Geschichte des Bergbaus. Reinbek bei Hamburg 1988.
95. H. J. UHLEMANN, Landschaftsveränderung durch Bau von schiffbaren Kanälen, in: 52: 75–84.
96. G. WACHA, Spatzenvertilgung unter Maria Theresia, in: Naturkundliches Jb. der Stadt Linz 1960, 21–53.
97. H. WEITENSFELDER, Bunte Metalle – vergiftete Umwelt: Auswirkungen von Bergbau und Verhüttung in historischer Perspektive, in: E. BRUCKMÜLLER/V. WINIWARTER (Hrsg.), Umweltgeschichte. Zum historischen Verhältnis von Gesellschaft und Natur. Wien 2000. 40–53.
98. C. WISCHERMANN, Der Ort des Tieres in einer städtischen Gesellschaft, in: Informationen zur modernen Stadtgeschichte 2 (2009) 13–25 (Einleitung zum Themenschwerpunkt „Tiere in der Stadt“).

## 4. Klima und „Kleine Eiszeit“


99. J. L. Anderson, Climate Change in European Economic History, in: Research in Econ. Hist. 6 (1981) 1–34.
100. W. Bauernfeind/U. Woitek, The Influence of Climatic Change on Price Fluctuations during the 16th Century Price Revolution, in: CCh 43 (1999) 303–321.
101. W. Behringer, Climatic Change and Witch-Hunting: the Impact of the Little Ice Age on Mentalities, in: CCh 43 (1999) 335–351.
102. W. Behringer, Die Hungerkrise von 1570. Ein Beitrag zur Krisengeschichte der Neuzeit, in: 182: 51–156.
103. W. Behringer, Kulturgeschichte des Klimas. Von der Eiszeit bis zur globalen Erwärmung. München 2007.
104. W. Behringer/H. Lehmann/Ch. Pfister (Hrsg.), Kulturelle Konsequenzen der „Kleinen Eiszeit“. Cultural Consequences of the „Little Ice Age“. Göttingen 2005.
105. R. Brázdil/Ch. Pfister/H. Wanner/H. v. Storch/J. Luterbacher, Historical Climatology in Europe – The State of the Art, in: CCh 70(2005) 363–430.
106. K. H. Burmeister, „Der heiße Sommer“ 1540 in der Bodenseeregion, in: Schr. des Ver. für Gesch. des Bodensees und seiner Umgebung 126 (2008) 59–87.
107. J. A. Eddy, The Maunder Minimum, in: Science 192 (1976) 1189–1202.
108. J. A. Eddy, The „Maunder Minimum“: Sunspots and Climate in the Reign of Louis XIV., in: G. Parker/L. M. Smith (Hrsg.), The General Crisis of the Seventeenth-Century. London u. Boston 1978, 226–268.
109. H. Flohn, Klima und Witterungsverlauf in Zürich im 16. Jh., in: Vjschr. der Naturforschenden Ges. in Zürich 94 (1949) 29–41.
110. R. Glaser, Die Temperaturverhältnisse in Württemberg in der Frühen Neuzeit, in: ZAA 38 (1990) 129–144.
111. R. Glaser, Klimarekonstruktion für Mainfranken, Bauland und Odenwald anhand direkter und indirekter Witterungsdaten seit 1500. Stuttgart 1991.
112. R. Glaser, Klimageschichte Mitteleuropas. 1000 Jahre Wetter, Klima, Katastrophen. Darmstadt 2001.
113. L. O. Goedde, Bethlehem in the Snow and Holland on the Ice. Climatic Change and the Invention of the Winter Landscape 1560–1620, in: 104: 311–322.
114. M. Grammer, Die Linzer Wetterbeobachtungen Johannes Kep-

lers, in: F. Lauscher u. a. (Hrsg.), Witterung und Klima von Linz. Wien 1959, 47–62.

115. J. M. Grove, The Little Ice Age. London 1988.

116. G. Hellmann, Die Entwicklung der meteorologischen Beobachtungen in Deutschland von den ersten Anfängen bis zur Einrichtung staatlicher Beobachtungsnetze. Berlin 1926.

117. M. Heymann, Klimarekonstruktionen. Von der klassischen Klimatologie zur Klimaforschung, in: Naturwissenschaft, Technik, Medizin 17 (2009) 171–197.

118. M. Hille, Mensch und Klima in der Frühen Neuzeit: die Anfänge regelmäßiger Wetterbeobachtung, „Kleine Eiszeit“, und ihre Wahrnehmung bei Renward Cysat (1545–1613), in: AKG 83 (2001) 63–91.

119. M. Jakubowski-Tiessen, Das Leiden Christi und das Leiden an der Welt. Die Entstehung des lutherischen Karfreitags, in: 104: 195–214.

120. M. Jakubowski-Tiessen, Die Auswirkungen der „Kleinen Eiszeit“ auf die Landwirtschaft: Die Krise von 1570, in: ZAA 58 (2010) 31–50.

121. F. Klemm, Die Entwicklung der meteorologischen Beobachtungen in Franken und Bayern bis 1700, in: Annalen der Meteorologie NF 8 (1973).

122. F. Klemm, Die Entwicklung der meteorologischen Beobachtungen in Nord- und Mitteldeutschland bis 1700, in: Annalen der Meteorologie NF 10 (1976).

123. F. Klemm, Die Entwicklung der meteorologischen Beobachtungen in Süddeutschland bis 1700, in: Annalen der Meteorologie NF 13 (1979).

124. F. Klemm, Die Entwicklung der meteorologischen Beobachtungen in Österreich einschließlich Böhmen und Mähren bis zum Jahr 1700, in: Annalen der Meteorologie NF 21 (1983).

125. H.-G. Körber, Vom Wetteraberglauben zur Wetterforschung. Aus Geschichte und Kulturgeschichte der Meteorologie. Innsbruck 1987.

126. H. H. Lamb, Klima und Kulturgeschichte – Der Einfluss des Wetters auf den Gang der Geschichte. Reinbek bei Hamburg 1989.

127. E. Landsteiner, Trübselige Zeit? Auf der Suche nach den wirtschaftlichen und sozialen Dimensionen des Klimawandels im späten 16. Jh., in: ÖZG 12 (2001) H. 2, 79–116.

128. E. Landsteiner, Wenig Brot und saurer Wein. Kontinuität und

Wandel in der zentraleuropäischen Ernährungskultur im letzten Drittel des 16. Jh.s, in: 104: 87–147.

129. D. LEDERER, Verzweiflung im Alten Reich. Selbstmord während der „Kleinen Eiszeit“, in: 104: 255–280.

130. H. LEHMANN, Frömmigkeitsgeschichtliche Auswirkungen der „Kleinen Eiszeit“, in: W. SCHIEDER (Hrsg.), Volksreligiosität in der modernen Sozialgeschichte. Göttingen 1986, 31–50.

131. E. LE ROY LADURIE, Histoire du climat depuis l’an mil. Paris 1967.

132. E. LE ROY LADURIE, Die Geschichte von Sonnenschein und Regenwetter, in: M. BLOCH/ F. BRAUDEL/L. FEBVRE, Schrift und Materie in der Geschichte. Frankfurt/M. 1977, 220–246.

133. E. LE ROY LADURIE, Histoire humaine et comparée du climat. I. Canicules et glaciers, (XIIIe–XVIIIe siècle). Paris 2005.

134. E. LE ROY LADURIE, Histoire humaine et comparée du climat. II. Disettes et révolutions (1740–1860). Paris 2006.

135. C. LÜDECKE, Von der Kanoldsammlung (1717–1726) zu den Ephemeriden der Societas Meteorologica Palatina (1781–1792). Meteorologische Quellen zur Umweltgeschichte des 18. Jh.s, in: 449: 97–119.

136. G. MANLEY, Central England Temperatures: Monthly Means from 1659 to 1973, in: Quart. Journ. of the Royal Meteorological Soc. 100 (1974) 389–405.

137. F. MAUELSHAGEN, Klimageschichte der Neuzeit. Darmstadt 2010.

138. H. C. E. MIDELFORT, Melancholische Eiszeit?, in: 104: 239–254.

139. ST. MILITZER, Klima – Klimageschichte – Geschichte. Status und Perspektiven von Klimageschichte und Historischer Klimaforschung, in: GWU 47 (1996) 71–88.

140. CH. PFISTER, Agrarkonjunktur und Witterungsverlauf im westlichen Schweizer Mittelland 1755–1797. Liebefeld/Bern 1975.

141. CH. PFISTER, The Little Ice Age: Thermal and Wetness Indices for Central Europe, in: JInterH 10 (1980) 25–53.

142. CH. PFISTER, Die Fluktuationen der Weinmosterträge im schweizerischen Weinland vom 16. bis ins frühe 19. Jh. Klimatische Ursachen und sozioökonomische Bedeutung, in: SZG 31 (1981) 445–491.

143. CH. PFISTER, Klimageschichte der Schweiz 1525–1860. Das Klima der Schweiz von 1525–1860 und seine Bedeutung in der Geschichte von Bevölkerung und Landwirtschaft, 2 Bde., Bern 1984.

144. CH. PFISTER, Wetternachhersage. 500 Jahre Klimavariationen und Naturkatastrophen (1496–1995). Bern 1999.
145. CH. PFISTER, Klimawandel in der Geschichte Europas. Zur Entwicklung und zum Potenzial der Historischen Klimatologie, in: ÖZG 12 (2001) H. 2, 7–43.
146. CH. PFISTER, Weeping in the Snow. The Second Period of Little Ice Age-Type Impacts, 1570–1630, in: 104: 31–86.
147. CH. PFISTER/R. BRÁZDIL, Social Vulnerability to Climate in the „Little Ice Age“. An Example from Central Europe in the Early 1770ies, in: Climates of the Past 2 (2006) 115–129.
148. J. D. POST, The Last Great Subsistence Crisis in the Western World. Baltimore 1977.
149. J. D. POST, Food Shortage, Climatic Variability, and Epidemic Disease in Preindustrial Europe. The Mortality Peak in the Early 1740s. Ithaca u. London 1985.
150. H. v. RUDLOFF, Die Schwankungen und Pendelungen des Klimas in Europa seit dem Beginn der regelmäßigen Instrumenten-Beobachtungen (1670) mit einem Beitrag über die Klimaschwankungen in historischer Zeit. Braunschweig 1967.
151. W. SCHULZE, Untertanenrevolten, Hexenverfolgungen und „Kleine Eiszeit“? Eine Krise um 1600, in: B. ROECK/K. BERGDOLT/A. J. MARTIN (Hrsg.), Venedig und Oberdeutschland in der Renaissance. Sigmaringen 1993, 289–312.
152. E. STRÖMMER, Klima-Geschichte: Methoden der Rekonstruktion und historische Perspektive; Ostösterreich 1700 bis 1830. Wien 2003.
153. I. TELELIS, The Climate of Tübingen A.D. 1596–1605, on the Basis of Martin Crusius' Diarium, in: E&H 4 (1998) 53–74.
154. O. ULBRICHT, Extreme Wetterlagen im Diarium Heinrich Bullingers (1504–1574), in: 104: 149–176.
155. G. UTTERSTRÖM, Climatic Fluctuations and Population Problems in Early Modern History, in: Scandinavian Econ. Hist. 3 (1955) 3–47.
156. J. de VRIES, Measuring the Impact of Climate on History. The Search for Appropriate Methodology, in: JInterH 10 (1980) 599–630.
157. H. WANNER/M. GROSJEAN/J. LUTERBACHER/TH. RUTISHAUSER/R. WIDMER/E. XOPLAKI, Die Kleine Eiszeit – mögliche Gründe für ihre Entstehung, in: 19: 91–108.

## 5. Naturkatastrophen: Deutung und Bewältigung

158. M. L. ALLEMEYER, „Kein Land ohne Deich ...!" Lebenswelten einer Küstengesellschaft in der Frühen Neuzeit. Göttingen 2006.
159. M. L. ALLEMEYER, Feuersnoth und Flammenschwert. Stadtbrände in der Frühen Neuzeit. Göttingen 2007.
160. A. BORST, Das Erdbeben von 1348. Ein historischer Beitrag zur Katastrophenforschung, in: HZ 233 (1981) 529–569.
161. S. BOSCANI LEONI (Hrsg.), Wissenschaft – Berge – Ideologien. Johann Jakob Scheuchzer (1672–1733) und die frühneuzeitliche Naturforschung. Basel 2010.
162. R. BRÁZDIL/H. VALÁSEK/J. LUTERBACHER/J. MACKOVÁ, Die Hungerjahre 1770–1772 in den böhmischen Ländern. Verlauf, meteorologische Ursachen und Auswirkungen, in: ÖZG 12 (2001) 44–78.
163. W. BREIDERT (Hrsg.), Die Erschütterung der vollkommenen Welt. Die Wirkung des Erdbebens von Lissabon im Spiegel europäischer Zeitgenossen. Darmstadt 1994.
164. K. BRUNNER, Die Seegfrörnen des Bodensees. Eine Dokumentation in Bilddarstellungen, in: Schr. des Ver. für Gesch. des Bodensees und seiner Umgebung 122 (2004) 71–84.
165. M. BUDDE (Hrsg.), Die „Kleine Eiszeit". Holländische Landschaftsmalerei im 17. Jh. Berlin 2001.
166. M. EHRHARDT, „Dem großen Wasser allezeit entgegen". Zur Geschichte der Deiche in Wursten. Stade 2007.
167. CH. EIFERT, Das Erdbeben von Lissabon 1755. Zur Historizität einer Naturkatastrophe, in: HZ 274 (2002) 633–664.
168. R. ESSER, „Ein sonderlich und erschröcklich Wasserflut". Desaster-Management in der Frühen Neuzeit, in: 28: 217–227.
169. N. FISCHER, Wassersnot und Marschengesellschaft. Zur Geschichte der Deiche in Kehdingen. Stade 2003.
170. N. FISCHER, Der domestizierte Fluss: Wasser und Wasserbauwerke an der Niederelbe, in: 14: 115–128.
171. G. FOUQUET, Für eine Kulturgeschichte der Naturkatastrophen. Erdbeben in Basel (1356) und Großfeuer in Frankenberg (1476), in: A. RANFT/S. SELZER (Hrsg.), Städte aus Trümmern. Katastrophenbewältigung zwischen Antike und Moderne. Göttingen 2004, 101–131.
172. M. FRANK, Der rote Hahn. Wahrnehmung und Verarbeitung von Feuersbrünsten in der Frühen Neuzeit, in: 28: 229–248.

173. M. Gisler, Göttliche Natur? Formationen im Erdbebendiskurs der Schweiz des 18. Jh.s. Zürich 2007.
174. K. v. Greyerz, Religion und Natur in der Frühen Neuzeit, in: 34: 41–58.
175. D. Groh/M. Kempe/F. Mauelshagen (Hrsg.), Naturkatastrophen – Beiträge zu ihrer Deutung, Wahrnehmung und Darstellung in Text und Bild von der Antike bis ins 20. Jh. Tübingen 2003.
176. H. Günther, Das Erdbeben von Lissabon und die Erschütterung des aufgeklärten Europa. Frankfurt/M. 2005.
177. E. Guidoboni, Les consequences des tremblements de terre sur les villes en Italie, in: 189: 43–66.
178. R. Gutdeutsch/Ch. Hammerl/I. Mayer/K. Vocelka, Erdbeben als historisches Ereignis. Die Rekonstruktion des Erdbebens von 1590 in Niederösterreich. Berlin, Heidelberg u. New York 1987.
179. Ch. Hammerl, Rekonstruktion der historischen Erdbeben vom 27. Februar 1768 in Wiener Neustadt und vom 6. Februar 1794 in Leoben, in: F. Eybl/H. Heppner/A. Kernbauer (Hrsg.), Elementare Gewalt. Wien 2000, 163–183.
180. O. Hochadel, Öffentliche Wissenschaft. Elektrizität in der deutschen Aufklärung. Göttingen 2003.
181. M. Jakubowski-Tiessen, Sturmflut 1717: Die Bewältigung einer Naturkatastrophe in der Frühen Neuzeit. München 1992.
182. M. Jakubowski-Tiessen/H. Lehmann (Hrsg.), Um Himmels Willen. Religion in Katastrophenzeiten. Göttingen 2003.
183. M. Jakubowski-Tiessen, Gotteszorn und Meereswüten. Deutungen von Sturmfluten vom 16. bis 19. Jh., in: 175: 101–118.
184. M. Jakubowski-Tiessen, Naturkatastrophen: Was wurde aus ihnen gelernt?, in: 22: 173–186.
185. A. Johns, Dreadful Visitations. Natural Catastrophe in the Age of Enlightenment. New York u. London 1999.
186. M. Kempe, Noah's Flood: The Genesis Story and Natural Disasters in Early Modern Times, in: E&H 9 (2003) No. 2, 151–172.
187. T. D. Kendrick, The Lisbon Earthquake. London 1956.
188. H.-D. Kittsteiner, Das Gewissen im Gewitter, in: Jb. für Volkskunde, N.F. 10 (1987) 7–26.
189. M. Körner (Hrsg.), Stadtzerstörung und Wiederaufbau, Bd. 1: Zerstörung durch Erdbeben, Feuer und Wasser. Bern 1999.
190. P. Krahe, Hochwasser und Klimafluktuationen am Rhein seit dem Mittelalter, in: R. Immendorf (Hrsg.), Hochwasser. Natur im Überfluß? Heidelberg 1997, 57–82.

191. G. Lauer/Th. Unger (Hrsg.), Das Erdbeben von Lissabon und der Katastrophendiskurs im 18. Jh. Göttingen 2008.
192. G. Lauer, Das Erdbeben von Lissabon. Ereignis, Wahrnehmung und Deutung im Zeitalter der Aufklärung, in: 14: 223–236.
193. M. Lehner, „Und das Unglück ist von Gott gemacht …“. Geschichte der Naturkatastrophen in Österreich. Wien 1995.
194. U. Löffler, Lissabons Fall – Europas Schrecken. Die Deutung des Erdbebens von Lissabon im deutschsprachigen Protestantismus des 18. Jh.s. Berlin 1999.
195. U. Lübken, Zwischen Alltag und Ausnahmezustand. Ein Überblick über die historiographische Auseinandersetzung mit Naturkatastrophen, in: WerkstattGesch. 38 (2004) 55–64.
196. M. Luminati, Erdbeben in Noto. Krisen- und Katastrophenbewältigung im Barockzeitalter. Zürich 1995.
197. B. Mehlin, Gestörte Formation: Erdbebenbewältigung in Benevent und Verwirklichung von Herrschaft im Kirchenstaat 1680–1730. Tübingen 2003.
198. St. Militzer/R. Glaser, Die Thüringische Sintflut von 1613, in: Zs des Ver. für Thüringische Gesch. 48 (1994) 69–92.
199. E. Oeser, Historische Erdbebentheorien von der Antike bis zum Ende des 19. Jh.s. Wien 2003.
200. K. Park/L. Daston (Hrsg.), Early Modern Science. Cambridge 2006.
201. Ch. Pfister (Hrsg.), Am Tag danach. Zur Bewältigung von Naturkatastrophen in der Schweiz 1500–2000. Bern 2002.
202. Ch. Pfister, Überschwemungen und Niedrigwasser im Einzugsgebiet des Rheins 1500–2005, in: F. Klötzli (Hrsg.), Der Rhein – Lebensader einer Region. Zürich 2005, 265–273.
203. Ch. Pfister/St. Summermatter (Hrsg.), Katastrophen und ihre Bewältigung. Perspektiven und Positionen, Bern u. a. 2004.
204. E. Riegg, Brandkatastrophen und stadtbürgerliche Identität. Die Wahrnehmung von Stadtbränden in der städtischen Chronistik, in: traverse 10, (2003) No. 3, 130–143.
205. B. Rieken, „Nordsee ist Mordsee“. Sturmfluten und ihre Bedeutung für die Mentalitätsgeschichte der Friesen. Münster 2005.
206. Ch. Rohr, Überschwemmungen an der Traun zwischen Alltag und Katastrophe. Die Welser Traunbrücke im Spiegel der Bruckamtsrechnungen des 15. und 16. Jh.s, in: Jb. des Musealver. Wels 33, (2001/02/03) 281–327.
207. Ch. Rohr, Extreme Naturereignisse im Ostalpenraum. Naturer-

fahrung im Spätmittelalter und am Beginn der Neuzeit. Köln u. a. 2007.
208. M. Senn (Hrsg.), Die Wickiana. Johann Jacob Wicks Nachrichtensammlung aus dem 16. Jh. Zürich 1975.
209. R. P. Sieferle/H. Breuninger (Hrsg.), Natur-Bilder. Wahrnehmungen von Natur und Umwelt in der Geschichte. Frankfurt/M. 1999.
210. K. Simon-Muscheid/Ch. Simon, Umweltgeschichte des Rheins. Ökohistorische Zugriffe in der gesellschaftlichen Dimension, in: Jb. für Regionalgesch. 23 (2005) 35–54.
211. M. Schmid, Die Donau als sozionaturaler Schauplatz. Ein konzeptueller Entwurf für umwelthistorische Studien in der Frühen Neuzeit, in: 34: 59–80.
212. A. Schmidt, „Wolken krachen, Berge zittern, und die ganze Erde weint …". Zur kulturellen Vermittlung von Naturkatastrophen in Deutschland 1755–1855. Münster, München u. Berlin 1999.
213. H. Schmitt-Lermann, Der Hagel und die Hagelversicherung in der Kulturgeschichte. München 1984.
214. W. Schwarte, Nordlichter. Ihre Darstellung in der Wickiana, Münster u. a. 1999.
215. M. Warnke, Das Erdbeben von Lissabon 1755 – eine Bewährung der Aufklärung, in: Zs. des Ver. für Hamburgische Gesch. 95 (2009) 1–22.
216. E. Weigl, Entzauberung der Natur durch Wissenschaft – dargestellt am Beispiel der Erfindung des Blitzableiters, in: Jb. der Jean-Paul-Ges. 22 (1987) 7–40.
217. A. Winter-Fritzsche, „Naturgetreue" Blitzdarstellungen in der venezianischen Malerei des 16. Jh.s mit einer Einführung in Deutung und Darstellung des Blitzes. Frankfurt/M. 1990.
218. J. Zeilinga de Boer/D.Th. Sanders, Das Jahr ohne Sommer: die großen Vulkanausbrüche der Menschheitsgeschichte und ihre Folgen. Essen 2004 (engl. 2002).

## 6. Seuchen

219. K. Bergdolt, Pest, Staat, Wissenschaft – Wechselwirkungen in oberitalienischen Städten vom 14. bis 17. Jh., in: Ber.WG 15 (1992) 201–211.

220. K. Bergdolt, Das Pestmotiv in der bildenden Kunst, in: 259: 317–327.
221. K. Bergdolt, Seuchentheorie und Umwelt in der Frühen Neuzeit, in: 20: 221–234.
222. A. Bingener, Sauberkeit im spätmittelalterlichen und frühneuzeitlichen Siegen, in: Siegerland. Bll. des Siegener Heimat- und GV 73 (1996) 71–86.
223. J.-N. Biraben, Les hommes et la peste en France et dans les pays européens et méditeranéens, 2 Bde., Paris 1975/76.
224. N. Bulst, Vier Jahrhunderte Pest in niedersächsischen Städten. Vom Schwarzen Tod (1349–1351) bis in die erste Hälfte des 18. Jh.s, in: Stadt im Wandel. Kunst und Kultur des Bürgertums in Norddeutschland 1150–1650. Ausstellungskatalog, hrsg. v. C. Meckseper, Bd. 4, Braunschweig 1985, 251–270.
225. N. Bulst/R. Delort (Hrsg.), Maladies et Societe (XII–XVIIIe siecles). Paris 1989.
226. N. Bulst, Krankheit und Gesellschaft in der Vormoderne. Das Beispiel der Pest, in: 225: 17–47.
227. N. Bulst, Die Pest verstehen. Wahrnehmungen, Deutungen und Reaktionen im Mittelalter und in der Frühen Neuzeit, in: 175: 145–164.
228. S. K. Cohn Jr., The Black Death: End of a Paradigm, in: The AHR 107, 3 (2002) 703–738.
229. S. K. Cohn Jr./L. T. Weaver, The Black Death and AIDS: CCR5-32 in Genetics and History, in: Quarterly Journ. Med. 99, (2006) 497–503.
230. A. Corbin, Pesthauch und Blütenduft. Eine Geschichte des Geruchs. Berlin 1984.
231. R. Delort, Natürliche Umwelt und Seuchen. Die Tiere und die Menschen, in: 225: 49–55.
232. J. Delumeau, Angst im Abendland. Die Geschichte kollektiver Ängste im Europa des 14. bis 18. Jh.s. Reinbek bei Hamburg 1985.
233. B. Dettke, Die asiatische Hydra. Die Cholera von 1830/31 in Berlin und den preußischen Provinzen, Posen, Preußen und Schlesien. Berlin 1995.
234. M. Dinges/Th. Schlich (Hrsg.), Neue Wege der Seuchengeschichte. Stuttgart 1995.
235. H. Dormeier, Pestepidemien und Frömmigkeitsformen in Italien und Deutschland (14.–16. Jh.), in: 182: 14–50.
236. R. Evans, Tod in Hamburg. Stadt, Gesellschaft und Politik in den

Cholera-Jahren 1830–1910. Reinbek bei Hamburg 1990 (engl. 1987).

237. P. FEUERSTEIN-HERZ (Hrsg.), Gotts verhengnis und seine straffe – Zur Geschichte der Seuchen in der Frühen Neuzeit. Wiesbaden u. Wolfenbüttel 2005.

238. H. FLAMM, Die ersten Infektions- oder Pest-Ordnungen in den österreichischen Erblanden, im Fürstlichen Erzstift Salzburg und im Innviertel im 16. Jh. Wien 2008.

239. M. FREY, Der reinliche Bürger. Entstehung und Verbreitung bürgerlicher Tugenden in Deutschland, 1760–1860. Göttingen 1997.

240. B. HAPPE, Die Entwicklung der deutschen Friedhöfe von der Reformation bis 1870. Tübingen 1991.

241. F. HATJE, Leben und Sterben im Zeitalter der Pest. Basel im 15. bis 17. Jh. Basel u. Frankfurt/M. 1992.

242. S. HOLTZ, Die Unsicherheit des Lebens. Zum Verständnis von Krankheit und Tod in den Predigten der lutherischen Orthodoxie, in: 253: 135–157.

243. R. JÜTTE, Ärzte, Heiler und Patienten. Medizinischer Alltag in der Frühen Neuzeit. München u. Zürich 1991.

244. K. KELLNER, Pesthauch über Regensburg. Seuchenbekämpfung und Hygiene im 18. Jh. Regensburg 2005.

245. A. KINZELBACH, Gesundbleiben, Krankwerden, Armsein in der frühneuzeitlichen Gesellschaft. Gesunde und Kranke in den Reichsstädten Überlingen und Ulm, 1500–1700. Stuttgart 1995.

246. A. KINZELBACH, Seuchenkonzepte und frühneuzeitliche Gesellschaft: Deutungen von „Pestilenzen“ und städtischer Alltag, in: Ber.WG 20 (1997) 253–265.

247. A. KINZELBACH, „Böse Blattern“ oder „Franzosenkrankheit“: Syphiliskonzept, Kranke und die Genese des Krankenhauses in oberdeutschen Reichsstädten der Frühen Neuzeit, in: 234: 43–70.

248. B. v. KRUSENSTJERN, Prodigienglaube und Dreißigjähriger Krieg, in: 253: 53–78.

249. H. KUPFERSCHMIDT, Die Epidemiologie der Pest. Der Konzeptwandel in der Erforschung der Infektionskrankheiten seit der Entdeckung des Pesterregers im Jahre 1894. Aarau u. a. 1993.

250. A. LABISCH/J. VÖGELE, Stadt und Gesundheit. Anmerkungen zur neueren sozial- und medizinhistorischen Diskussion in Deutschland, in: AfS 37 (1997) 396–424.

251. M. LANG, „Der Vrsprung aber der Pestilentz ist nicht natürlich, sondern übernatürlich …“ Medizinische und theologische

Erklärung der Seuche im Spiegel protestantischer Pestschriften 1527–1650, in: 282: 133–180.

252. M. Livi Bacci, Europa und seine Menschen. Eine Bevölkerungsgeschichte. München 1999.

253. H. Lehmann/A.-C. Trepp (Hrsg.), Im Zeichen der Krise. Religiosität im Europa des 17. Jh.s. Göttingen 1999.

254. E. Lesky, Die österreichische Pestfront an der k.k. Militärgrenze, in: Saeculum. Jb. für Universalgesch. 8 (1957) 82–106.

255. K. H. Leven, Von Ratten und Menschen – Pest, Geschichte und das Problem der retrospektiven Diagnose, in: 259: 11–32.

256. M. Mattmüller, Bevölkerungsgeschichte der Schweiz. Die frühe Neuzeit 1500–1700, 2. Bde., Basel u. Frankfurt/M. 1987.

257. F. Mauelshagen, Pestepidemien im Europa der Frühen Neuzeit (1500–1800), in: 259: 237–265.

258. M. McCormick, Rats, Communications, and Plaque: Towards an Ecological History, in: JInterH 34 (2003) 1–25.

259. M. Meier (Hrsg.), Pest. Die Geschichte eines Menschheitstraumas. Stuttgart 2005.

260. P. Münch, Pest und Feuer. Die Londoner Doppelkatastrophe 1665/66, in: HZ 288 (2009) 93–122.

261. W. Norden, Eine Bevölkerung in der Krise. Historisch-demographische Untersuchungen zur Biographie einer norddeutschen Küstenregion (Butjadingen 1600–1850). Hildesheim 1984.

262. Ch. Pfister, Bevölkerungsgeschichte und historische Demographie 1500–1800. 2. Aufl. München 2007.

263. S. C. Pils, Stadt, Pest und Obrigkeit, in: A. Weigl (Hrsg.), Wien im Dreißigjährigen Krieg. Bevölkerung – Gesellschaft – Kultur – Konfession. Wien, Köln u. Weimar 2001, 353–378.

264. C. Porzelt, Die Pest in Nürnberg: Leben und Herrschen in Pestzeiten in der Reichsstadt Nürnberg (1562–1713). St. Ottilien 2000.

265. J. C. Riley, The Eighteenth-Century Campaign to Avoid Disease. New York 1987.

266. E. Rodenwaldt, Pest in Venedig 1575–1577. Ein Beitrag zur Frage der Infektkette bei den Pestepidemien Westeuropas. Heidelberg 1953.

267. W. G. Rödel, Die Pest in Mainz im 17. Jh., in: SM 15 (1981) 85–103.

268. W. G. Rödel, Die Obrigkeiten und die Pest. Abwehrmaßnahmen in der Frühen Neuzeit – dargestellt an Beispielen aus dem süddeutschen und Schweizer Raum, in: 225: 187–205.

269. S. Sander, Zur medizinischen Versorgung in der Frühen Neuzeit,

oder: die These von der Unterversorgung – eine schwarze Legende, in: S. HAHN/A. THOM (Hrsg.), Ergebnisse und Perspektiven sozialhistorischer Forschungen in der Medizingeschichte. Leipzig 1991, 70–80.

270. PH. SARASIN, Reizbare Maschinen: eine Geschichte des Körpers, 1765–1914. Frankfurt/M. 2001.
271. E. SCHLENKRICH, Johann Gregor Gutturf. Vom Leben und von der Arbeit eines Pestbarbiers im 17. Jh., in: Medizin, Ges. und Gesch. 21 (2002) 23–62.
272. B. SCHRETTER, Die Pest in Tirol 1611/12. Ein Beitrag zur Medizin-, Kultur- und Wirtschaftsgeschichte der Stadt Innsbruck und der übrigen Gerichte Tirols. Innsbruck 1982.
273. K. SCHWARZ, Die Pest in Bremen. Epidemien und freier Handel in einer deutschen Hafenstadt 1350–1713. Bremen 1996.
274. S. SCOTT/CH. J. DUNCAN, Biology of Plagues: Evidence from Historical Populations. Cambridge 2001.
275. S. SCOTT/CH. J. DUNCAN, Return of the Black Death: The World's Greatest Serial Killer. Chichester 2004.
276. J.-CH. SOURNIA, Discipline du diagnostic rétrospective, in: 225: 57–64.
277. G. STICKER, Abhandlungen aus der Seuchengeschichte und Seuchenlehre. 1.1: Die Pest. Die Geschichte der Pest; 1.2: Die Pest. Die Pest als Seuche und als Plage; 2. Die Cholera. Gießen 1908/12.
278. M. STOLBERG, Homo patiens. Krankheits- und Körpererfahrung in der Frühen Neuzeit. Köln 2003.
279. G. F. STRASSER, Ansteckungstheorien der Pest in der Frühen Neuzeit am Beispiel von Girolamo Fracastro und Athanasius Kircher, in: 237: 69–76.
280. G. TWIGG, The Black Death: A Biological Reappraisal. New York 1984.
281. O. ULBRICHT, Gelebter Glaube in Pestwellen 1580–1720, in: 253: 159–188.
282. O. ULBRICHT (Hrsg.), Die leidige Seuche. Pest-Fälle in der Frühen Neuzeit. Köln, Weimar u. Wien 2004.
283. O. ULBRICHT, Einleitung. Die Allgegenwärtigkeit der Pest in der Frühen Neuzeit und ihre Vernachlässigung in der Geschichtswissenschaft, in: 282: 1–63.
284. M. VASOLD, Pest, Not und schwere Plagen. Seuchen und Epidemien vom Mittelalter bis heute. München 1991.

285. M. Vasold, Grippe, Pest und Cholera. Eine Geschichte der Seuchen in Europa. Wiesbaden 2008.
286. T. Walter, Die Syphilis als astrologische Katastrophe. Frühe medizinische Fachtexte zur „Franzosenkrankheit“, in: 175: 165–186.
287. J. Werfring, Der Ursprung der Pestilenz. Zur Ätiologie der Pest im loimographischen Diskurs der Frühen Neuzeit. Wien 1998.
288. E. Woehlkens, Pest und Ruhr im 16. und 17. Jh. Grundlagen einer statistisch-topographischen Beschreibung der großen Seuchen, insbes. in der Stadt Uelzen. Uelzen 1954.

## 7. Wald

289. M. Agnoletti/S. Anderson (Hrsg.), Forest History. International Studies on Socio-Economic and Forest Ecosystem Change. Oxon u. New York 2000.
290. J. Allmann, Der Wald in der Frühen Neuzeit. Eine mentalitäts- und sozialgeschichtliche Untersuchung am Beispiel des Pfälzer Raumes 1500–1800. Berlin 1989.
291. K. Anders/F. Uekötter, Viel Lärm ums stille Sterben – Die Debatte über das Waldsterben in Deutschland, in: 42: 112–138.
292. R. Beck, Ebersberg oder das Ende der Wildnis. Eine Landschaftsgeschichte. München 2003.
293. St. Below/St. Breit, Wald – von der Gottesgabe zum Privateigentum. Gerichtliche Konflikte zwischen Landesherren und Untertanen um den Wald in der Frühen Neuzeit. Stuttgart 1998.
294. P. Blickle, Wem gehörte der Wald? Konflikte zwischen Bauern und Obrigkeiten um Nutzungs- und Eigentumsansprüche, in: ZWLG 45 (1986) 167–178.
295. H. Bork u. a., Landschaftsentwicklung in Mitteleuropa. Wirkung des Menschen auf Landschaften. Stuttgart 1998.
296. S. Cavaciocchi (Hrsg.), L'uomo e la foresta secc. XIII–XVIII. Firenze 1996.
297. A. Corvol, L'homme aux bois. Paris 1987.
298. A. Corvol (Hrsg.), La forêt malade. Débats anciens et phénomenes nouveaux XVIIe–XXe siècles. Paris 1994.
299. Ch. Ernst, Den Wald entwickeln. Ein Politik- und Konfliktfeld in Hunsrück und Eifel im 18. Jh. München 2000.

300. W. Freitag, Landbevölkerung, Forstpersonal und „gute Waldordnung“ in der „Bayrischen Vorstordnung“ von 1568, in: ZAA 55 (2007) 32–57.

301. A. Feuchter-Schawelka/W. Freitag/D. Grosser, Alte Holzsammlungen. Die Ebersberger Holzbibliothek: Vorgänger, Vorbilder und Nachfolger. Stuttgart u. Ebersberg 2001.

302. R.-J. Gleitsmann, Und immer wieder starben die Wälder: Ökosystem Wald, Waldnutzung und Energiewirtschaft in der Geschichte, in: 5: 175–204.

303. B.-S. Grewe, „Man sollte sehen und weinen!“ Holznotalarm und Waldzerstörung vor der Industrialisierung, in: 42: 24–40.

304. B.-S. Grewe, Der versperrte Wald. Ressourcenmangel in der bayerischen Pfalz (1814–1870). Köln, Weimar u. Wien 2004.

305. K. Hasel, Forstgeschichte. Ein Grundriß für Studium und Praxis. Hamburg 1985.

306. R. Hölzl, Umkämpfte Wälder. Die Geschichte einer ökologischen Reform in Deutschland 1760–1860. Frankfurt/M. u. New York 2010.

307. M. Knoll, Umwelt – Herrschaft – Gesellschaft. Die landesherrliche Jagd Kurbayerns im 18. Jh. St. Katharinen 2004.

308. M. Knoll, Dominanz als Postulat. Höfische Jagd, Natur und Gesellschaft im „Absolutismus“, in: 11: 73–91.

309. H. Küster, Geschichte des Waldes. Von der Urzeit bis zur Gegenwart. München 1998.

310. K. Mantel, Wald und Forst in der Geschichte. Ein Lehr- und Handbuch. Hannover 1990.

311. J. Mooser, „Furcht bewahrt das Holz“. Holzdiebstahl und sozialer Konflikt in der ländlichen Gesellschaft 1800–1850 an westfälischen Beispielen, in: H. Reif (Hrsg.), Räuber, Volk und Obrigkeit. Studien zur Geschichte der Kriminalität in Deutschland seit dem 18. Jh. Frankfurt/M. 1984, 43–99.

312. R. Prass, Verbotenes Weiden und Holzdiebstahl. Ländliche Forstfrevel am südlichen Harzrand im späten 18. und frühen 19. Jh., in: AfS 36 (1996) 51–68.

313. O. Rackham, Trees and Woodland in the British Landscape. London 2001.

314. R. J. Regnath, Das Schwein im Wald. Vormoderne Schweinehaltung zwischen Herrschaftsstrukturen, ständischer Ordnung und Subsistenzökonomie. Ostfildern 2008.

315. W. Rösener/W. Trossbach, Waldgeschichte: Wälder im Span-

nungsfeld gesellschaftlicher Bedürfnisse, Konflikte und Projektionen (Editorial), in: ZAA 55 (2007) 8–13.

316. R. Schäfer/B. Metzger, Was macht eigentlich das Waldsterben, in: 22: 201–227.

317. W. Schenk, Waldnutzung, Waldzustand und regionale Entwicklung in vorindustrieller Zeit im mittleren Deutschland. Stuttgart 1996.

318. W. Schenk (Hrsg.), Aufbau und Auswertung ‚langer Reihen' zur Erforschung von historischen Waldzuständen und -entwicklungen. Tübingen 1999.

319. U. E. Schmidt, Der Wald in Deutschland im 18. und 19. Jh. Das Problem der Ressourcenknappheit dargestellt am Beispiel der Waldressourcenknappheit in Deutschland im 18. und 19. Jh. Eine historisch-politische Analyse. Saarbrücken 2002.

320. B. Selter, Waldnutzung und ländliche Gesellschaft. Landwirtschaftlicher „Nährwald" und neue Holzökonomie im Sauerland des 18. und 19. Jh.s. Paderborn 1995.

321. P.-M. Steinsiek, Nachhaltigkeit auf Zeit. Waldschutz im Westharz vor 1800. Münster u. a. 1999.

322. M. Stuber, Wälder für Generationen. Konzeptionen der Nachhaltigkeit im Kanton Bern (1750–1880). Köln u. a. 2008.

323. H. Walden, Stadt-Wald. Untersuchungen zur Grüngeschichte Hamburgs. Hamburg 2002.

324. P. Warde, Ecology, Economy and State Formation in Early Modern Germany. Cambridge 2006.

325. E. Weinberger, Waldnutzung und Waldgewerbe in Altbayern im 18. und beginnenden 19. Jh. Stuttgart 2001

326. F. Wolff, Der frühneuzeitliche Wald in der Kartographie, in: A. Hedwig (Hrsg.), „Weil das Holz eine köstliche Ware …". Wald und Forst zwischen Mittelalter und Moderne. Marburg 2006, 33–58.

## 8. Energie

327. Ch. Bartels, Das Wasserkraft-Netz des historischen Erzbergbaus im Oberharz. Seine Schaffung und Verdichtung zu großtechnischen Systemen als Voraussetzung der Industrialisierung, in: TG 56 (1988) 177–192.

328. G. BAYERL (Hrsg.), Wind- und Wasserkraft. Die Nutzung regenerierbarer Energiequellen in der Geschichte. Düsseldorf 1989.
329. G. BAYERL/U. TROITZSCH, Die vorindustrielle Energienutzung, in: C. GRIMM (Hrsg.), Aufbruch ins Industriezeitalter, Bd. 1, München 1985, 40–85.
330. U. BETZHOLD, Zur Rationalität der Verweigerung der Steinkohlenfeuerung in den westlichen preußischen Provinzen in der zweiten Hälfte des 18. Jh.s, in: SM 17/2 (1983) 45–62.
331. TH. BRANDSTETTER, The Most Wonderful Piece of Machinery the World Can Boast of: The Water-Works at Marly 1680–1830, in: History and Technology 21 (2005) 205–220.
332. P. BRIMBLECOMB, The Big Smoke. A History of Air Pollution in London since Medieval Times. London 1987.
333. G. v. BÜLOW, Die Sudwälder von Reichenhall. Ihr ursprüngliches Waldbild und ihre Bestockungsentwicklung unter der Wirkung des Massenholzbedarfs der Reichenhaller Saline während der letzten 800 Jahre salinarisch-forstlichen Betriebes. München 1962.
334. S. CIRIACONO, Hydraulic Energy, Society and Economic Growth, in: B. M. DOOLEY (Hrsg.), Energy and Culture. Perspectives on the Power to Work. Aldershot 2006, 19–30.
335. K. DAVIDS, Successful and Failed Transitions. A Comparison of Innovations in Windmill-Technology in Britain and the Netherlands in the Early Modern Period, in: Hist. and Technology 14 (1998) 225–247.
336. A. FABER, Entwicklungsstufen der häuslichen Heizung. München 1957.
337. M. FESSNER, Steinkohle und Salz. Der lange Weg zum industriellen Ruhrrevier. Bochum 1998.
338. M. W. FLINN, Timber and the Advance of Technology: A Reconsideration, in: Annals of Science 15 (1959) 109–120.
339. R. FREMDLING, Innovation und Mengenanpassung. Die Loslösung der Eisenerzeugung von der vorindustriellen Zentralressource Holz, in: H. SIEGENTHALER (Hrsg.), Ressourcenverknappung als Problem der Wirtschaftsgeschichte. Berlin 1990, 17–46.
340. M. A. W. GERDING, Die Torfschifffahrt im Norden der Niederlande und in Nordwestdeutschland 1600–1940, in: J. BROCKSTEDT (Hrsg.), Seefahrt an deutschen Küsten im Wandel 1815–1914. Neumünster 1993, 39–68.
341. R.-J. GLEITSMANN, Die Haubergswirtschaft des Siegerlandes als

Beispiel für ressourcenschonende Kreislaufwirtschaft, in: SM 16 (1982) 21–54.

342. R.-J. Gleitsmann, Erfinderprivilegien auf holzsparende Technologien im 16. und frühen 17. Jh., in: TG 52 (1985) 217–232.

343. M. Grabas, Krisenbewältigung oder Modernisierungsblockade? Die Rolle des Staates bei der Überwindung des „Holzenergiemangels" zu Beginn der Industriellen Revolution in Deutschland, in: Jb. für Europäische Verwaltungsgesch. 7 (1995) 43–75.

344. H. Harnisch, Die Energiekrise des 18. Jh.s als Problem der preußischen Staatswirtschaft. Dargestellt am Beispiel von Berlin und seinem weiteren Umland, in: H.-J. Gerhard (Hrsg.), Struktur und Dimension. Fschr. K. H. Kaufhold, Bd. 1, Stuttgart 1997, 489–510.

345. J. Hatcher, The History of British Coal Industry 1: Before 1700. Towards the Age of Coal. Oxford 1993.

346. K. Hausen, Häuslicher Herd und Wissenschaft: Zur frühneuzeitlichen Debatte über Holznot und Holzsparkunst in Deutschland, in: M. Grüttner/R. Hachtmann/H.-G. Haupt (Hrsg.), Geschichte und Emanzipation. Fschr. für R. Rürup. Frankfurt/M. u. New York 1999, 700–727.

347. M. Henkel, Der Kachelofen. Ein Gegenstand der Wohnkultur im Wandel. Eine volkskundlich-archäologische Studie auf der Basis der Hildesheimer Quellen. Nürnberg 1999.

348. W. Ingenhaef/J. Bair (Hrsg.), Bergbau und Holz. Innsbruck 2006.

349. A. Kotter, Ressourcen-Knappheit als Motiv staatlichen Handelns. Umweltgeschichtliche Untersuchungen zur Holzversorgung aus den Wäldern des Salzmaieramts Traunstein (1619–1791/98). Traunstein 1998.

350. H. Kranz, Die Kölner Rheinmühlen, 2 Bde., Aachen 1991/93.

351. H. Kranz, Lütticher Steinkohlenbergbau im Mittelalter. Aufstieg – Bergrecht – Unternehmer – Umwelt – Technik. Aachen 2000.

352. R. Kreiner, Die vorindustrielle Turbinenmühle. Eine angepasste und ressourcenschondende Technik, in: R. Reith/D. Schmidt (Hrsg.), Kleine Betriebe – angepasste Technologie? Hoffnungen, Erfahrungen und Ernüchterungen aus sozial- und technikhistorischer Sicht. Münster 2002, 17–40.

353. P. Kupper, Die „1970er Diagnose". Grundsätzliche Überlegungen zu einem Wendepunkt der Umweltgeschichte?, in: AfS 43 (2003) 325–348.

354. P. Malanima, The Energy Basis for Early Modern Growth, 1650–

1820, in: M. Prak (Hrsg.), Early Modern Capitalism. Economic and Social Change in Europe, 1400–1800. London u. New York 2001, 51–68.

355. D. Marek, Der Weg zum fossilen Energiesystem. Ressourcengeschichte der Kohle am Beispiel der Schweiz 1850–1910, in: 1: 57–75.

356. M. Melosi, Energy Transitions in Historical Perspective, in: B. M. Dooley (Hrsg.), Energy and Culture. Perspectives on the Power to Work. Aldershot 2006, 3–18.

357. I. Mieck, Aerem corrumpere non licet. Luftverunreinigung und Immissionsschutz in Preußen bis zur Gewerbeordnung 1869, in: TG 34 (1967) 36–78.

358. F. Mittermüller, Holzkohle für Innerberg. Technische und forstliche Aspekte zur Brennstoffversorgung eines Reviers vom 16. bis zum 19. Jh., in: Zs. des Hist. Ver. für Steiermark 87 (1996) 41–85.

359. P. Piasecki, Das deutsche Salinenwesen 1550–1650. Invention – Innovation – Diffusion. Idstein 1987.

360. J. Radkau, Holzverknappung und Krisenbewußtsein im 18. Jh., in: GG 9 (1983) 513–543.

361. J. Radkau, Zur angeblichen Energiekrise des 18. Jahrhunderts. Revisionistische Betrachtungen über die „Holznot“, in: VSWG 73 (1986) 1–37.

362. J. Radkau/I. Schäfer, Holz. Ein Naturstoff in der Technikgeschichte. Reinbek bei Hamburg 1987.

363. J. Renes, Urban Influences on Rural Areas: Peat-Digging in the Western Part of the Dutch Province of North Brabant from the Thirteenth to the Eighteenth Century, in: H.-J. Nitz (Hrsg.), The Medieval and Early-Modern Landscape of Europe under the Impact of the Commercial Economy. Göttingen 1987, 49–73.

364. R. Sandgruber, Die Energieversorgung Wiens im 18. und 19. Jh., in: A. Kusternig (Hrsg.), Bergbau in Niederösterreich. Wien 1987, 459–490.

365. I. Schäfer, „Gewerbehierarchie“ – Instrument der Brennstoffpolitik im 18. Jh. – Sozial- und technikgeschichtliche Aspekte der Holzverknappung in den Fürstentümern Lippe-Detmold und Nassau-Dillenburg, in: SM 17/2 (1983) 63–90.

366. I. Schäfer, „Ein Gespenst geht um“. Politik mit der Holznot in Lippe 1750–1850. Eine Regionalstudie zur Wald- und Technikgeschichte. Detmold 1992.

367. R. P. Sieferle, Der unterirdische Wald. Energiekrise und Industrielle Revolution. München 1982.

368. W. Siemann/N. Freytag/W. Piereth (Hrsg.), Städtische Holzversorgung. Machtpolitik, Armenfürsorge und Umweltkonflikte in Bayern und Österreich (1750–1850). München 2002.
369. V. Smil, Energy in World History, Boulder u. a. 1994.
370. W. H. Te Brake, Luftverschmutzung und Brennstoffkrisen in London (1250–1650), in: 37: 31–60.
371. I. Unger, Kölner Ofenkacheln. Die Bestände des Museums für Angewandte Kunst und des Kölnischen Stadtmuseums. Köln 1988.
372. R. W. Unger, Energy Sources for the Dutch Golden Age: Peat, Wind, and Coal, in: Research in Econ. Hist. 9 (1984) 221–253.
373. J. Varchmin/J. Radkau, Kraft, Energie und Arbeit. Energie und Gesellschaft, Reinbek bei Hamburg 1981 (2. Aufl. 1988).
374. E. A. Wrigley, The Supply of Raw Materials in the Industrial Revolution, in: EconHR XV (1962) 1–16.

## 9. Stadt

375. M. L. Allemeyer, Feuersnoth und Flammenschwert. Stadtbrände in der Frühen Neuzeit. Göttingen 2007.
376. S. Barles, A Metabolic Approach to the City. Nineteenth and Twentieth Century Paris, in: 35: 28–47.
377. Th. Bauer, Im Bauch der Stadt. Kanalisation und Hygiene in Frankfurt am Main 16.–19. Jh. Frankfurt/M. 1998.
378. G. Bayerl, Historische Wasserversorgung. Bemerkungen zum Verhältnis von Technik, Mensch und Gesellschaft, in: U. Troitzsch/G. Wohlauf (Hrsg.), Technik-Geschichte. Frankfurt/M. 1980, 181–211.
379. W. Behringer/B. Roeck (Hrsg.), Das Bild der Stadt in der Neuzeit 1400–1800. München 1999.
380. H. Böhme (Hrsg.), Kulturgeschichte des Wassers. Frankfurt/M. 1988.
381. M. Borgemeister, Die Stadt und ihr Wald. Eine Untersuchung zur Waldgeschichte der Städte Göttingen und Hannover vom 13. bis zum 18. Jh. Hannover 2005.
382. K. Brunner/P. Schneider (Hrsg.), Umwelt Stadt. Geschichte des Natur- und Lebensraumes Wien. Wien u. a. 2005.
383. R. Busch, Die Wasserversorgung des Mittelalters und der Frühen Neuzeit in norddeutschen Städten, in: Stadt im Wandel. Kunst und

Kultur des Bürgertums in Norddeutschland 1150–1650. Ausstellungskatalog, hrsg. v. C. MECKSEPER, Bd. 4, Braunschweig 1985, 301–315.
384. U. DIRLMEIER, Die kommunalpolitischen Zuständigkeiten und Leistungen süddeutscher Städte im Spätmittelalter (vor allem auf dem Gebiet der Ver- und Entsorgung), in: J. SYDOW (Hrsg.), Städtische Versorgung und Entsorgung im Wandel der Geschichte. Sigmaringen 1981, 113–150.
385. U. DIRLMEIER, Umweltprobleme in deutschen Städten des Spätmittelalters, in: TG 48 (1981) 191–205.
386. D. EBELING, Versorgungskrisen und Versorgungspolitik während der zweiten Hälfte des 16. Jh.s in Köln, in: ZAA 27 (1979) 32–59.
387. G. FOUQUET, Bauen für die Stadt. Finanzen, Organisation und Arbeit in kommunalen Baubetrieben des Spätmittelalters. Köln u. a. 1999.
388. G. FOUQUET, „Annäherungen“: Große Städte – Kleine Häuser. Wohnen und Lebensformen der Menschen im ausgehenden Mittelalter (ca. 1470–1600), in: U. DIRLMEIER (Hrsg.), Geschichte des Wohnens, Bd. 2: 500–1800. Hausen, Wohnen, Residieren. Stuttgart 1998, 347–501.
389. J. FRIEDHOFF, „Magnificence“ und „Utilité“. Bauen und Wohnen 1600–1800, in: U. DIRLMEIER (Hrsg.), Geschichte des Wohnens, Bd. 2, 503–788.
390. G. GARBRECHT, Die Wasserversorgung geschichtlicher Städte, in: Die alte Stadt 20 (1993) 191–206.
391. F. GUEX, Bruchstein, Kalk und Subventionen. Das Zürcher Baumeisterbuch als Quelle zum Bauwesen des 16. Jh.s. Zürich 1986.
392. S. B. HANLEY, Urban Sanitation in Preindustrial Japan, in: JInterH 18 (1987) 1–26.
393. G. HIRSCHFELDER, Das Wassertrinken. Prolegomena zu einer Kulturgeschichte, in: AKG 80 (1998) 325–350.
394. G. HIRSCHMANN, Nürnberger Gartenkultur im Barockzeitalter. Stadtbürgertum und nützliche Landschaftsgestaltung gegen Ende des 18. Jh.s, in: B. KIRCHGÄSSNER/J. B. SCHULTIS (Hrsg.), Wald, Garten und Park: Vom Funktionswandel der Natur für die Stadt. Sigmaringen 1993, 35–50.
395. HISTORISCHER UMWELTATLAS MÜNSTER. Münster u. New York 1993.
396. R.C. HOFFMANN, Frontier Foods for Late Medieval Consumers: Culture, Economy, Ecology, in: E&H 7 (2001) 131–167.
397. R. C. HOFFMANN, Footprint Metaphor and Metabolic Realities.

Environmental Impacts of Medieval European Cities, in: P. Squatriti (Hrsg.), Natures Past. The Environment and Human History. Michigan 2007, 288–325.

398. F.-H. Hye, Geschichte der Trinkwasserversorgung der Landeshauptstadt Innsbruck. Innsbruck 1993.

399. M. Illi, Von der Schissgruob zur modernen Stadtentwässerung. Zürich 1987.

400. M. Illi, Wasserentsorgung in der mittelalterlichen Stadt, in: Die alte Stadt 20 (1993) 221–228.

401. F. Irsigler, Stadt und Umland in der historischen Forschung: Theorien und Konzepte, in: N. Bulst/J. Hoock/F. Irsigler (Hrsg.), Bevölkerung, Wirtschaft und Gesellschaft. Stadt-Land-Beziehungen in Deutschland und Frankreich. 14.–19. Jh. Trier 1983, 13–38.

402. F. Irsigler, Bündelung von Energie in der mittelalterlichen Stadt. Einige Modellannahmen, in: Saeculum. Jb. für Universalgesch. 42 (1991) 308–318.

403. R. Kiessling, Die Stadt und ihr Land. Umlandpolitik, Bürgerbesitz und Wirtschaftsgefüge in Ostschwaben vom 14. bis ins 16. Jh. Köln u. Wien 1989.

404. Th. Kjaergaard, The Danish Revolution, 1500–1800: An Ecohistorical Interpretation. Cambridge 1994.

405. Th. Kluge/E. Schramm, Wassernöte. Umwelt- und Sozialgeschichte des Trinkwassers. Aachen 1986.

406. R. Knapp, Heidelbergs Zerstörung von 1693. Ein Beispiel zum Wandel obrigkeitlicher Bewältigung für abgebrannte Städte, in: S. Richter/H. Rosenberg (Hrsg.), Heidelberg nach 1693, Bewältigungsstrategien einer zerstörten Stadt. Weimar 2010, 171–203.

407. H. Knittler, Die europäische Stadt in der Frühen Neuzeit. Institutionen, Strukturen, Entwicklungen. Wien u. München 2000.

408. M. Knoll, Wald und Holz als verknappte Ressourcen. Anmerkungen zur städtischen Brennholzversorgung im 18. und 19. Jh. am Regensburger Beispiel, in: 14: 189–212.

409. C. Koslofsky, Court Culture and Street Lighting in Seventeenth-Century Europe, in: JUH 28 (2002) 743–768.

410. M. Kromer, Wasser in jedwedes Bürgers Haus. Die Trinkwasserversorgung, historisch verfolgt und dargestellt am Beispiel der ehemals Freien Reichsstadt Ulm. Frankfurt/M. 1962.

411. K. Krüger, Albrecht Dürer, Daniel Speckle und die Anfänge frühmoderner Stadtgestaltung in Deutschland, in: Mitt. des Ver. für Gesch. Nürnbergs 67 (1980) 79–97.

412. E. Maschke/J. Sydow (Hrsg.), Die Stadt am Fluß. Sigmaringen 1978.
413. Ch. Meisner Rosen/J. A. Tarr, The Importance of an Urban Perspective in Environmental History, in: JUH 20 (1994) 299–311.
414. M. Melosi, The Place of the City in Environmental History, in: Environmental History Review 17 (1993) No. 1, 1–23.
415. B. Padberg, Die Oase aus Stein. Humanökologische Aspekte des Lebens in mittelalterlichen Städten. Berlin 1996.
416. J. Radkau, Das Rätsel der städtischen Brennstoffversorgung im „hölzernen Zeitalter", in: D. Schott (Hrsg.), Energie und Stadt in Europa. Von der vorindustriellen ‚Holznot' bis zur Ölkrise der 1970er Jahre. Stuttgart 1997, 43–75.
417. D. Rippmann/W. Schmid/K. Simon-Muscheid (Hrsg.), „... zum allgemeinen statt nutzen". Brunnen in der europäischen Stadtgeschichte. Trier 2008.
418. B. Roeck, Elias Holl: Architekt einer europäischen Stadt. Regensburg 1985.
419. B. Roeck, Eine Stadt in Krieg und Frieden. Studien zur Geschichte der Reichsstadt Augsburg zwischen Kalenderstreit und Parität, 2 Bde., Göttingen 1989.
420. U. Rosseaux, Städte in der Frühen Neuzeit. Darmstadt 2006.
421. R. Sablonier, Wasser und Wasserversorgung in der Stadt Zürich vom 14. zum 18. Jh., in: Zürcher Taschenbuch 1985. Zürich 1984, 1–28.
422. A. Sander-Berke, Baustoffversorgung spätmittelalterlicher Städte Norddeutschlands. Köln u. a. 1995.
423. H. Schilling, Die Stadt in der Frühen Neuzeit. 2. Aufl. München 2004.
424. B. Schneidmüller, Städtische Umweltgesetzgebung im Mittelalter, in: 5: 119–138.
425. E.-M. Seng, Stadt – Idee und Planung. Neuere Ansätze im Städtebau des 16. und 17. Jh.s. München u. Berlin 2003.
426. E. Suter, Wasser und Brunnen im alten Zürich. Zur Geschichte der Wasserversorgung der Stadt vom Mittelalter bis ins 19. Jh. Zürich 1981.
427. D. Worster, Transformations of the Earth. Towards an Agroecological Perspective in History, in: JAmH 76 (1990) 1087–1106.

## 10. Nachhaltigkeit und naturale Ressourcen

428. A. Adriaanse u. a., Stoffströme: Die materielle Basis von Industriegesellschaften. Berlin, Basel u. Boston 1998.
429. G. Bayerl, Prolegomenon der „Großen Industrie“. Der technisch-ökonomische Blick auf die Natur im 18. Jh., in: 1: 29–56.
430. G. Bayerl, Natur als Warenhaus. Der technisch-ökonomische Blick auf die Natur in der Frühen Neuzeit, in: 13: 33–52.
431. W. Beinart/K. Middleton, Plant Transfers in Historical Perspective, in: E&H 10 (2004) 3–29.
432. M. Bogucka, North European Commerce as a Solution to Resource Shortage in the Sixteenth-Eighteenth Centuries, in: 444: 9–42.
433. A. Cooper, Inventing the Indigenous. Local Knowledge and Natural History in Early Modern History. Cambridge 2007.
434. B. S. Frey, Umweltökonomie. 3. Aufl. Göttingen 1992.
435. U. Grober, Die Entdeckung der Nachhaltigkeit. Kulturgeschichte eines Begriffs. München 2010.
436. V. Groebner, Ökonomie ohne Haus. Zum Wirtschaften armer Leute in Nürnberg am Ende des 15. Jh.s. Göttingen 1993.
437. E. Harder-Gersdorff, Leinsaat. Eine technische Kultur des Baltikums als Produktionsbasis westeuropäischer Textilwirtschaft im 17. und 18. Jh., in: ZAA 29 (1981) 169–198.
438. A. Holenstein/M. Stuber/G. Gerber-Visser (Hrsg.), Nützliche Wissenschaft und Ökonomie im Ancien Régime. Heidelberg 2007.
439. H. Immler, Natur in der ökonomischen Theorie. Opladen 1985.
440. H. Immler, Natur als Produktionsfaktor und als Produkt. Gedanken zu einer physisch begründeten Ökonomie, in: B. Biervert/M. Held (Hrsg.), Das Naturverständnis der Ökonomie. Frankfurt/M. u. New York 1994, 241–256.
441. N. C. Karafyllis, „Nur soviel Holz einschlagen, wie nachwächst“. Die Nachhaltigkeitsidee und das Gesicht des deutschen Waldes im Wechselspiel zwischen Forstwissenschaft und Nationalökonomie, in: TG 69 (2002) 247–273.
442. M. Klemun, Globaler Pflanzentransfer und seine Transferinstanzen als Kultur-, Wissens- und Wissenschaftstransfer der Frühen Neuzeit, in: Ber. WG 29 (2006) 205–223.
443. L. Kuchenbuch, Abfall. Eine stichwortgeschichtliche Erkundung, in: 5: 257–276.

444. A. Maczak/W.N. Parker (Hrsg.), Natural Resources in European History. Washington 1978.
445. T. Meyer, Natur, Technik und Wirtschaftswachstum im 18. Jh. Risikoperzeption und Sicherheitsversprechen. Münster 1999.
446. T. Meyer/M. Popplow, „To employ each of Nature's Products in the most favorable way possible" – Nature as a Commodity in Eighteenth-Century German Economic Discourse, in: HSR 29 (2004) No. 4, 4–40.
447. K. Pomeranz, The Great Divergence. China, Europe, and the Making of the Modern World Economy. Princeton u. a. 2000.
448. M. Popplow, Neu, nützlich und erfindungsreich. Die Idealisierung von Technik in der Frühen Neuzeit. Münster u. a. 1998.
449. M. Popplow (Hrsg.), Landschaften agrarisch-ökonomischen Wissens. Strategien innovativer Ressourcennutzung in Zeitschriften und Sozietäten des 18. Jh.s. Münster u. a. 2010.
450. J. Radkau, Technik und Umwelt, in: G. Ambrosius/D. Petzina/W. Plumpe (Hrsg.), Moderne Wirtschaftsgeschichte. München 1996, 119–136.
451. J. Radkau, „Nachhaltigkeit" als Wort der Macht. Reflexionen zum methodischen Wert eines umweltpolitischen Schlüsselbegriffes, in: 11: 131–136.
452. M. Rassem/J. Stagl (Hrsg.), Statistik und Staatsbeschreibung in der Neuzeit, vornehmlich im 16.–18. Jh. München 1980.
453. R. Reith, Vom Umgang mit Rohstoffen in historischer Perspektive. Rohstoffe und ihre Kosten als ökonomische und ökologische Determinanten der Technikentwicklung, in: W. König (Hrsg.), Umorientierungen. Wissenschaft, Technik und Gesellschaft im Wandel. Frankfurt/M. 1994, 47–69.
454. R. Reith, Die Internalisierung der externen Effekte: Konzepte der Umweltgeschichte und die Wirtschaftsgeschichte, in: G. Bayerl/W. Weber (Hrsg.), Sozialgeschichte der Technik. U. Troitzsch zum 60. Geburtstag. Münster u. New York 1998, 15–24.
455. R. Reith, Recycling im späten Mittelalter und der Frühen Neuzeit. Eine Materialsammlung, in: Frühneuzeit-Info 14 (2003) 47–65.
456. P. Schmidt, Der Anbau amerikanischer Nutzpflanzen in Europa (16.–19. Jh.), in: JbLA 32 (1995) 57–103.
457. L. Schiebinger/C. Swan (Hrsg.), Colonial Botany. Science, Commerce, and Politics in the Early Modern World. Philadelphia 2005.
458. R. P. Sieferle, Bevölkerungswachstum und Naturhaushalt. Stu-

dien zur Naturtheorie der klassischen Ökonomie. Frankfurt/M. 1990.

459. R. P. Sieferle/F. Krausmann/H. Schandl/V. Winiwarter, Das Ende der Fläche. Zum gesellschaftlichen Stoffwechsel der Industrialisierung. Köln u. a. 2006.

460. J. Stagl, Sammelnde Wissenschaft, in: 20: 133–150.

461. G. Stöger, Sekundäre Märkte? Zum Wiener und Salzburger Gebrauchtwarenhandel im 17. und 18. Jh. Wien 2011.

462. M. Stuber/L. Lienhard, Nützliche Pflanzen. Systematische Verzeichnisse von Wild- und Kulturpflanzen im Umfeld der Oekonomischen Gesellschaft Bern 1762–1782, in: 438: 65–106.

463. P. H. H. Vries, Were Coal and Colonies really crucial? Kenneth Pomeranz and the Great Divergence, in: Journal of World History 12 (2001) 407–446.

464. R. Wendt, Globalisierung von Pflanzen und neue Nahrungsgewohnheiten: zur Funktion botanischer Gärten bei der Erschließung natürlicher Ressourcen der überseeischen Welt, in: Th. Beck/H. Gründer/H. Pietschmann/R. Ptak (Hrsg.), Überseegeschichte. Stuttgart 1999, 206–222.

465. D. Woodward, „Swords into Ploughshares“: Recycling in Pre-Industrial England, in: EconHR 38 (1985) 175–191.

466. D. Woodward, Straw, Bracken and the Wicklow Whale: the Exploitation of Natural Resources in England since 1500, in: P&P 159 (1998) 43–76.

467. D. Worster, Auf schwankendem Boden. Zum Begriffswirrwarr um „nachhaltige Entwicklung“, in: W. Sachs (Hrsg.), Der Planet als Patient. Über die Widersprüche globaler Umweltpolitik. Berlin u. a. 1994, 93–112.

## 11. Perspektiven

468. L. Daston, Early Modern History Meets the History of the Scientific Revolution. Thoughts towards a Rapprochement, in: H. Puff/Ch. Wild (Hrsg.), Zwischen den Disziplinen? Perspektiven der Frühneuzeitforschung. Göttingen 2003, 37–54.

469. N. Freytag, Deutsche Umweltgeschichte – Umweltgeschichte in Deutschland. Erträge und Perspektiven, in: HZ 283 (2006) 383–407.

470. B. Herrmann, Umweltgeschichte wozu? Zur gesellschaftlichen Relevanz einer jungen Disziplin, in: 22: 13–50.
471. U. Luebken, Undiszipliniert: Ein Forschungsbericht zur Umweltgeschichte, in: H-Soz-u-Kult, 14.07.2010.
472. F. Mauelshagen, Keine Geschichte ohne Menschen. Die Erneuerung der historischen Klimawirkungsforschung aus der Klimakatastrophe, in: 19: 169–193.
473. C. Merchant, Gender and Environmental History, in: The JAmH 76 (1990) 1117–1121.
474. J. Radkau, Umweltprobleme als Schlüssel zur Periodisierung der Technikgeschichte, in: TG 57 (1990) 345–361.
475. R. Reith, Umweltgeschichte und Technikgeschichte am Beginn des 21. Jh.s. Konvergenzen und Divergenzen, in: TG 75 (2008) 337–356.
476. G. J. Schenk, Der Mensch zwischen Natur und Kultur. Auf der Suche nach einer Umweltgeschichtsschreibung in der deutschsprachigen Mediävistik – eine Skizze, in: 11: 27–51.
477. S. S. Tschopp, Das Unsichtbare begreifen. Die Rekonstruktion historischer Wahrnehmungsmodi als methodische Herausforderung der Kulturgeschichte, in: HZ 208 (2005) 39–81.
478. V. Winiwarter, Sozialökologische Perspektiven auf die Geschichte der Landwirtschaft, in: M. Cerman/I. Steffelbauer/S. Trost (Hrsg.), Agrarrevolutionen. Verhältnisse in der Landwirtschaft vom Neolithikum zur Globalisierung. Innsbruck 2008, 227–248.

# Register

## 1. Personenregister

## 2. Ortsregister

## 3. Sachregister

# Enzyklopädie deutscher Geschichte
# Themen und Autoren

## Mittelalter

*Gesellschaft*

**Agrarwirtschaft, Agrarverfassung und ländliche Gesellschaft im Mittelalter (Werner Rösener) 1992. EdG 13**
**Adel, Rittertum und Ministerialität im Mittelalter (Werner Hechberger) 2. Aufl. 2010. EdG 72**
**Die Stadt im Mittelalter (Frank G. Hirschmann) 2009. EdG 84**
Die Armen im Mittelalter (Otto Gerhard Oexle)
Frauen- und Geschlechtergeschichte des Mittelalters (N. N.)
**Die Juden im mittelalterlichen Reich (Michael Toch) 2. Aufl. 2003. EdG 44**

*Wirtschaft*

Wirtschaftlicher Wandel und Wirtschaftspolitik im Mittelalter (Michael Rothmann)

*Kultur, Alltag, Mentalitäten*

Wissen als soziales System im Frühen und Hochmittelalter (Johannes Fried)
Die geistige Kultur im späteren Mittelalter (Johannes Helmrath)
**Die ritterlich-höfische Kultur des Mittelalters (Werner Paravicini) 3., um einen Nachtrag erw. Aufl. 2011. EdG 32**

*Religion und Kirche*

**Die mittelalterliche Kirche (Michael Borgolte) 2. Aufl. 2004. EdG 17**
**Grundformen der Frömmigkeit im Mittelalter (Arnold Angenendt) 2. Aufl. 2004. EdG 68**

*Politik, Staat, Verfassung*

**Die Germanen (Walter Pohl) 2. Aufl. 2004. EdG 57**
**Das römische Erbe und das Merowingerreich (Reinhold Kaiser) 3., überarb. u. erw. Aufl. 2004. EdG 26**
**Die Herrschaften der Karolinger 714–911 (Jörg W. Busch) 2011. EdG 88**
**Die Entstehung des Deutschen Reiches (Joachim Ehlers) 3., um einen Nachtrag erw. Aufl. 2010. EdG 31**
**Königtum und Königsherrschaft im 10. und 11. Jahrhundert (Egon Boshof) 3., aktual. und um einen Nachtrag erw. Aufl. 2010. EdG 27**
**Der Investiturstreit (Wilfried Hartmann) 3., überarb. u. erw. Aufl. 2007. EdG 21**
**Könige und Fürsten, Kaiser und Papst im 12. Jahrhundert (Bernhard Schimmelpfennig) 2. Aufl. 2010. EdG 37**
**Deutschland und seine Nachbarn 1200–1500 (Dieter Berg) 1996. EdG 40**
**Die kirchliche Krise des Spätmittelalters (Heribert Müller) 2012. EdG 90**
**König, Reich und Reichsreform im Spätmittelalter (Karl-Friedrich Krieger) 2., durchges. Aufl. 2005. EdG 14**
**Fürstliche Herrschaft und Territorien im späten Mittelalter (Ernst Schubert) 2. Aufl. 2006. EdG 35**

## Frühe Neuzeit

*Gesellschaft*

**Bevölkerungsgeschichte und historische Demographie 1500–1800 (Christian Pfister) 2. Aufl. 2007. EdG 28**
Migration in der Frühen Neuzeit (Matthias Asche)
**Umweltgeschichte der Frühen Neuzeit (Reinhold Reith) 2011. EdG 89**

**Bauern zwischen Bauernkrieg und Dreißigjährigem Krieg (André Holenstein) 1996. EdG 38**
**Bauern 1648–1806 (Werner Troßbach) 1992. EdG 19**
**Adel in der Frühen Neuzeit (Rudolf Endres) 1993. EdG 18**
**Der Fürstenhof in der Frühen Neuzeit (Rainer A. Müller) 2. Aufl. 2004. EdG 33**
**Die Stadt in der Frühen Neuzeit (Heinz Schilling) 2. Aufl. 2004. EdG 24**
**Armut, Unterschichten, Randgruppen in der Frühen Neuzeit (Wolfgang von Hippel) 1995. EdG 34**
**Unruhen in der ständischen Gesellschaft 1300–1800 (Peter Blickle) 2., stark erw. Aufl. 2010. EdG 1**
Frauen- und Geschlechtergeschichte 1500–1800 (N. N.)
**Die deutschen Juden vom 16. bis zum Ende des 18. Jahrhunderts (J. Friedrich Battenberg) 2001. EdG 60**

Wirtschaft

**Die deutsche Wirtschaft im 16. Jahrhundert (Franz Mathis) 1992. EdG 11**
**Die Entwicklung der Wirtschaft im Zeitalter des Merkantilismus 1620–1800 (Rainer Gömmel) 1998. EdG 46**
**Landwirtschaft in der Frühen Neuzeit (Walter Achilles) 1991. EdG 10**
**Gewerbe in der Frühen Neuzeit (Wilfried Reininghaus) 1990. EdG 3**
**Kommunikation, Handel, Geld und Banken in der Frühen Neuzeit (Michael North) 2000. EdG 59**

Kultur, Alltag, Mentalitäten

Renaissance und Humanismus (Ulrich Muhlack)
**Medien in der Frühen Neuzeit (Andreas Würgler) 2009. EdG 85**
**Bildung und Wissenschaft vom 15. bis zum 17. Jahrhundert (Notker Hammerstein) 2003. EdG 64**
**Bildung und Wissenschaft in der Frühen Neuzeit 1650–1800 (Anton Schindling) 2. Aufl. 1999. EdG 30**
**Die Aufklärung (Winfried Müller) 2002. EdG 61**
**Lebenswelt und Kultur des Bürgertums in der Frühen Neuzeit (Bernd Roeck) 2., um einen Nachtrag erw. Aufl. 2011. EdG 9**
**Lebenswelt und Kultur der unterständischen Schichten in der Frühen Neuzeit (Robert von Friedeburg) 2002. EdG 62**

Religion und Kirche

**Die Reformation. Voraussetzungen und Durchsetzung (Olaf Mörke) 2., aktualisierte Aufl. 2011. EdG 74**
**Konfessionalisierung im 16. Jahrhundert (Heinrich Richard Schmidt) 1992. EdG 12**
**Kirche, Staat und Gesellschaft im 17. und 18. Jahrhundert (Michael Maurer) 1999. EdG 51**
**Religiöse Bewegungen in der Frühen Neuzeit (Hans-Jürgen Goertz) 1993. EdG 20**

Politik, Staat, Verfassung

**Das Reich in der Frühen Neuzeit (Helmut Neuhaus) 2. Aufl. 2003. EdG 42**
Landesherrschaft, Territorien und Staat in der Frühen Neuzeit (Joachim Bahlcke)
**Die Landständische Verfassung (Kersten Krüger) 2003. EdG 67**
**Vom aufgeklärten Reformstaat zum bürokratischen Staatsabsolutismus (Walter Demel) 2., um einen Nachtrag erw. Aufl. 2010. EdG 23**
Militärgeschichte des späten Mittelalters und der Frühen Neuzeit (Bernhard R. Kroener)

**Das Reich im Kampf um die Hegemonie in Europa 1521–1648 (Alfred Kohler) 2., um einen Nachtrag erw. Aufl. 2010. EdG 6**
**Altes Reich und europäische Staatenwelt 1648–1806 (Heinz Duchhardt) 1990. EdG 4**

Staatensystem, internationale Beziehungen

## 19. und 20. Jahrhundert

Gesellschaft

**Bevölkerungsgeschichte und Historische Demographie 1800–2000 (Josef Ehmer) 2004. EdG 71**
**Migration im 19. und 20. Jahrhundert (Jochen Oltmer) 2010. EdG 86**
**Umweltgeschichte im 19. und 20. Jahrhundert (Frank Uekötter) 2007. EdG 81**
**Adel im 19. und 20. Jahrhundert (Heinz Reif) 1999. EdG 55**
**Geschichte der Familie im 19. und 20. Jahrhundert (Andreas Gestrich) 2. Aufl. 2010. EdG 50**
Urbanisierung im 19. und 20. Jahrhundert (Klaus Tenfelde)
**Von der ständischen zur bürgerlichen Gesellschaft (Lothar Gall) 1993. EdG 25**
**Die Angestellten seit dem 19. Jahrhundert (Günter Schulz) 2000. EdG 54**
**Die Arbeiterschaft im 19. und 20. Jahrhundert (Gerhard Schildt) 1996. EdG 36**
Frauen- und Geschlechtergeschichte im 19. und 20. Jahrhundert (Gisela Mettele)
**Die Juden in Deutschland 1780–1918 (Shulamit Volkov) 2. Aufl. 2000. EdG 16**
**Die deutschen Juden 1914–1945 (Moshe Zimmermann) 1997. EdG 43**
Pazifismus im 19. und 20. Jahrhundert (Benjamin Ziemann)

Wirtschaft

**Die Industrielle Revolution in Deutschland (Hans-Werner Hahn) 3., um einen Nachtrag erw. Aufl. 2011. EdG 49**
**Die deutsche Wirtschaft im 20. Jahrhundert (Wilfried Feldenkirchen) 1998. EdG 47**
Ländliche Gesellschaft und Agrarwirtschaft im 19. Jahrhundert (Clemens Zimmermann)
**Agrarwirtschaft und ländliche Gesellschaft im 20. Jahrhundert (Ulrich Kluge) 2005. EdG 73**
**Gewerbe und Industrie im 19. und 20. Jahrhundert (Toni Pierenkemper) 2., um einen Nachtrag erw. Aufl. 2007. EdG 29**
Handel und Verkehr im 19. Jahrhundert (Karl Heinrich Kaufhold)
**Handel und Verkehr im 20. Jahrhundert (Christopher Kopper) 2002. EdG 63**
**Banken und Versicherungen im 19. und 20. Jahrhundert (Eckhard Wandel) 1998. EdG 45**
**Technik und Wirtschaft im 19. und 20. Jahrhundert (Christian Kleinschmidt) 2007. EdG 79**
Unternehmensgeschichte im 19. und 20. Jahrhundert (Werner Plumpe)
**Staat und Wirtschaft im 19. Jahrhundert (Rudolf Boch) 2004. EdG 70**
**Staat und Wirtschaft im 20. Jahrhundert (Gerold Ambrosius) 1990. EdG 7**

Kultur, Alltag, Mentalitäten

**Kultur, Bildung und Wissenschaft im 19. Jahrhundert (Hans-Christof Kraus) 2008. EdG 82**
**Kultur, Bildung und Wissenschaft im 20. Jahrhundert (Frank-Lothar Kroll) 2003. EdG 65**
**Lebenswelt und Kultur des Bürgertums im 19. und 20. Jahrhundert (Andreas Schulz) 2005. EdG 75**

**Lebenswelt und Kultur der unterbürgerlichen Schichten im 19. und 20. Jahrhundert (Wolfgang Kaschuba) 1990. EdG 5**

Religion und Kirche

**Kirche, Politik und Gesellschaft im 19. Jahrhundert (Gerhard Besier) 1998. EdG 48**
**Kirche, Politik und Gesellschaft im 20. Jahrhundert (Gerhard Besier) 2000. EdG 56**

Politik, Staat, Verfassung

**Der Deutsche Bund 1815–1866 (Jürgen Müller) 2006. EdG 78**
**Verfassungsstaat und Nationsbildung 1815–1871 (Elisabeth Fehrenbach) 2., um einen Nachtrag erw. Aufl. 2007. EdG 22**
**Politik im deutschen Kaiserreich (Hans-Peter Ullmann) 2., durchges. Aufl. 2005. EdG 52**
**Die Weimarer Republik. Politik und Gesellschaft (Andreas Wirsching) 2., um einen Nachtrag erw. Aufl. 2008. EdG 58**
**Nationalsozialistische Herrschaft (Ulrich von Hehl) 2. Aufl. 2001. EdG 39**
**Die Bundesrepublik Deutschland. Verfassung, Parlament und Parteien (Adolf M. Birke) 2. Aufl. 2010 mit Ergänzungen von Udo Wengst. EdG 41**
**Militär, Staat und Gesellschaft im 19. Jahrhundert (Ralf Pröve) 2006. EdG 77**
**Militär, Staat und Gesellschaft im 20. Jahrhundert (Bernhard R. Kroener) 2011. EdG 87**
**Die Sozialgeschichte der Bundesrepublik Deutschland bis 1989/90 (Axel Schildt) 2007. EdG 80**
**Die Sozialgeschichte der DDR (Arnd Bauerkämper) 2005. EdG 76**
**Die Innenpolitik der DDR (Günther Heydemann) 2003. EdG 66**

Staatensystem, internationale Beziehungen

**Die deutsche Frage und das europäische Staatensystem 1815–1871 (Anselm Doering-Manteuffel) 3., um einen Nachtrag erw. Aufl. 2010. EdG 15**
**Deutsche Außenpolitik 1871–1918 (Klaus Hildebrand) 3., überarb. und um einen Nachtrag erw. Aufl. 2008. EdG 2**
**Die Außenpolitik der Weimarer Republik (Gottfried Niedhart) 2., aktualisierte Aufl. 2006. EdG 53**
**Die Außenpolitik des Dritten Reiches (Marie-Luise Recker) 2., um einen Nachtrag erw. Aufl. 2009. EdG 8**
**Die Außenpolitik der Bundesrepublik Deutschland 1949 bis 1990 (Ulrich Lappenküper) 2008. EdG 83**
**Die Außenpolitik der DDR (Joachim Scholtyseck) 2003. EDG 69**

Hervorgehobene Titel sind bereits erschienen.

Stand: Juli 2011